건축 생산 역사 3

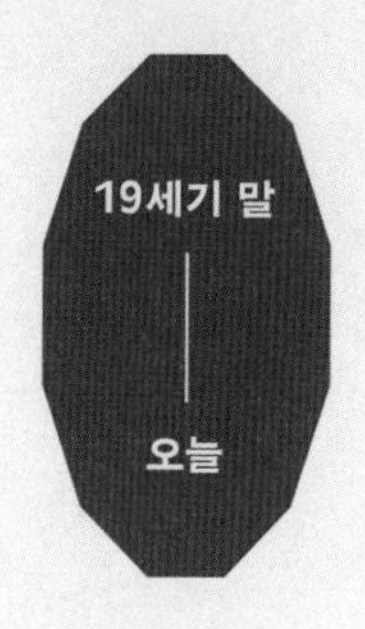

건축 생산 역사 3

박인석

더 나은 세상을 향하여: 모더니즘 건축의 항로

마티

3권 차례

11 양차 대전과 근대 건축의 확산
(1914~1945)

12 황금시대, 그리고 근대 건축의 시대
(1945~1972)

1권 차례

2권 차례

일러두기

인명 등의 외래어 표기는 국립국어원의 원칙을 따르는 것을 기본으로 했으나, 이미 굳어진 한국어 표기가 있는 경우에는 이를 따랐다.
예) 피터 아이젠먼 → 피터 아이젠만, 헤릿 릿펠트 → 헤릿 리트펠트

머리말

왜 '건축 생산 역사'인가

항상 역사화하라(Always historicize)! 프레드릭 제임슨의 경구대로, 어떤 텍스트나 담론을 읽는 일에는 '역사적' 관점이 필수적이다. 그것을 독립된 사실이나 명제가 아니라 당시 여건 속에서, 지배관계를 포함한 정치-경제적 혹은 사회적 관계 속에서 이루어진 상대적이고 조건 의존적인 '역사적 구성물'로 읽어야 한다. 과거에 대한 사료적 기술이든 이를 둘러싼 담론이든 누군가 사료를 '선택'하고 '해석'한 것일 터이기 때문이다. 그리고 그 '누구' 역시 특정한 정치-경제적 계급과 관계 속에 존재했을 것이기 때문이다.

읽어야 할 대상이 서양 건축 역사라면 '역사적인' 관점의 필요성이 보다 긴요해진다. 오늘날 모든 사회의 제도와 사고체계는 서양 근대체제 개념틀이 지배하고 있으니 건축 또한 예외일 수 없다. 한국 사회에서 건축 생산과 이를 둘러싼 담론에는 서양발 건축 역사-담론이, 더 정확하게는 이에 대한 우리 사회의 이해가 필연적으로 개입한다. 그러니 한국 사회 건축의 작동 요인을 해석하고 실천 논리를 탐색하는 데에는 서양 건축 역사에 대한 이해가 불가결하다. 그리고 이때의 '이해'는 당대 서양 사회 상황 속에서의 이해, 즉 '역사적인' 이해이어야 함이 당연하다.

문제는, 서양 건축 역사-담론을 읽는 한국 사회의 작업들 속에 '역사적'이라 할 수 없는 태도, 즉 그것을 절대적인 진리 혹은 범접할 수 없는 권위로 수용하는 분위기가 매우

진하다는 것이다. 개중에는 서양 건축 역사-담론에 대해 진지한 공부를 쌓아나가는 작업도 있고, 서구의 담론을 기초로 한국 건축 상황에 대해 논구하는 작업도 있다. 그러나 그 작업들 대부분에는 서양의 건축 역사-담론을 당연히 수용해야 할 교본으로 전제하는 태도가 깔려있다.

물론 한편에는 비판적 성찰도 있다. 서양 중심 세계관에 기초한 건축 역사-담론이 아니라 한국 시각에서 이해한 서양 건축 역사 서술이 필요하다는 주장이 대표적이라 할만하다. 그러나 아직 구체적인 작업 성과는 보이지 않는다. "서양 건축이 아니라 한국 사회 건축을 소재로 한 담론 만들기가 과제"라는 제안도 있으나 이 또한 순조롭지 않아 보인다. 이미 서구 근대체제가 지배하는 사회임을 인정한다면, 서양 건축 역사-담론에 대한 객관적 이해 없이는 한국의 건축 현실을 진단하는 일 역시 가능하지 않다고 해야 하기 때문이다. 한국 건축 담론의 발화와 축적은 서양 건축 역사-담론을 '역사화'하고 객관화하는 일과 동시에 진행해야 할 과제일 수밖에 없는 것이다.

서양의 건축 역사학은 18~19세기에 성립한 근대 역사학의 한 줄기로 형성되었다. 당시는 유럽이 경제-군사-정치 모든 면에서 세계 최강 세력으로 확장해가던 때였다. 사회 지배 세력을 이루던 왕-귀족-부르주아 계급의 목표는 그들이 합의하는 법제도로 경영되는 새로운 국민국가체제 구축으로 모아졌고, 이는 인간 이성이(즉, 지배 계급의 이성이) '역사 발전'을 이끈다는 이념을 통해 정당화되었다. 물론 이들의 '역사 발전' 관념은 유럽 사회에만 해당하는 것으로, 이들의 생각에 유럽 외 지역, 가령 아시아 지역은 전쟁과 왕조의 교체가 영원히 반복되는 '정체' 상태에 있을 뿐이었다.

18~19세기 근대 역사학, 그 파생물인 건축 역사학은 이러한 관념의 산물이다. 이를 만들어낸 주체는 당연히 지배 계급 지식인들이었다. 야만 상태의 세계를 계몽하고 인류 역사 발전을 이끄는 주인공은 유럽 각국 지배 계급의 이성이었으니 모든 역사는 이 주인공 계급의 성장과 활약의 기록이었다. 여기에 이들의 자의적이고 편파적인 해석과 믿음이 개입하는 것은 당연하고 자연스러운 일이다.

그렇다고 해서 서양의 건축 역사를 객관적으로 입증된 사실들과 사료들로 재구성하자는 얘기가 아니다. 그것은 서구 사회가 챙겨야 할 서구의 과제다. 편파적이라고 비판하거나 비서구 건축까지도 포괄한 '공정한' 역사 서술이 필요하다고 조언할 수는 있을지언정 우리가 하겠다고 나설 일이 아니다. 정작 필요한 일은 서양 건축 역사-담론 자체를 객관적으로 이해하는 것이다. 그것이 자의적이고 편파적이라는 사실까지를 포함하여 그것이 생산되고 성립된 경위를 '역사적으로' 이해하는 일이다.

이러한 일에는 자못 심각한 쟁점이 제기된다. 한국에서 건축을 생산하고 담론을 생산하는 일 역시 '역사적인', 즉 상황 종속적인 사건이다. 서양 건축 역사-담론에 지나친 권위를 부여하는 현상, 그 역사-담론이 한국 건축에 심대한 영향을 미치는 현상 자체가 정치-경제-문화적 맥락을 갖는 '역사적인' 일인 것이다. 우리는 이미-항상 '역사적인' 상황 속에 놓여 있고 그 속에서 사고하고 행동한다. 이 책을 쓰는 일 역시 예외일 수 없다. 이 속에서 객관적 이해가 가능한가? 서양 건축 역사-담론이 개념틀을 지배하고 있는 '역사적인' 상황 속에서 그 상황을 객관적으로 인식하는 것이 가능한가?

그러나 '역사적인' 관점은 이러한 자못 구조주의적인 궁지를 극복하려는 각성과 실천(praxis)까지를 포함한다. 어떤 상황을 '역사적으로 인식하겠다'는 언명 자체가 자신이 이미-항상 상황 종속적 상태에 있다는 '각성' 없이는 성립할 수 없는 것이다. 이것이 없다면 남는 것은 구조주의적 결정론뿐이고 구조 자체를 벗어나려는 힘과 실천은 원천적으로 불가능해진다. 이러한 각성과 실천이 바로 이 책이 딛고 서 있는 지점이다.

이 책 제목을 '건축 생산의 역사'라 하고, '건축'보다는 '건축 생산'에 주목하는 것은 이 때문이다. 건축(architecture) 개념이 '어떤 본질적 가치를 담지하는 것'으로 통용되는 상황에서 '건축'은 이미 '역사적으로 구성된 텍스트'라는 혐의에서 자유롭지 못하다. 역사적 구성물을 '역사적으로' 이해하기 위해서는 그것이 생산-성립된 조건과 경위를 이해하는 작업이 필요하다. 중요한 것은 서양 건축의 형태적 특징이나 그것들에 부여되어온 '의미'가 아니다. 건축물은 물론이고 그들의 건축 역사-담론이 어떤 상황에서 어떤 경위로 성립하였는가, 다시 말해서 누가, 어떤 건축을, 어떤 담론을, 어떻게, 누구를 위해서 '생산'하였는가를 이해하는 일이다.

서양 건축 생산의 역사를 이해하는 데에 우선적으로 염두에 두어야 할 몇 가지 사안을 짚어보자. 이는 이 책이 견지하는 관점들이기도 하다.

첫째, 현재의 주류 서양 건축 역사는 유럽 중심 발전사관에 따라 서술된 것이다. 유럽 중에서도 서유럽, 그중에서도 프랑스·영국·독일 지역이 중심이다. 이들 지역은 18세기 이래 세계 최강 국가체제가 성립한 곳으로, 이때쯤부터 스스로 자신들을 주인공으로 세계 역사를 써내려갔고 그것을 근대 역사학으로 정식화한 곳이다. 근대 역사학은, 세계 역사는 유럽 근대 부르주아 세계를 정점으로 발전해왔다는 역사 발전 이념을 전제로 한다. 이를 예술 역사에 기계적으로 대응시켜서 예술 역시 자신들의 시대와 체제를 정점으로 발전해왔다는 것이 근대 예술사학이고 그 분파로 성립한 것이 근대 건축사학이다. 서양 건축 역사에 대한 이해는 이러한 역사 서술의 맥락을 이해하는 것에서부터 시작해야 한다.

둘째, 주류 건축 역사 담론은 당대 사회 지배 세력의 건축을 대상으로 구성된다. 고대 그리스·로마의 신전·경기장이 그렇고 중세의 교회당, 절대왕정기의 궁전, 산업혁명기 산업 건축과 박물관·도서관 등 공공건축 또한 그렇다. 소위 기념비적 건축이라 불리는 것들은 모두 당대 정치-경제를 지배하는 계급의 필요와 요구에 따라 생산된 건축물들이다. 대부분의 건축 역사 서술은 이들 지배 계급의 건축물을 둘러싼 이야기로 채워진다.

어느 시대든 지배 계급 건축보다는 일반 민중의 주거 건축 생산이 훨씬 보편적인 일이었을 것이다. 그러나 건축 담론은 지배 세력 엘리트 계층이 생산하는 건축 위주로 형성되었다. 일반 민중의 주거 건축 생산이 엘리트 계층의 관심 영역에 편입된 것은 20세기 이후의 일이다. 노동 운동 성장과 보통 선거제도 확산으로 일반 민중이 국가권력 성립에 일단의 영향력을 갖게 되면서, 그들의 필요와 요구에 민감해진 정치 세력이 이를 주요한 과제로 다루게 된 것이다.

지배 계급의 건축은 당시 구사 가능한 최고의 기술과 재료, 그리고 이를 실현하는 데 필요한 막대한 노동력과 재화를 동원할 수 있는 세력이 생산해낸 것이다. 즉, 당대 최고 수준의 건축 생산활동 결과다. 건축 역사-담론들은 여기에 의미를 부여하고 이를 지지하기 위해 만들어진 '역사적 구성물'이다. 따라서 서양 건축 생산과 이를 둘러싼 담론을 읽는 일은 당대 정치-경제 지배체제의 사회관계 속에서 그 담론을 구성-생산한 요인들을 이해하는 일이어야 한다.

셋째, '건축의 본질' 혹은 이를 전제로 하는 '건축이 갖는 의미체계'라는 개념은 서양 근대 세계에서 생산된 역사적 구성물일 뿐이다. 마르크스와 엥겔스가 『공산당 선언』(1848)에서 논파한, "단단한 모든 것은 공기 속으로 녹아 사라진다"는 말은 '역사적 구성물로서의 의미체계'를 잘 설명해준다. 이 말은 자본주의체제가 진전하면서 사회 가치체계가 송두리째 변화한 사태를 가리키는 것이다. 화폐 가치가 모든 것을 압도하면서 여러 사물들과 사회적 관습·규범들에 대해 이제껏 사람들이 공유하고 있던 믿음들, 즉 다종다양한 가치와 의미가 얽혀 있는 총합적 의미체계가 붕괴되어버렸다는 것이다. 무너져버린 의미체계의 잔해 속에서 소중한 가치와 의미를 다시 건져 올리려는 시도들은 필연적으로 '분절적'인 작업이 될 수밖에 없다. 서로 얽혀 있던 의미들의 총체로부터 하나하나의 가치를 건져내서 개별적인 개념과 의미를 부여하며 호명할 수밖에 없기 때문이다. 총체성을 복원하려는 일조차 분절을 고착화하는 일이 되어버리는 것이다. 그야말로 모든 단단한 것, 즉 세상의 사물들과 사회적 관습과 제도와 규범에 스며 있던 총체적 의미체계가 녹아 사라진다고 할 만하다.

이렇게 따지고 든다면, 자본주의 이전 시대라 해서 '총체적' 의미체계가 온전히 지속되었다고 할 수도 없다. 모든 사회체제에는 나름대로 중요하게 공유되는 가치가 있기 마련이다. 중세 봉건체제라면 신의 권능과 영주의 토지 통치권이 중심적 가치였을 것이고, 절대왕정체제라면 여기에 영토 국가 왕권 가계의 영광이 더해졌을 것이다. 이러한 가치들은 그 사회의 생활세계를 규정하는 여러 규범과 제도에 반영되고 사회 구성원들은 그 속에서 느끼는 의미를 공유하며 생활하기 마련이다. 사회체제가 바뀌고 지배세력의 성격이 달라지면 그 사회가 중요시 하는 가치도 달라진다. 당연히 기존 의미체계는 분절되고 재편되기를 거듭한다.

많은 건축 지식인들이 놓지 못하고 연연해 마지않는 소위 '건축의 본질'이라는 것은 없다. 있다면 그것은 시대마다 사회마다 건축에 부여되어온 '매번 다른' 의미체계일 것이다. 한국 건축에도 이미-항상 존재해왔고 존재하고 있을 그런 의미체계 말이다. 서양 건축 담론에서 '건축의 본질'이라는 것이 존재하는 양 거론되곤 하는 것은 그 사회의 지배 세력이 그것을 '본질'인 양 권력화했기 때문이다. 그러니 서양 건축 역사-담론을 건축의 '본질', 혹은 본질적 '의미체계'를 담고 있거나 표상하는 것으로 대하는 것은 부질없는 일이다. 탐구해야 할 것은 있지도 않은 '본질'이 아니라 그것이 '본질'연하는 담론이 생산된 경위와 연유이어야 할 것이다. 독자들은 이 책에서 그 신화가 형성되고 붕괴하는 과정, 새로운 신화로서 모더니즘 건축 규범이 생산되고 또다시 붕괴하는 과정을 목도하게 될 것이다.

요컨대 서양 건축 역사 속에 등장하는 건축 담론이나 이론은 절대적 진리도 아니고 지고한 이론도 아니다. 당시 건축 생산 여건 속에서, 지배관계를 포함한 사회관계 속에서, 생산-성립된 담론일 뿐이다. 예를 들어, 고전주의 건축 규범은 재료(석재) 조건 아래 '크기-비례-재료 강도' 관계 속에서 생산-성립된 규범일 뿐이다. 그것이 사회적 권위와 권력에 의해 '본질' 혹은 절대적 의미체계로 신화화한 것이다.

규범과 담론은 물적 현실과의 관계 속에서 성립하고 변화한다. 규범·담론은 복잡다단한 물적 현실의 흐름에서 일부 대상과 속성들을 절단-채취하여 만들어진다. 그리고 이를 현실 세상에 지침으로 지시한다. 물론 그렇다고 해서 복잡다단한 현실 세상이 규범에 따라 일사불란하게 정리될 리 없다. 규범의 개입으로 물적 현실의 작동 양상이 변화하긴 하지만 그저 '다른 양상의' 복잡다단함으로 변화할 뿐이다. 다시 물적 현실의 일부를 절단-채취한 새로운 규범·담론이 만들어진다. 규범·담론은 다시 물적 현실을 변화시키고…. 헤겔이라면 변증법적 발전, 니체라면 영원회귀, 들뢰즈라면 차이의 반복이라 했을 일이 규범과 현실 사이에서 작동하는 것이다.

우리 사회의 물적 현실은, 비록 전 지구적 자본주의체제 아래 공통적 속성이 적지 않겠지만, 서구의 그것과 같을 리 없다. 각각의 사회는 생활세계를 규정하는 각각의 물적 체계의, 즉 정치-경제 체제나 건축 생산 체제의, 모순과 불합리를 고쳐 나아가야 할 각각의 전선들이기도 하다. 사회마다 체계와 생활세계가 다르니 모순과 불합리의 발현 양상도 다르다. 당연히 고쳐야 할 대상도 방법도 다를 수밖에 없다. 한국 사회의 물적 현실을 반영하고 그것의 향방에 개입하고 영향을 미칠 건축 담론 또한 서구의 그것과 같을 수 없다. 굳이 서양 건축 담론을 살피는 것은, 그것을 따르기 위함이 아니라, 서양 건축 담론이 물적 현실 속에서 어떻게 성립하고 변화해왔는가를 살피고 이를 우리 상황과 견주어 참조하기 위함이다.

이 책에서 서양의 건축 생산 역사를 정리하고 기술하는 방식은 이러한 문제의식에 따른 것이다. 시대 구분은 통상적인 서양 건축사에서의 구분을 따르지만, 관심의 초점은 각 지역-국가의 정치-경제 체제가 변화해온 과정에, 그 각각의 시대와 지역-국가에서 발화한 사회-철학 담론들의 성립과 변화에, 그리고 이들 정치-경제 체제와 사회-철학 담론과의 관계 속에서 성립하고 변화하는 건축 생산 체제와 건축 담론에 맞추어져 있다. 건축 생산에 작동한 사회적 조건과 관계를 읽어내고, 그 건축 생산 속에서 사회체제 변화에 얽힌 실천적 함의를 읽어내려는 것이다.

+

그간 내 관심과 작업은 대부분 건축을 매개로 한 사회적 의제를 만들고 제기하는 일이었다. 시민들의 거주 공간과 시설을 개인이 부담하고 조달하도록 하는 사회체계와 그 반영물로서의 주거 건축 공간 형식 문제, 특히 개인의 삶터와 공공공간의 직접적 접속-소통을 어렵게 하는 아파트단지 개발-건축 방식의 문제, 그리고 건축 실천의 장 자체를 옥죄고 좁히는 반(反)건축적 건설 정책과 제도 문제 등이 나의 주된 공부 주제이자 실천 소재였다. 건축 역사나 이론 등 건축계 내부의 지식이나 내향적 담론을 겨냥한 작업은 별로 없었다. 이는 나의 '전공 분야'가 대중의 삶 문제와 직접적으로 연루된 주거 건축이었기 때문이기도 했다.

물론 주거 건축 분야 공부에서도 중심은 '역사적 맥락'이므로 역사 공부가 없었을 리 없고 이와 연결된 철학-사회학 담론들에 대한 독서가 없었을 리 없다. 그러나 어쨌든 나는 건축 역사를 전공 분야 삼아 공부한 사람이 아니다. 대학과 대학원 과정에서 수강하며 공부한 것이 거의 전부였다. 1980년대 국내에 유입된 만프레도 타푸리와 빌 리제베로의 건축 역사-담론을 통해 주류 서양 건축 역사서들에 대한 다소 거친 비판의식을 더하고 있었을 뿐이다. 그런데 대학으로 자리를 옮긴 내게 주어진 강의 과목 중에 '건축생산기술사'라는 이름의 과목이 포함되어 있었다. 서양 건축 역사를 건축 재료·구법 등 생산기술 중심으로 다룬다는 취지로 기획된 과목이었다. 나의 전공 분야와 거리가 있을 뿐만 아니라 다른 대학들에서도 찾아보기 힘든 독특한 과목이었다. 대학의 교수 인력이 충분치 않았던 당시에는 교수에게, 특히 신임 교수에게 배정되는 과목의 폭이 매우 넓었다. 건축계획 전공 교수에게 구조, 시공 등 공학 과목을 맡기는 경우조차 있곤 했다.

아무튼 '건축생산기술사' 강의를 맡고 나자 "이왕 할 바에야…"라는 나름의 욕심이 생겼다. 우선 과목 이름을 '건축 생산의 역사'로 바꾸었다. 기술적 사안만이 아니라 건축 생산을 둘러싼 정치-경제적 관계를 다루어볼 요량에서였다. 물론 여기에는 한국 건축계가 서양 건축 역사와 건축 이론-담론을 절대적인 것으로 따르고 의존하고 있다는 평소의 비판의식이 깔려 있었다. 건축 형태 중심의 양식사에 함몰된 채 그것을 생산해내는 사회체제의 조건들에는 무심한 형식주의 담론들, 약한 논거를 철학-미학 담론들로 채우려는 아리송한 사설들, 사회체제 상황과는 별개로 개진되는 형식주의 담론들의 적절성-정당성에 대해 가타부타 논의조차 없는 건축 역사학계. 이 모든 형국이 못마땅했기 때문이다. 강의를 듣는 학생들 입장에서도 건축이 생산되어온 정치-경제-기술의 맥락을 이해할 때 비로소 건축 역사를 이해할 수 있게 될 것이라고 생각했다.

강의를 거듭하면서 참고한 문헌과 자료들이 늘어났고 강의 노트도 점점 두꺼워졌다. 학생들에게서도 제법 좋은 평판과 인기를 얻어가면서 어느덧 20여 년의 역사를 갖는 강의가 되었다. 두꺼워진 강의 노트는 책자로 정리해야겠다는 생각이 들었다. 처음에는 '서양 건축 생산 100 장면' 정도의 짧은 글 모음으로 정리할 생각으로 메모를 시작했다. 그러나 장면마다 독립적인 내용으로 구성하기 쉽지 않아 곧 통사 형식으로 방향을 바꾸었다.

강의 노트라는 자못 든든한 바탕이 있긴 했지만 보완하고 추가해야 할 내용들이 계속 늘어났고 이를 위해 찾고 읽어야 할 문헌과 자료 또한 늘어났다. 2차 문헌을 통해 알고 있던 내용을 다시 확인하기 위해 원저자의 저작물을 찾아 살피는 일도 계속되었다. 이 모든 일이 가능했던 것은 인터넷 세상 덕택이었다. 불과 몇 해 전에 비해 놀라울 정도로 풍성해진 각국 위키피디아(wikipedia), 인터넷 아카이브(archive.org)를 필두로 여러 비영리 사이트에 연결된 수많은 원문 자료들 덕에 많은 것을 찾고 보충할 수 있었다.

초고를 마친 뒤에도 계속된 자료 확인과 보완작업 탓에 이곳저곳 첨삭이 이어졌다. 거친 글을 어르고 다듬어 훌륭하게 묶어준, 편집 작업 내내 이런저런 지적과 제안으로 긴장의 끈을 놓지 못하게 한, 마티의 편집팀, 그리고 정희경 대표에게 감사드린다.

2022년 봄
죽전 살구나무 윗집에서
박인석

10

제국의 시대와 근대 건축의 태동

(1875~1914)

**2차 산업혁명:
생산기술의 발전과
유토피아 전망**

19세기 초반부터 비약적으로 성장한 서구 국가들의 경제 수준은 19세기 말에 이르러 세계 다른 지역을 압도했다. 특히 영국·프랑스·미국 등 앞서서 산업화가 진행된 나라들의 1인당 국민총생산 규모는 중국 등 비서구 국가들에 비해 1830년에 이미 두 배 이상 컸고 1913년에는 일곱 배에 달했다. 이러한 경제적 팽창은 광범위한 식민지 착취에 힘입은 바 크지만 그 중심에는 기술 발전이 있었다.

핵심은 내연기관과 전기를 동력원으로 기계를 사용한 상품 생산이었다. 특히 이제껏 증기기관을 적용할 수 없어 기계화가 미미했던 생산 분야에 상용화된 전동기는 혁명적인 변화를 가져왔다. 여기에 '테일러 시스템'(Taylor system)•으로 대표되는 과학적 관리 기법에 의한 생산 합리화와 '컨베이어벨트 시스템'이 가세했다. 흔히 2차 산업혁명이라 불리는 생산 방식의 혁신은 생산량을 엄청나게 증대시켰고, 서구 선진 자본주의 국가들에 국한된 얘기지만, 시민들의 생활 양식에도 심대한 변화를 가져왔다. 전화(1876)·영

• 미국의 경영학자인 프레더릭 윈즐로 테일러는『벨트 장치에 관한 기록』(1893), 『금속 절단기술에 관하여』(1906), 『과학적 관리법』(1911) 등을 저술하며 '테일러 시스템'을 제시했다. 테일러 시스템은 ①노동자의 표준 작업량(과업)을 과학적으로 결정하기 위한 시간 연구, ②과업의 달성을 자극하기 위한 차별적 임금(성과급), ③계획 부문과 현장감독 부문을 전문화한 기능별 조직 등을 축으로 한 관리 시스템이다.

1 1910년형 포드자동차 모델T

2 1913년 포드 공장 조립 라인

화(1895)·자동차(1886)·자전거(1868 대량생산 시작)·진공 청소기(1901) 등 경제활동과 문화생활의 차원이 달라지게 한 '문명의 이기'들이 19세기 말에 발명되고 보급되었다.

미국 포드 자동차 신화는 테일러 시스템과 컨베이어벨트 생산 방식의 결합 효과를 대변한다. 헨리 포드가 1903년 창업한 포드 자동차 회사는 1908년 생산 공정을 효율적으로 나누고 1913년부터 컨베이어벨트 생산 방식을 채택하여 생산성을 높임으로써 자동차 가격을 획기적으로 낮추었다. 포드사가 새로운 생산 방식으로 T형 자동차를 생산하기 시작한 1908년 당시 다른 자동차 회사들의 자동차 가격은 평균 2천 달러였다. 그러나 T형 포드는 825달러로 판매를 시작했고 1920년에는 300달러까지 가격을 낮췄다. 포드 자동차의 생산 혁신은 자동차 보급률을 기하급수적으로 높였고 이를 지렛대로 미국은 1920년대 자동차시대를 구가하게 된다.

포드 자동차가 보여준 기술의 위력은 1945년 이후 생산력의 발전으로 이상사회를 구현할 수 있다는 포드주의(Fordism)로 이념화했다. 포드의 성취는 인간의 이성능력을 증명한 것이자 유토피아를 실현할 수 있으리라는 비전을 품게 할 만한 것이었다.

토머스 모어가 『유토피아』(1516)에서 꿈꾼 것은 이상적인 정치체제가 구현하는 이상 사회였지만, 그보다 한 세기 후에 프랜시스 베이컨이 『새로운 아틀란티스』(1627)에서 그린 유토피아는 과학기술의 힘으로 건설되는 풍요로운 물질문명 사회였다. 17세기에 진행된 과학의 발전은 이미 이로 인해 가능해질 미래에 대한 상상력을 자극할 만했던 것이다. 2차 산업혁명으로 생산력이 크게 증대한 19세기 말에는 더 직접적인 전망들이 출현했다. 미국에서 생산력 팽창이 가져오는 변화를 목도한 에드워드 벨러미의 『뒤돌아보

며: 2000년에 1887년을』(1888)은 국가가 모든 산업 생산과 공급을 직접 관장하는 국영기업체제에 의해 달성되는 유토피아를 그린 소설이었다. 베스트셀러였던 이 소설을 기점으로 1900년까지 미국에서만 46편의 유토피아 소설이 출간되었다. 비슷한 시기에 발간된 윌리엄 모리스의 『유토피아에서 온 소식』(1891)•은 벨러미와는 전혀 달리 사회주의체제 아래에서 중세처럼 정신과 물질이 합일하는 이상 사회를 그리고 있지만 이 역시 자본주의의 모순 속에 발전한 생산력을 다른 방식으로 재편한 사회체제를 꿈꾼 것이었다.

이 시기에 생산기술과 기계의 발전이 불러올 유토피아에 대한 전망이 만연했다. 자유주의자에게든 사회주의자에게든 생산력의 발전은 역사의 필연이었고, 그것이 가져올 이익을 어떻게 분배하느냐에 대한 입장은 달랐지만 그 효과에 대한 기대는 같았다. 이러한 전망과 기대는 근대 서구 예술과 건축에서도 중요한 근거가 되었다.

독점자본주의와 자유주의의 퇴조

19세기 말의 정치와 경제가 장밋빛 낙관주의로만 가득 차 있던 것은 아니다. 성장 가도를 달리던 서구는 1873년부터 10여 년간 장기불황을 겪는다.•• 기술 발전과 생산량 증가는 지속되었지만 세계 무역 주기가 침체 국면에 들어간 탓이었다. 서구 선진 자본주의 국가들은 자국 시장 안정을 위해 보

• 유토피아(utopia)는 그리스어의 '없다'(ou), 혹은 '좋다'(eu)와 '장소'(topia)의 합성어다. 이를 직역하면 '없는 장소', nowhere가 된다. 즉, 모리스의 책 제목 'News from Nowhere'는 'News from Utopia'를 뜻한다. 한국어판은 『에코토피아 뉴스』라는 제목으로 출간되었다.

•• 상품의 총생산량은 계속 증가했으나 1873년 빈 증권시장이 붕괴하며 전 세계적 경기 침체가 계속됐다. 영국이 1896년까지 가장 오래 불황의 늪에서 벗어나지 못했고, 프랑스는 1892년, 미국은 1879년경까지 불경기가 지속됐다. 반면 독일제국은 단기간에 회복해 성장세를 유지했다.

호무역주의를 강화하는 한편 새로운 시장 확보를 위한 식민지 쟁탈에 박차를 가했고, 국가 간 경쟁이 격화되었다. 자본가들은 합병과 시장 독과점으로 이윤 극대화를 추구하면서 과학적 관리 기법에 의한 생산 합리화로 원가 절감 및 생산성 향상을 꾀했다.

1890년쯤부터 서구 경제는 다시 호황으로 돌아섰다. 앞 시대와 차이가 있다면 남북전쟁 이후 상공업 발전 정책을 본격화한 미국과 1871년 통일한 독일제국이 새로운 강대국으로 약진했다는 점이다.••• 이제 영국 독주 시대는 끝나고 영국·미국·독일·프랑스가 선두에서 경쟁했다. 불황이 끝났지만 불황 국면에서 취해졌던 보호무역주의 기조가 계속 유지되었고 식민지 확대 정책 역시 지속되면서 국가 간 충돌 위험이 높아졌다. 1914년 제1차 세계대전이라는 파국이 가까워지고 있었다.

이러한 경제 상황은 부르주아 혁명과 새로운 사회체제의 기치였던 자유주의 이념을 위협했다. 보호무역주의, 식민지 시장 쟁탈, 시장 독과점 등은 자연히 정치권력과 대기업들의 유착으로 이어졌고, 정부와 공공 부문의 역할이 강화되었다. 반대로 개인의 자유롭고 경쟁적인 활동을 기반으로 하는 자유주의 시장경제에 대한 믿음과 지지가 약화되었다. 이자 및 배당 소득을 부의 원천으로 삼는 유한 계급 부르주아들이 증가하는 현상 역시 생산과 기술 발전을 중시하는 자유주의 이념과는 배치되는 것이었다. 자본 집중으로 기업이 대규모화하고 과학적 관리 기법이 중요해지면서 기업의 소유-경영이 분리되었고, 경영활동에 직접 참여하지 않고 소

••• 1913년 2차 산업과 광업 총생산에서 각국이 차지한 비율은 미국 46퍼센트, 독일 23.5퍼센트, 영국 19.5퍼센트, 프랑스 11퍼센트였다.

득을 챙기는 유한 계급이 더욱 증가했다. 1891년 프랑스에서만 금리 생활자가 200만 명에 이르렀다.

보통선거제도를 필두로 한 민주주의의 진전 역시 부르주아 자유주의를 딜레마에 빠트렸다. 참정권이 확대되면서 노동자 계급은 역사의 진보를 신봉하며 스스로를 역사적 주체로 인식하는 사회주의 세력으로 결집되어갔다. 이제까지 진보하는 역사의 주체임을 표방하며 자유와 평등을 주장해온 부르주아 계급 사이에서는 자유·평등 이념의 확산을 거부할 명분이 없는 상태에서 노동자 대중에게 정치적 주도권이 넘어갈 수도 있다는 우려가 커져갔다. 여기에 신중산층이라 할 수 있는 사무직 노동자들이 증가한 것 역시 부르주아 계급의 정체성에 혼란을 더했다.

과학기술과 생산력은 멈출 줄 모르고 발전하며 유토피아적 전망을 퍼트리는 중이었지만, 정치적 진보 이념과 개혁의 전선은 모순으로 뒤엉켜 있었고 경제적 자유주의는 이미 쇠락한 지 오래였다. 한마디로 낙관과 비관이 교차하는 시대였다. 이성·진보·평화에 대한 믿음을 기반으로 득세했던 부르주아 자유주의는 현실적 모순 속에서 퇴조하고 분열되어갔다. 진보 진영을 사회주의 세력이 주도하는 가운데 부르주아 자유주의 세력의 일부는 방어적 보수주의와 우파적 민족주의·애국주의로 갈라지며 변질되어갔다. 이들은 당시 만연했던 인종차별주의와 맥을 같이하며 폭력과 본능, 급기야 전쟁을 지지하기에 이른다.

사회민주주의 전망의 확산

1848년 혁명을 부르주아 계급과 함께 이끈 사회주의 세력은 혁명 후 정치체제 구성에서 배척된 이후 대중적 노동운동을 이끌며 세를 확장해나갔다. 이들은 프랑스와 독일을 주 무대로 정치 조직을 결성했다. 마르크스, 엥겔스를 비롯한 다양한 아나키스트·사회주의자·공산주의자가 참여한 국제노동자협회(1864~76, 제1인터내셔널)와 전독일노동자협회(1864~75), 독일사회민주노동당(1869~75)이 조직되었다. 제1인터내셔널은 파리 코뮌(1871)이 진압당한 이후 쇠퇴했지만, 전독일노동자협회와 독일사회민주노동당은 독일사회민주당(1875)으로 통합하며 세를 이어갔다.•

각국에서 노동자 계급의 입지가 강화되었다. 1824년 영국에서 처음 합법화된 노동조합은 1875년 무렵에는 서구 국가 대부분에서 합법화되었고 상당한 수준의 법적 지위와 권리를 획득했다. 경제적으로 여유로워진 선진 자본주의 국가들은 노동자 계급과 사회주의 세력의 성장에 대응하여 복지 정책을 도입하기 시작했다. 오토 폰 비스마르크가 이끄는 독일제국 정부의 의료보험(1883)·산재보험(1884)·노령연금(1889) 등의 사회보장 입법이 대표적이다. 영국에서도 자유당 집권 시기였던 1906~14년에 연금·최저임금·의료보험·실업보험 등의 제도가 도입되었고, 프랑스에서는 1911년부터 노인연금이 지급되었다.

복지 정책이 강화되는 추세 속에서 사회주의 세력은 혁명주의에서 개량주의로 온건화하는 경향이 뚜렷해졌다. 자본주의를 혁명을 통해 즉각적으로 붕괴시키기 힘들다는 분위기가 확산되었고, 혁명을 목표로 하기보다는 정부와 고용주들로부터 당장 긴급한 개선·개혁 과제들을 쟁취해내는 것을 목표로 하자는 사회민주주의 노선이 다수를 차지했다. 영국 런던에서 1884년 결성된 페이비언협회는 사회민주주의 정당인 노동당(1900)의 기초가 되었으며, 독일 제국의회의

• 1875년 독일 고타에서 두 조직이 통합하며 채택한 것이 마르크스의 「고타강령 비판」(1875)으로 유명한 그 고타 강령이다.

제2당이었던 독일사회민주당은 1890년대 중반부터 기존 혁명주의 노선과 에두아르트 베른슈타인(1850~1932)을 중심으로 한 수정주의 노선이 갈등하다가 제1차 세계대전 이후 수정주의, 즉 사회민주주의 노선으로의 선회를 공식화했다.

제국의 시대

19세기 말에서 제1차 세계대전이 발발하기까지 서구 주요 국가들은 내부적으로는 공업자본주의 경제의 번성을 구가하고, 외부적으로는 무역 상권과 식민지 쟁탈로 각축을 벌였다. 이른바 '제국의 시대'였다.

영국은 1873년 경제 불황의 여파가 1890년대 중반까지 지속되면서 공업 생산력 면에서 미국과 독일에 추월을 허용했지만, 여전히 세계 최대 식민지 보유국이었고 19세기 내내 쌓아온 산업 기반을 바탕으로 경제적 번영을 구가하고 있었다. 토리당을 기원으로 하는 보수당(1834년 창당)과 휘그당이 주축이 된 자유당(1850년 창당)의 양당체제•로서 제국주의적 식민지 정책과 무역 정책을 지속하는 한편, 투표권 확대, 노인연금법 제정, 실업수당 지급 등 민주주의와 복지제도를 꾸준히 진전시켜나갔다.

프랑스는 1870년 프로이센과의 전쟁에서 패배한 후 나폴레옹 3세가 추방당하며 제2제정이 끝나고 제3공화국이 시작되었다. 1871년 파리 코뮌 진압 후 왕정복고를 노리는 왕당파와 갈등하다가 1880년쯤부터 온건 공화파가 사회 개혁을 주도하며 정치적 안정을 찾았다. 이 시기는 흔히 '벨 에포크'(Belle Époque, 1880~1914), 즉 '아름다운 시절'이라 불

• 현재 영국의 거대 양당은 보수당과 노동당이다. 노동당은 1900년에 사회민주동맹, 페이비언협회, 독립노동당과 65개 노동조합이 연합하여 창당했다. 1920년대에 자유당을 누르고 보수당과 맞서는 정당으로 성장했다.

린다. 1870년대와 제1차 세계대전 이후의 어려운 사회 상황에 견주어서 만들어진 다소 과장된 것이긴 하지만, 식민지 쟁탈 등 제국주의적 발전의 절정기로서 경제적 번영과 평화 속에 초등교육 무상화(1881) 및 공립학교 제도화(초등교육 전담 기관을 교회에서 공공학교로 전환, 1882), 정교분리(1905), 노동자 단결권(1884) 및 결사의 자유 보장(1901) 등 강력한 사회 개혁이 진행된 시기였다. 1889년 파리 박람회 기념비인 에펠탑이 상징하듯이 과학기술·문화의 혁신과 함께 미래에 대한 낙관주의가 주조였으나, 한편에서는 1890년대 초까지 지속된 불황과 빈부격차 확대 등을 비판적으로 인식한 예술가들을 중심으로 세기말(Fin de Siècle) 염세주의가 퍼졌다. 정치는 중도우파가 여러 정파로 이합집산하며 집권을 지속했다. 사회주의 세력은 1871년 파리 코뮌이 진압당한 이후 분열되었다가 1905년 온건 좌파적인 노동자 인터내셔널 프랑스 지부로 연합했다. 이 조직은 프랑스 사회당(1969년 창당)으로 이어진다.

신성로마제국 해체(1806) 이후 독일 지역 맹주 지위를 두고 합스부르크왕가의 오스트리아제국과 대립하던 프로이센왕국은 1850년대부터 급속한 산업 발전과 경제성장으로 힘을 더해갔다. 1866년 프로이센왕국은 오스트리아제국과의 전쟁에서 승리한 후 오스트리아와 남부 독일을 뺀 나머지 지역을 북독일연방으로 통합했다. 이어 1870년에는 독일 통일에 걸림돌이었던 프랑스와의 전쟁에서 승리하며 1871년 남부 독일을 포함한 통일 독일제국을 건설했다. 독일제국은 비스마르크의 지휘 아래 강력한 자유주의 개혁과 산업화 정책을 추진했고, 1873년 빈 주식 시장 붕괴로 찾아온 불황도 단기간에 극복했다. 1900년경에는 영국을 제치고 유럽 최대 경제 강국으로 올라섰다. 1900년 이후 베를린이 모더니즘 건축 운동의 거점이 된 것은 독일 정부가 산업화 정책을 펼치는 사회 분위기 속에서 이루어졌다.

합스부르크왕가의 오스트리아제국은 1814년 나폴레옹전쟁에서 승리한 후 성립된 새로운 국제 질서체제(빈 체제)를 주도하며 유럽 최강국의 지위를 누렸으나, 내부적으로는 클레멘스 폰 메테르니히 수상의 전제 정치 아래 자유주의와 민족주의가 성장하며 지역적으로 분열되고 있었다. 1848년 프랑스 2월혁명의 여파로 억압적이던 메테르니히 체제가 무너지자, 프란츠 요제프 1세(재위 1848~1916)는 제정을 유지하면서 의회 설치 등 자유주의적 정책을 도입했다. 빈의 경제활동 증진을 위해 1860년에 구도심 성곽 주변에 군사 방어용으로 비어 있던 토지에 링슈트라세 및 시가지 건설사업이 시작되어 1900년대 초까지 건축 붐이 지속되었다. 그러다 1866년 프로이센과의 전쟁에서 패배함으로써 독일연방에서 제외되며 독일 지역에 대한 영향력을 잃고 오스트리아-헝가리제국으로 변신했다. 패전으로 황제의 권력이 약화하며 상대적으로 자유주의자들의 영향력이 커졌고 자유주의적 경제 정책 아래 부르주아 세력도 강화되어 갔다. 그러나 빈을 중심으로 한 사회적 분위기는 복잡다단한 변화를 겪고 있었다. 1873년 시작된 불황(1890년대 중반에 회복되었다)으로 독일 통합주의 세력이 득세하고, 체코와 헝가리, 슬로베니아 등지에서 민족주의를 주장하는 목소리도 커져갔다. 부르주아 자유주의적 진보의 전망이 어두워지는 듯한 정치·경제 환경에서 생성된 특유의 분위기 속에서 19세기 말 빈에서는 새로운 지평을 모색하는 문화예술가들의 활동이 활발하게 전개되었다. 지그문트 프로이트(1856~1939)·루트비히 비트겐슈타인(1889~1951)·구스타프 말러(1860~1911)·구스타프 클림트(1862~1918)·오토 바그너(1841~1918) 등이 당시 빈의 문화적 분위기를 형성했고, 이후 근대 문화예술계의 향방에 중요한 영향을 미쳤다. 모더니즘 예술 운동의 주요한 줄기 중 하나인 빈 분리파(Wiener Secession)가 이러한 분위기 속에서 1897년 결성되었다.

신생 부르주아 공화국 미합중국은, 북부의 상공업세력과 남부의 기업농 세력 간 내전인 남북전쟁이 북부의 승리로 끝난 후 공업화 정책에 박차를 가했다. 상공업 경제의 팽창은 1869년 대륙횡단철도 개통과 서부 개척과 함께 한 단계 더 큰 규모로 진행되었다. 양대 자유주의 정당인 공화당과 민주당이• 사회주의 정치 세력의 부재 속에 자유주의적 경제 정책을 입안하고 시행했다. 공업이 발달한 뉴욕, 시카고 등 동부 도시 지역에서는 임금노동 수요가 커지자 유럽에서 유입되는 이민자 수가 급증했다. 경제적으로나 군사적으로 열강의 반열에 오른 미국은 1890년 무렵 해외 식민지 쟁탈전에 뛰어들었고 1900년쯤에는 영국과 독일을 앞지르며 세계 최대 공업 국가가 되었다. 19세기 말부터 뉴욕과 시카고에서 일었던 초고층 건축 붐은 이러한 미국의 경제력이 표출된 것이었다.

• 1824년 미 대통령 선거에서 혼전을 거듭한 끝에 민주공화당의 존 퀸시 애덤스가 앤드루 잭슨을 제치고 대통령으로 선출되었는데, 이때 당내 애덤스 지지자와 잭슨 지지자가 갈라지면서 각각 국민공화당과 민주당으로 분당했다. 민주공화당과 경쟁했던 연방당은 대통령 선거가 있기도 전에 와해된 상태였다. 같은 뿌리에서 나온 공화당과 민주당의 정치노선에는 별다른 차이가 없었으나, 1890년대부터 1920년대에 정치가들의 부패에 반대하고 사회 개혁을 추진한 '진보 운동'을 거치며 민주당이 상대적으로 진보 진영을 대표하게 되었고, 공화당이 보수 진영의 기수가 되었다.

대중산업사회와 예술생산

19세기 말~20세기 초는 서구 사회가 철학·건축·음악·문학 등의 문화예술 분야에서 생산적이고 창조적인 활동이 최고조에 달한 시기였다. 19세기 초반부터 증가한 부르주아들의 예술품 구입이 계속되었고 중간 계급 시민들의 문화활동 욕구에 발맞춰 늘어난 미술관들도 전시와 소장을 위한 예술품 구매에 열을 올렸다. 그러나 이 시대 예술의 번영을 뒷받침한 것은 무엇보다도 팽창하는 경제와 더불어 탄생한 '대중'이었다.

기업의 수가 늘어나고 규모도 커지면서 봉급을 받는 경영인·관리자·전문 기술자·사무직 노동자·하위 관리직 등 중류 계급이라 할 만한 사람들이 크게 증가했으며, 자영 상인·소생산자·자영 서비스 업자 등 소부르주아 계급으로 분류되는 사람들도 늘었다. 그러나 문화예술 수요의 판도를 앞 시대와 전혀 다른 것으로 바꾼 것은 경제·사회·정치적 지위가 크게 향상된 노동자 계급이었다.

임금 수준은 노동조합으로 조직화된 숙련노동자들을 중심으로 19세기 후반부터 크게 높아졌고, 노동 시간이 단축되면서 여가 시간이 늘어났다.• 여기에 1870년 영국의 공립 초등교육제도 등 각국에서 의무교육••이 도입되면서 노동 계급의 문맹률이 현저히 감소했다. 소득, 여가시간, 문자 해독 능력 등 문화예술 소비에 필요한 요건이 갖춰지기 시작한 것이다. 여기에 참정권 확대로 노동자 계급의 정치적 지

• 영국의 경우, 노동자의 임금 수준은 1801년을 100으로 가정할 때 1857년에는 107에 지나지 않았으나, 100년 뒤인 1901년에는 157로 증가했다. 주당 평균 노동 시간은 1850년 70~80시간에서 1880년 54시간, 1920년에는 48시간으로 단축되었다.

•• 프랑스는 1882년에 초등교육을 의무화했다. 미국에서는 1852년 매사추세츠주에서 시작되어 점차 다른 주로 확산되었다.

위도 개선되고 있었다.

중·하류 계급과 숙련노동자 계층에 속하는 개개인의 소비 능력은 크지 않았지만, 그 수는 이들을 상대로 한 문화예술 시장을 유력한 시장으로 만들기에 충분했다. 문화예술 수요가 소수 상류층에 국한되었던 앞 시대에는 볼 수 없었던 새로운 문화 현상들이 나타났다. 예컨대 미국의 경우 1788년에 33만 부였던 신문·잡지의 매달 발행 부수가 1880년대에는 무려 1억 8600만 부로 늘어났다. 광고 산업과 할부 판매가 등장했고 각국 대도시에 대규모 종합 상점인 백화점이 들어섰다. 구매력이 있으면서 정치적 참정권자인 새로운 문화 주체 '대중'이 탄생했고 여기에 대응한 '대중시장'이 출현한 것이다. 대중의 수요에 대응하기 위해서는 저렴한 가격과 대량공급이 필요했다. 문화예술 분야도 마찬가지여서, 복제·대량생산·대중 공연의 특성을 갖춘 저가의 문화 상품이 출시되었다. 대중 소설과 복제 회화의 유행, 광고 포스터의 범람은 많은 예술가에게 일거리를 제공해준 동시에 반복되는 복제 이미지라는 새로운 시각 미학을 일상적인 것으로 만들었다. 음악에서는 대규모 오페라와 더 대중적인 오페레타가 성행했다. 1870~96년에 독일에서의 극장이 200개에서 600개로 증가했다는 사실에서 이러한 성황을 엿볼 수 있다.

부르주아 자유주의의 딜레마

시장과 상인들은 대중의 탄생에 환호했지만 정치철학자들과 엘리트 부르주아들은 근심이 깊어져갔다. 대중의 참정권 확대로 불가피해질 우민정치에 대한 우려였다. 민주주의 이념에 비춘다면 대중 민주주의는 지향해야 마땅하다. 그러나 정치철학과 거시·미시 경제이론에 입각해야 하는 국가 운영이 무지한 대중에 의한 선거에 좌우될 수 있다는 것은 당장의 근심거리를 넘어 미래에 대한 비관을 낳을 만한 일이었다. 19세기 말은 경제적 번영과 과학기술의 진보를 경험하며 미래에 대한 낙관과 희망이 가득했던 시기였지만, 이 가운데에서도 세기말의 퇴폐주의와 비관주의가 병존했고, 이는 대중의 출현을 목도한 엘리트 부르주아 계급 한편의 정서이기도 했다.

예술에서도 예외가 아니었다. 한쪽에서는 대중예술의 확산을 민주주의와 새로운 사회의 징표로 보고 환호했지만, 다른 한쪽에서는 상업적 예술 상품으로 뒤덮이는 현실을 우려하고 비관했다. 이야기와 줄거리가 있어 내용을 이해하기 쉽고 복제를 통한 유통이 자유로운 예술 분야는 전자였다. 소설과 연극, 오페라와 뮤지컬이 전성기를 맞이했고 영화는 시대의 주류 예술이 될 준비를 하고 있었다.

이에 비해 조형예술은 딜레마에 빠졌다. 복제 가능성이 낮고 서사적 표현에서도 한계가 명확했을 뿐 아니라 전통적으로 '개인 소장품으로서의 예술품'이었던 회화예술은 대중의 시대와는 본질적으로 상충하는 것으로 보였다.• 대중이 향유하게 할 방법은 기껏해야 복제 회화였지만 그마저 사진이라는 강력한 맞수를 따라가기 힘들었다. 1830년대에 발명된 사진은 1888년 창립한 미국 코닥(Kodak)사가 자동사진기를 판매하면서 더욱 위협적인 존재가 되었다. 대중의 수요에 다가갈 수 없는 예술은 필연적으로 엘리트 집단 주변에 머물 수밖에 없었고 '대중은 예술을 이해하지 못한다'고 자

• 문학에서 19세기 사실주의를 벗어난 서술 형식(시간순 서술을 탈피한 비연대기적 서술, 전지적 작가 시점을 벗어난 복합적 시점, 의식의 흐름과 내면 독백 등)은 제1차 세계대전 이후에야 활발하게 시도된 데 비해, 회화예술에서 인상주의를 필두로 한 새로운 표현 형식이 1860년대부터 일찌감치 나타난 이유다. 상업적 수요가 저조한 분야에서 내용적·형식적 혁신이 먼저 시작된 것이다.

위하는 엘리트주의에 빠져들기 십상이었다. 또한 이미 현실이 된 대중사회를 외면한 예술이 바라보는 곳은 필연적으로 현실과는 무관한 주관적 세계였다.

1860년대 인상주의를 시작으로 후기인상주의·입체주의·야수파·미래주의·추상주의 등으로 이어지는 회화 아방가르드는 주관주의와 엘리트주의 속에서 표현 형식을 탐구하고 실험한 과정이었다. 이러한 고급예술의 물적 기반을 제공한 것은 상류 부르주아와 진보적인 귀족, 지식인 등이었다. 이들에게는 속물근성에 물든 교양 없는 중산층과 몽매한 노동자 계급이 들끓는 대중 일반과 차별되는 문화 상징이 필요했고, '그들은 이해할 수 없는 예술'이 여기에 적격이었던 것이다.

대중사회의 출현으로 회화예술의 생산-수용체계가 변화한 것도 주관주의를 가능케 한 토대였다. 구매자가 예술가에게 직접 주문하는 방식으로 예술품이 생산-판매되던 과거와는 달리 살롱이나 화랑 전시를 통해 예술품이 판매되는 방식이 일반화했다. 예술가 입장에서는 예술품 구입자와의 직접적인 관계는 사라지고 '익명의 다수 구매자'를 상대로 작품을 미리 제작해야 하는 상황이 된 것이다. '교양 있는' 귀족층에서 '무지한' 대중 일반으로 작품의 소비자가 바뀐 상황에서 일부 엘리트 예술가는 현실에 저항하거나 회피하며 대중과 괴리되었고 점점 자의식에 파묻힌 엘리트주의의 길을 걸었다. 그리고 대중과 구분되는 문화 상징을 원한 중상류 계급의 욕구가 이 같은 엘리트주의와 결합했다.

주관적 형식주의 미학

주관적 예술 표현이 예술 상품이 될 수 있었던 것은 예술가와 구매자가 분리된 상황에 힘입은 것이었지만, 그것이 새로운 표현 양식으로까지 성립하게 된 데에는 또 다른 사정이 작용했다. 당대 지적 세계가 겪었던 '객관적 진리체계 개념의 변화'가 그것이다.

르네상스시대 이래 전통적인 고전주의 예술은 절대적 진리이자 질서의 구현체인 자연(우주)을 모방·재현하는 것을 예술의 원리이자 규범으로 삼아왔다. 인체의 비례든 수목이든 재현하고자 했던 것이 비록 현실세계의 사물 자체가 아니라 사물의 이데아였지만 어쨌든 인간의 눈에 비춰진, 즉 '지각된' 형태를 이상화한 것이었다. 그러나 과학기술의 발전은 '지각된 세계'에 기반한 진리를 심각하게 위협했다. 이미 17세기에 인간의 눈으로는 관찰할 수 없는 비가시적 객체가 존재한다는 사실이 세포를 발견한 로버트 훅이나 현미경으로 미생물을 관찰한 안톤 판 레이우엔훅을 통해 밝혀졌다. 19세기엔 돌턴의 원자설과 아보가드로의 분자설 등이 육안으로 확인할 수 없는 존재들이 우주를 구성하는 기본 단위라고 주장했고, 이후 1911년에 어니스트 러더퍼드는 실제로 원자핵의 존재를 입증해냈다.

이는 인간의 눈에 지각되는 것은 세계의 극히 일부 국면에 지나지 않는다는 것, 이를 세계의 모습이나 본질이라고 믿는 것은 환영을 믿는 것과 매한가지임을 뜻했다. 당시 회화예술을 위협하던 사진기와 비교한다면, 조리개에 의한 빛 조절에 따라 대상물이 전혀 다른 모습으로 바뀌듯이 우리가 보는 것은 '본질적 모습'이 아니라 수없이 다른 모습으로 '비춰질 수 있는 것들' 중 하나일 뿐인 셈이었다.

이제까지의 회화예술은 가시적인 세계를 화폭의 구도 속에 재현해왔다. 고전주의는 이를 통해 자연의 질서와 이상을 표현한 것이었다. 고전주의를 벗어난 자연주의나 사실주의, 인상주의라고 해도 가시적 세계를 재현의 대상으로 삼기는 마찬가지였다. 그런데 지금껏 그려온 것이 자연·세계의 본질이 아니라 환영에 불과하다면, 자연·세계를 구성하는 본질적 요소가 눈으로 볼 수 없는 다른 어떤 것이라면, 회화 예술은 무엇을 해왔고 또 무엇을 해야 한다는 말인가? 인간 이성의 능력과 이에 의한 역사의 진보를 신뢰하는 '근대적' 예술가로서는 참을 수 없는 곤경이었을 뿐 아니라 회화예술 자체의 위기라고도 할 만한 상황이었다. 아방가르드 예술가들은 모순에 찬 구체제 귀족 양식 예술의 개혁과 더불어 '가시적 세계의 재현'이라는 이제까지 유지되어온 예술 표현의 근본을 버리고 다른 길을 찾아야 한다는 이중적 도전에 직면했다.

우선적인 딜레마는 '객관적 실체를 눈으로 볼 수 없다면 무엇을 그려야 하는가'였다. 이에 대한 응답은 실체의 '외관'이 아니라 '본질적 구조'를 그려야 한다는 것이었다. 독일 예술사학자 빌헬름 보링거는 예술 의욕을 '감정이입 충동'과 '추상 충동'으로 구분하고, 추상 충동을 "사물의 절대적 가치에 다가가려는 것"이라고 정의함으로써 추상예술의 논리적 근거를 제시했다.• 이 테제가 "예술의 과제는 '무질서하고 다양해 보이는 자연세계의 모습에서 본질적 특성과 구조를 추출해 재구성'하는 것"이라는 아방가르드 예술가들의 논리로 연결된 것이다. 우리는 이와 유사한 선례를 이미 18세기 건축가 르두와 불레가 남긴 바 있음을 알고 있다. "자연을 원기둥과 구, 원추로 다루어라"라는 폴 세잔의 말은 19세기 아방가르드 회화예술가들의 작업이 본질적으로 이

• 보링거는 『추상과 감정이입』(1908)에서 '추상(충동)'은 자연 형태를 모방하는 능력이 부족해서가 아니라 "사물들을 자연적 맥락에서 떼어내어 일체의 임의적인 것들로부터 순수하게 하려는, 부정할 수 없는 필연적인 것으로 하려는, 그것의 절대적 가치에 가까이 가려는 충동"에 기인하는 것이라고 주장했다. 이는 20세기 초 유럽 추상미술을 정당화하는 유력한 논리로 동원되었다.

들 '혁명적 건축가'와 동일한 탐구였음을 말해준다.

또 다른 딜레마는 '눈에 보이지 않는 본질적 구조를 어떻게 포착할 것인가'였다. 이 어려운 과제는 '객체의 관찰에는 주관이 개재한다'라는 당시 과학계의 새로운 언명에 의존하여 수행된다. '객관적 실체나 진리는 이미 존재하던 것을 주체가 발견하는 것이 아니라 관찰자의 심중에 인지되고 심지어 구축되어야 한다'는 것이다. 독일 수학자 게오르크 칸토어의 무한집합론(1869~79)은 수학이라는 엄밀한 과학에서조차 새로운 발상에 의해 새로운 진리가 구축됨을 보였다. 막스 플랑크의 양자론(1900), 알베르트 아인슈타인의 상대성이론(1905)은 '발견'된 것이 아니라 과학자의 직관에 의해 '발명'된 것이었다. 프로이트는 『꿈의 해석』(1900)을 통해 주체에 의해 생산되지만 주체가 제어할 수 없는 객체인 '무의식'이 존재한다는 사실을 밝혔나. 이 모두가 '진리란 이미 존재하던 객관적 실체 속에서 인간 주체가 발견해나가는 것'이라는 전통적 관념을 뿌리째 흔드는 '과학적' 작업들이었다. 에드문트 후설은 『논리연구』(1901)에서 아예 "세상의 사물을 (기존 이념에 따라 구성하려 하지 말고) 현상 그대로 포착하고, 그 본질을 선험적 순수의식, 즉 직관에 의하여 파악, 기술한다"고 씀으로써 '직관'을 철학적 사유 방법의 반열에 올려놓았다. 물론 이러한 과학적·철학적 성과들이 하루아침에 사람들의 의식을 바꾸지는 못한다. 그러나 고전적 사고 방식을 무너뜨리는 이러한 성과들은 은연중에 사람들의 의식 속에 자리 잡게 되었다. "내가 믿고 살며 작업해온 '의지와 관념의 세계'를 떠나야 했을 때, 나 역시 두려움에 가까운 일종의 소심함에 사로잡혔다"•라는 술회에서 나타나는 카지미르 말레비치(1879~1935)의 주저하며 불확실했던 태도는 머지않아 "예술은 보이는 것을 재생산하는 것이 아니라, 보이게 만드는 것이다"라는 파울 클레(1879~1940)의 자신에 찬 태도로 바뀌어갈 것이었다.

'눈에 보이지 않는 객체의 본질적 구조를 예술가의 직관(주관)으로 포착한다'는 주관주의 미학의 명제가 가능해진 것은 이렇듯 과학과 철학에서 제기된 새로운 패러다임에 힘입은 것이었다. 이미 19세기 말부터 '자연의 본질적 모습'을 그리는 작업에 나섰던 세잔의 뒤를 이어 여러 예술가들이, '직관'을 무기로 이제까지 '자연 질서의 재현'에서 찾았던 회화의 의의를 다른 것으로 바꾸려고 시도했다. 예컨대 앙리 마티스(1869~1954)는 강렬한 색채를 수단으로 예술가가 사물에서 받은 감정을 주체적으로 표현하고자 했으며, 조르주 브라크(1882~1963)와 파블로 피카소(1881~1973)는 객체의 형태를 복수의 시점에서 입방체와 원·원기둥·각기둥과 같은 작은 덩어리로 환원하여 재배열하는 표현 방식을 탐구했다. 주관적 탐색의 종착역은 '재현 대상인 객체의 제거'였다. 바실리 칸딘스키 등에 의해 1910년쯤부터 시작된 추상회화는 대상으로부터 벗어나 예술가가 주관적으로 구성하는 '순수한' 회화적 요소에 대한 천착이었다.

아방가르드 회화예술가들이 '직관'을 합리화함으로써 새로운 예술 표현의 길을 찾아냈지만, 주관적 예술 표현 담론의 최대 난제는 따로 있었다. 주관적 표현이 필연적으로 안고 있는 '소통이 곤란하다'는 문제였다. 이것이 마지막 딜레마다. 예술가의 직관에 의해 세계의 본질적 구조를 파악하여 표현한다 한들 이것을 대중이 이해할 수 있는가? 새로운 사회의 진보를 지향하며 표현한 이념과 감정과 가치를 대중

- 말레비치가 『비대상의 세계』(1927)에서 한 말이다. 그가 절대주의 회화에 전념하기 시작한 1912년보다 조금 앞선 시기의 심정을 술회한 것일 것이다.

3 세잔, 「생트 빅투아르 산」, 1905

4 칸딘스키, 「구성 6」, 1913

이 이해할 수 없다면? 새로운 사회를 위한 예술은 역설적이게도 새로운 사회를 구성할 대중은 이해하지 못하는 것이 되어버릴 것 아닌가!

아방가르드 예술가들은 진보를 선취함으로써 이 문제에 대처했다. '다가올 세상의 본질적 표현'은 아직 대중 일반이 이해할 수 없는 것이므로, 예술가들이 앞서서(아방가르드의 본래 뜻이 전쟁터의 전위병이다) 표현해 보일 수밖에 없다는 것이다. 대중의 인식은 예술에 의해 고양된다는, 즉 진보한다는 것이다. 칸딘스키는 『예술에서의 정신적인 것에 대하여』(1912)에서 '정신의 삼각형'을 말했다.

> 삼각형의 넓은 밑변에 사는 이 거주자들은 결코 어떠한 문제도 독자적으로 해결하지 못했고, 스스로 희생한 동료들, 말하자면 항시 그들 위에 높게 서 있는 동료들 덕분에 언제나 인류의 마차에 실려서 다녔기 때문에 이 마차 끌기의 노고에 대해서는 아무것도 알지 못한다. … 삼각형 밑변에 있는 사람들은 방금 이야기한 사람들에 의해서 맹목적으로 동일한 높이까지 이끌려 올려간다.

이러한 우스꽝스러울 정도의 엘리트주의가 '진보'라는 이념과 함께 통용되는 시대였다. '객관적 진리'를 전제로 성립했던 진보 개념이 '주관적 표현'의 합리화에 인용된 아이러니한 사태였다.• 어쨌든 아방가르드 예술의 주관적 형식주

• 19세기에 통용된 '진보'라는 개념은 '객관적으로 올바른 사회'가 전제되어 있다는 관념 아래 구성되었다. 그리고 그 '올바른 사회'는 과학기술과 공업 생산 발전으로 가능한 것이었다. 이는 정치적 좌파와 우파를 막론하고 공통된 생각이었으며, 헤겔이 제시한 변증법적 발전론이 전제하는 개념이기도 하다.

의 담론의 허술한 논리는 시대 상황을 타고 그런대로 넘어갔다. 무엇보다도 고급예술 시장에서 새로운 예술 작품들이 큰 어려움 없이 팔렸다는 것이 모든 문제를 무마했다. 이러한 허술한 엘리트주의는 20세기 후반에 가서야 전복된다.

회화 예술가들의 딜레마와 이를 미봉하는 데 동원한 궤변에 가까운 논리를 동시대 건축 예술가들도 공유했다. 건축은 회화나 조각과 가까운 조형예술로서 대중사회의 예술 생산 요구에 적응하기 어렵기는 마찬가지였다. 그러나 당시 회화에 비해 건축이 맞이한 딜레마는 그 정도가 덜했다. 우선, 건축은 회화예술과 달리 애초부터 '지각된 세계'의 재현이 아니라 '건축의 본질적 질서'라는 추상적이고 관념적인 대상을 지향하고 있었다. 따라서 재현을 둘러싼 19세기 회화의 딜레마는 건축에는 애당초 해당되지 않았나.

게다가 건축은 산업 자체가 커지고 있었고, 도시 대중으로부터 이전에 없던 과제를 부여받았다. 그리고 사회적 필요에 따라 철이라는 강한 재료를 수용함으로써 그에 맞는 건축 형식을 찾느라 씨름하던 중이었다. 건축에서 나타난 '새로운 형식 탐구'는 대중사회로 이행하며 변화한 예술 시장에서 살아남기 위해서가 아니라 현실 경제의 요구에 따른 것이었던 셈이다. 아방가르드 회화의 새로운 형식 개념과 논리를 건축도 일정 부분 공유했고 그것이 아방가르드 건축가들의 새로운 형태 원리 탐구에 대한 명분과 논리에 일부 근거를 제공한 것도 분명했다. 그러나 건축에서 그것이 전개되는 양상은 사뭇 달랐다.

구체제 양식의 성행과 철 구조물의 약진

부르주아 계급의 경제활동이 활발한 시대였던 만큼 이에 필요한 건축 생산에 대한 요구가 빗발쳤다. 공장, 창고, 철도역을 위시한 산업 건축이 큰 비중을 차지했고, 상업 건축도 점

5 주세페 사코니, 비토리오 에마누엘레 2세 기념관, 이탈리아 로마, 1885~1935

6 폴 아바디, 몽마르트 사크레 쾨르 교회, 프랑스 파리, 1875~1914

7 피에르 카이퍼스, 암스테르담 국립박물관, 네덜란드 암스테르담, 1876~85

8 자일스 길버트 스콧, 리버풀 대성당, 영국 리버풀, 1904~78

6

7

8

차 비중이 커지는 추세였다. 기업의 활동을 받쳐주는 사무소나 호텔, 금융업을 담당하는 은행뿐 아니라 소비 시장의 성장을 직설적으로 보여주는 대규모 상점시설인 백화점이 곳곳에 지어졌다. 그 수가 점점 불어나는 중류 계급의 저택 건축도 건축가의 주된 일거리였고, 행정 및 공적 생활을 위한 시청사, 재판소, 교회당, 학교와 같은 공공 건축 수요도 늘어났다.

공공 건축물과 주거에서 특히 그러했지만 대부분의 건축에서 프랑스 제2제정 양식, 고딕 리바이벌 등 전통 양식이 여전히 성행했다. 사회적 권위를 갖는 건축 규범은 약화되고 무너져버린 상태였다. 공공 건축과 종교 건축 생산 과정에 개입함으로써 권위를 지켜오던 아카데미 건축가들의 사변적 기율(discipline)은 민간 시장이 커지면서 영향력을 잃어갔고, 아카데미 내부에서도 시류에 영합하는 절충주의적 분위기가 강해졌다. 이런 속에서 갖가지 양식을 적절히 조합한 절충주의 양식이 상류층의 구체제 귀족 취미에 영합하며 성가를 높이고 있었다. 로마제국 건축이 재림한 듯한 비토리오 에마누엘레 2세 기념관(1885~1935), 제2제정 양식의 절정이었던 파리 오페라하우스(1861~74)에 대한 반발이 작용하며 로마-비잔틴 양식을 변주한 설계로 지어진 몽마르트 사크레 쾨르 교회(1875~1914), 고딕 양식의 암스테르담 국립박물관(1876~85), 리버풀 대성당(1904~78) 등이 대표적 사례이다.

한편에서는 새로운 건축 재료(철)와 새로운 건축기술에 의한 새로운 건축물 생산이 약진했다. 1889년 프랑스혁명 100주년을 기리는 파리 박람회 기념탑으로 건설된 기계관과 에펠탑은 1851년 런던 박람회 수정궁에 이어 새로운 건축 생산의 시대를 알리는 기념비들이었다. 기계관을 건축한 엔지니어들은 강철을 재료로 폭 115미터, 길이 420미터, 높이 45미터의 기둥 없는 내부공간을 만들어냈다. 전통적인 석조 건축 규범 아래에서는 상상도 할 수 없었던 스케일이었다. 높이 324미터에 연철(wrought iron) 구조물인 에펠탑(1887~89)은 그 규모도 놀라운 것이었지만, 특별한 기능이 없는 순수한 기념비라는 점에서 기성 건축계와 문화예술계에 파문을 일으켰다. 고귀한 기념 건축물을 철 구조물 따위로 짓다니! 이런 것을 건축(예술)이라고 할 수 있는가! 이제까지 철 건축을 교량·공장·철도역사 등 '실용적 목적을 위해 불가피하게 사용되는 구조물'이라며 애써 외면하며 폄하하던 기성 건축계와 문화예술계는 강한 비난을 쏟아냈지만 시대를 되돌릴 수는 없었다. 기성 건축계의 비난에 대해 에펠탑을 설계한 귀스타브 에펠(1832~1923)은 "나는 이 탑이 아름답다고 믿는다. 이 탑의 네 기둥이 이루는 곡선은 계산에 의해 결정된 것으로 그 자체가 강력한 힘과 아름다움을 느끼게 한다. 이 탑에는 보통의 예술 이론은 적용할 수 없는 그 자체의 매력이 있다"라고 당당히 반박했다.• 공학기술자가 과거의 형태 미학을 고집하는 기성 예술가들을 상대로 새로운 건축 미학을 공개적으로 주장하기에 이른 것이다.

미국에서는 철 건축이 고층 건축이라는 새로운 장르를 일구고 있었다. 엘리샤 그레이브스 오티스는 1857년 뉴욕 하우어트 빌딩에서 승객용 엘리베이터를 처음 실용화했다. 강철 생산량 급증과 함께 철강왕 앤드루 카네기(1835~1919)의 신화가 씌어졌다. 제조업 경영 관리 및 금융 업종이 집

• 에펠탑이 착공한 지 한 달이 채 안 지난 1887년 2월 14일, 일간지 『르 탕』에 화가 윌리엄 부게로, 장 레옹 제롬, 건축가 샤를 가르니에, 조제프 보드르메르, 문학가 기 드 모파상, 에밀 졸라 등 프랑스 건축·문화계 인사 47인의 서명이 담긴 항의문이 실렸다. 이에 에펠은 같은 지면에 반박 인터뷰를 실었다.

9 페르디낭 뒤테르와 빅토르 콩타맹, 기계관, 프랑스 파리, 1889

10 기계관 힌지 기둥

11 귀스타브 에펠, 에펠탑, 프랑스 파리, 1889년 모습

12 건설 중인 에펠탑

중된 뉴욕과 시카고를 중심으로 발전한 고층 건축은 철 구조와 결합하면서 경제성장을 상징하듯 들불처럼 확산되었다. 연철 골조 10층 건물인 시카고의 홈 인슈어런스 빌딩(1884~85)을 시작으로 16층 릴라이언스 빌딩(1890~95), 뉴욕의 22층 플랫아이언 빌딩(1902), 41층 싱어 빌딩(1897~98 10층, 1903~8 41층으로 증축), 60층 울워스 빌딩(1910~12)에 이르기까지 시카고와 뉴욕 도심부는 사무실 용도의 강철 구조 고층 건축물로 채워져갔다. 동일한 공간을 수직적으로 무한히 반복하는 고층 건축은 날로 가치를 더해가는 도시 토지 이용의 고도화라는 산업자본의 핵심 요구를 충족시킨 최고의 경제적 성과였다.

유럽에서건 미국에서건 새로운 재료와 기술을 사용해 유례없는 규모로 구현되는 거대한 건축물은 부르주아 세계의 자신감과 진보의 상징으로 받아들여졌다. 그러나 건축과 장식의 형태에서는 진보하는 사회에 걸맞은 형식을 찾지 못한 채 구체제 양식이 묻어났다. 밀려드는 공학기술의 성과 앞에서 건축가들 사이에서는 오히려 더욱 보수적으로 과거 양식을 고수하려는 움직임마저 있었다. 예컨대 1900년 파리 박람회는 새로운 건축과 낡은 양식 취향이 공존하는 시대의 풍경을 그대로 드러냈다. 19세기 후반부터 지배적 지위를 공고히 해온 제국주의적 부르주아체제가 20세기를 맞이해 준비한 성대한 잔치였던 파리 박람회장에는 여러 전시관이 호사스럽게 건축되었다. 주 전시관이었던 그랑 팔레(1897~1900)는 철과 유리로 설계된 투명한 배럴볼트 지붕으로 덮인 240미터 길이의 장대한 내부공간을 품었지만 외부는 이오니아식 열주에 조각상들로 장식된 절충주의 양식의 석조 건축물이었다. 최신 건축기술을 활용해 완전히 새로운 내부공간을 성취했지만 외부 형태는 여전히 옛 양식에 의

13 윌리엄 르 배런 제니, 홈 인슈어런스 빌딩, 미국 시카고, 1884~85

14 대니얼 버넘, 릴라이언스 빌딩, 미국 시카고, 1890~95

15 1919년 뉴욕 로어 맨해튼

16 대니얼 버넘, 플랫아이언 빌딩, 미국 뉴욕, 1902

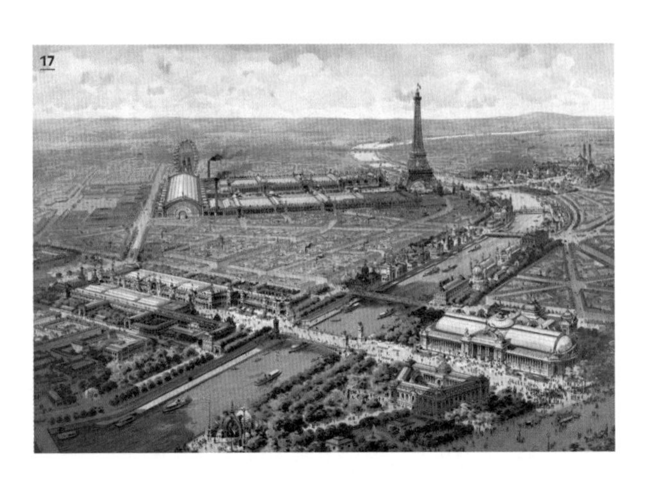

17 1900년 파리 박람회 전경, 1889년 박람회용으로 건축된 에펠탑과 기계관이 다시 주요 장소로 사용되었다

18 앙리 들라네, 그랑 팔레, 프랑스 파리, 1897~1900

19 그랑 팔레 내부

존하고 있었던 것이다. 새로운 용도와 공간과 기술에 걸맞은 건축 형태와 그것을 지지하는 원리를 찾는 일은, 고급 예술 분야에서도 아직 소수에 지나지 않는 아방가르드 예술가들에 의해 한 귀퉁이에서 진행되고 있었을 뿐이다.

아방가르드 건축 운동의 태동

고급예술 진영의 한쪽에서는 절충주의 양식 건축이 넘쳐나는 상황을 비이성적이고 비합리적이라며 개탄하는 건축가들이 새로운 규범을 모색했다. 당대 소장 지식인과 예술가, 건축가 들이 보기에 부르주아체제가 이룬 진보는 과학기술 영역에서는 뚜렷했으나 인간 정신의 영역인 정치와 예술 부문에서는 오히려 18세기에 비해 후퇴했다.

정치는 민주주의 진전에 대한 불안과 우려 속에 과거의 특권적 자유주의로 돌아가려는 분파가 득세했고, 사회주의는 여전히 세력을 유지했지만 혁명주의와 개혁주의로 분열되었다. 예술은 양적인 번영에도 불구하고 복고적 장식 취미에 영합한 절충주의를 버리지 못한 채 '개인의 자유로운 이성적 능력을 기초로 진보하는 사회'에 걸맞은 내용과 형식을 찾지 못했다.

중세주의와 연결된 고딕주의가 비판적 실마리를 제시했지만, 이 역시 복고주의로서 '이성과 진보'를 포기할 수 없었던 예술가들이 전적으로 수용하기에는 한계가 뚜렷했다. 회화에서는 이러한 고민 속에서 인상주의와 점묘화라는 새로운 표현을 찾아 나아갔다. 건축에서는 철 구조를 앞세운 공학기술자들이 약진하며 새로운 건축 미학의 주체가 누구인지 혼란이 가중되었다. 자칫 건축가의 역할과 입지가 흔들릴 수 있었다. 건축가들은 새로운 건축 표현이 근거할 원리와 형식을 찾아야 했다.

이를 위해 아방가르드 건축가들은 19세기 중반에 진행

되었던 성과를 더욱 진전시키는 데에 천착했다. 장-니콜라-루이 뒤랑(1760~1834)과 앙리 라브루스트(1801~1875)가 주창했던 실용주의나 존 러스킨(1819~1900), 윌리엄 모리스(1834~1896), 외젠 비올레르뒤크(1814~1879) 등이 고수했던 중세주의와 수공예 운동과 같은 사회 비판적 실천 예술을 더 깊이 파고들었다. 실용주의 노선이 고전주의 규범의 권위를 무너뜨림과 동시에 새로운 재료와 기술의 활용을 위한 담론의 장을 열었다면, 중세주의 및 수공예 운동은 현실 비판과 사회 변혁을 이끌 실천 담론을 형성하는 한편 수공예를 기반으로 한 표현 원리를 구체화했다.

미술공예 운동과 아르누보

런던에서 윌리엄 모리스가 이끈 중세주의적 공예 운동은 자본주의 생산체제가 야기한 노동 소외, 즉 인간의 정신적 활동과 상품 생산을 위한 노동이 분리된 현실을 비판하고 반자본주의적 사회 변혁을 지향했다. 모리스는 자유로운 노동자들이 스스로 사유하고 기술을 익히고 구현함으로써 중세 성당과 같은 수준의 예술을 창조하는 사회를 꿈꿨다. 공동체의 개별 구성원이 주체로 살 수 있는 사회에서만 보통 사람이 자신의 기술을 개발할 수 있으며, 특권층이 노동자를 착취하는 자본주의에서는 그럴 수 없다고 모리스는 믿었다. 하지만 수공예품은 가격이 비쌌고, 공예 운동은 부자들의 기호품을 조달하는 역할에 머물렀다. 이에 분노한 모리스는 사회주의 운동으로 활동 반경을 넓혔지만, 한편으로는 공예 운동에 공감하는 예술가들과의 협력도 계속했다. '예술과 노동의 관계 복원'을 통해 일상적 삶의 양식을 변혁하고자 한 움직임이었던 공예 운동은 반자본주의적 유토피아를 전망한 모더니즘 예술 운동의 시작이었다.

모리스의 자택 '붉은 집'을 설계한 필립 웹은 이후 작

20 필립 웹, 웨스트 하우스, 영국 런던, 1868~69

21 리처드 노먼 쇼, 케이트 그린어웨이 저택, 영국 런던, 1895

22 윌리엄 레더비, 올 세인츠 교회, 영국 브로크햄튼, 1901

23 에드워드 슈로더 프라이어, 홈 플레이스 주택, 영국 켈링, 1903~5

업에서도 산업화와 기계 생산에 의해 파괴된 수공예 형태를 재발견하려는 노력을 지속했으며 이는 리처드 노먼 쇼(1831~1912) 등의 건축가들에게 이어졌다. 1884년에는 런던에서 윌리엄 레더비(1857~1931), 에드워드 슈로더 프라이어(1852~1932) 등 노먼 쇼 사무실 출신 건축가들을 중심으로 '예술 노동자 길드'가 결성되었다. 이들의 설계는 재료에서 도출된 형태, 이론에 따른 대칭 구성이 아니라 기능에 따른 평면 구성, 지역 재료의 정직한 사용, 외부 환경과 연결된 건물, 중요한 부분에만 절제된 장식 사용, 상징성보다는 기능에 맞는 역사적 양식 요소 채택 등 당시 대다수 건축가와 중류 계급 건축주들과는 다른 접근 방식을 따랐다. 이러한 움직임은 1887년 런던에서 미술공예전시협회 결성과 1888년 첫 전시회로 이어지면서 '미술공예 운동'(Arts and Crafts movement)이라는 이름으로 불리게 되었다.• 미술공예전시협회는 1916년까지 11번의 전시회를 개최했다.

영국에서 시작한 미술공예 운동은 1890년쯤부터 벨기에와 프랑스를 거쳐 유럽 각국과 미국으로 전파되었다. 지역의 재료와 형태가 중시된 운동이었던 만큼 각 지역의 수공예 전통에 근거해 다채로운 모습으로 전개되었다. 예술가들은 퇴행적 예술 현실에 저항하며, 각자 나름의 방법으로 이를 혁신하고자 했다. 눈에 띄는 공통된 흐름은 역사적 형태 요소의 배제와 기성 예술 규범의 탈피였다. 당시 공장에서

• 'Arts and Crafts'를 예술공예 또는 미술공예로 번역하는 것이 이 운동의 의미를 축소한다는 비판도 있다. 『윌리엄 모리스 평전』을 쓴 박홍규는 "기계에 의해 대체되는 위기에 선 인간의 손, 또는 단순한 숙련 노동이나 기교적 노동과 구별되는, 감정을 담은 일의 가치에 대한 집착"이 이 운동의 동기였다고 지적하면서, 이 운동이 단순히 조형예술 분야에 국한된 활동을 염두에 두었던 것이 아니라 인간 삶을 사회나 환경 전체와 관련시키려 했던 거대한 디자인 운동이었다는 점을 상기시킨다.

기계로 생산된 상품의 질이 낮았다는 것도 미술공예 운동의 근거가 되어주었다. 조야하고 저급한 물건이 인간의 정신적 가치를 저해한다는 우려가 사회 전반에 퍼져 있던 시절이었다. 더구나 건축물 전체로 봤을 때 부분적 요소를 특정 형태로 대량생산한 공산품들로는 통일성 있는 구성이 불가능했다. 지고한 예술적 세계는 여전히 '완성도 높은 형태를 통일적으로 구현'할 수 있는 수공예가 담당해야 할 영역이었다.

산업화와 기계 생산으로 초래된 사회모순에 대한 비판은 '기계로는 생산할 수 없는, 인간의 개별적 정신활동에 의해서만 창조될 수 있는 자유롭고 유기적인 형태'에 대한 지향으로 이어졌다. 돌과 달리 구부리고 휘어 형태를 만들기 쉬운 재료인 철은 이러한 형태 표현에 적합한 것이기도 했다. 자연·젊음·성장·운동의 은유라고 일컬어지는 식물 형태와 곡선 등이 널리 사용되었다.

나라별로 전개된 예술 운동이었던 만큼 그 명칭도 다양했다. 프랑스에서는 1895년 새로운 예술품 판매점인 메종 드 아르누보(Maison de l'Art Nouveau)•가 문을 열면서 '아르누보'라는 이름이 쓰였고, 독일에서는 유겐트슈틸(Jugendstil), 이탈리아는 스틸레 리베르티(Stile Liberty), 스페인 카탈루냐에서는 모데르니스메(Modernisme)라고 불렀다.

절충주의 양식과 아르누보 장식을 혼합한 전시관 건물들이 건축되고 여기에 갖가지 아르누보 예술품이 전시된 1900년 파리박람회는 아르누보가 확산되는 계기가 되었다.

• 벨기에 건축가 앙리 판 더 펠더가 실내장식을 했으며, 조르주 쇠라, 폴 시냐크, 앙리 드 툴루즈 로트레크 등의 회화와 루이스 컴포트 티파니, 에밀 갈레의 유리 공예품, 르네 랄리크의 보석공예품 등을 전시하고 판매했다.

1910년쯤까지 여러 나라와 도시에서 아르누보 건축물이 활발히 건축되었다. 빅토르 오르타(1861~1947)의 오텔 타셀(1892~93), 엑토르 기마르(1867~1942)의 카스텔 베랑제 공동주택(1895~98)과 1900년 개통한 파리 지하철역 입구들••이 초기 아르누보의 대표적 사례이다. 벨기에의 앙리 판 더 펠더(1863~1957), 영국의 찰스 레니 매킨토시(1868~1928), 네덜란드의 헨드릭 페트뤼스 베를라허(1856~1934), 독일의 페터 베렌스(1868~1940), 오스트리아의 오토 바그너(1841~1918)와 요제프 마리아 올브리히(1867~1908), 요제프 호프만(1870~1956), 스페인의 류이스 도메네크 이 몬타네르(1850~1923)와 안토니 가우디(1852~1926) 등이 이 흐름을 이끌었다.

프랑스에서는 에밀 갈레가, 미국에서는 루이스 컴포트 티파니가 고급 장식공예품 사업으로 성공하며 예시했듯이, 아르누보 예술가들의 탐구는 대부분 부자들을 위한 예술품과 건축물을 통해서 구체화되었다. 분업노동과 기계생산으로 동일한 상품을 대량생산하는 당시의 생산체제에서 하나의 작품을 한 명의 예술가가 총괄하며 완성함으로써 노동하는 이의 정신과 생산물이 합일하기를 희망한 미술공예 운동

•• 1900년 개최 예정인 파리 박람회에 맞추어 지하철 개통을 준비 중이던 파리 철도국이 1899년 촉박한 일정으로 지하철역 출입구 설계를 공모했으나 응모작들에 대한 평판이 좋지 않았다. 이에 기마르가 빠른 제작이 가능하도록 철과 유리를 사용한 설계안을 제안하여 지하철 개통을 불과 6개월 앞둔 1900년 1월에 작업을 수주했다. 설치가 시작되자 지역의 명소와 어울리지 않는 형태라는 비판이 끊이지 않았고, 끝내 오페라역의 출입구는 철거하고 고전적인 형태로 재축되기도 했다. 계약 역시 난항을 겪으며 기마르는 1903년에 이 일에서 손을 뗐다. 그러나 파리 철도국은 1913년까지 설치를 계속했다. 기마르 설계를 따른 입구는 167개 역에 설치되었고 이들 중 66개가 남아 있으나 대부분 위치가 바뀐 상태이다. 기마르가 직접 시공한 것으로 현재 제자리에 보전되어 있는 것은 포흐트-도핀(Porte-Dauphine)역이 유일하다.

24 메종 드 아르누보, 1895년 개점

25 메종 드 아르누보, 출입구 장식

26 빅토르 오르타, 오텔 타셀, 벨기에 브뤼셀, 1892~93

27 오텔 타셀 내부 계단

28 엑토르 기마르, 카스텔 베랑제 공동주택, 프랑스 파리, 1895~98

29 카스텔 베랑제 공동주택 출입문

30 카스텔 베랑제 공동주택 실내 계단

31 엑토르 기마르, 파리 포흐트-도핀 지하철역 입구, 1900

32 빅토르 오르타, 인민의 집(벨기에 노동당사), 벨기에 브뤼셀, 1896~99

33 인민의 집 내부

32

과 아르누보가 그 뜻을 이어가려면 고급예술 상품을 생산-소비하는 영역에 기댈 수밖에 없었다. 일부 진지한 예술가들은 미술공예 운동의 사회 개혁적 지향에 공감하며 새로운 예술을 사회주의와 노동 운동에 연결하려는 꿈을 버리지 않았다. 오텔 타셀의 소유주 에밀 타셀을 위시한 브뤼셀의 부유한 사회민주주의자 그룹의 후원을 받고 있던 오르타가 벨기에 노동당 의뢰로 설계한 철 구조 건축물인 벨기에 노동당사 인민의 집(1896~99), 네덜란드 다이아몬드 노동자 조합 의뢰로 베를라허가 '공동체 예술'를 표방하며 여러 예술가와 협업하여• 설계한 다이아몬드 노동자 조합 건물(1899~1900) 등은 '남아 있는' 꿈의 직설적 표현이었다.

미학적 원리로서의 실용성

아르누보의 예술적 표현은 식물 형태나 곡선 등에 기초하고 있었다. 비록 그것이 당시 기계로 생산할 수 없는 형태를 통해 '예술을 소외시키고 인간의 정신적 가치를 훼손하는 기계 생산 상품 세계에 저항'한다는 의도를 갖는 것이었다 해도 채용된 형태 자체는 '새로운 예술'을 명분 있게 제시할 만한 것이 아니었다. 무엇인가 설득력 있는 '형태 원리'가 필요했고, 아르누보가 찾은 답은 '실용성'과 '기능'이었다.

수공예 운동에서 예술 표현은 수공업의 본질적 속성인 지역의 전통과 삶에서 비롯하는 재료와 형태에 기반했다. 이는 당시 허위적인 장식주의로 변해버린 채 범람하던 고전적 양식에서 벗어나려는 열망, 즉 새로운 형태의 근거를 찾으려는 열망과 결합했다. 수공예품이 '새로운 형태'의 준거가 된 것이다. 본질적으로 실용성에 바탕을 둔 수공업 제품은 '기

• 예컨대 회의실을 비롯한 여러 공간의 벽화는 리샤드 롤란드 홀스트, 계단실에 달린 램프는 공예가 얀 아이젠뢰펠의 작업이다.

34 헨드릭 페트뤼스 베를라허, 다이아몬드 노동자 조합 건물, 네덜란드 암스테르담, 1899~1900

35 다이아몬드 노동자 조합 건물 내부

능'에 적응하는 재료와 형태를 취하기 마련이고 재료의 속성이 형태에 직설적으로 드러나기 마련이다. 미술공예 운동에 참여한 예술가와 건축가들이 수공예에서 주목한 것이 바로 이러한 특징이었다. 이러한 점에서 미술공예 운동은 '기능'과 '재료 물성의 표현'을 형태 표현의 준거로 삼는 모더니즘의 시작이라 할 만한 것이었다.

수공예운동과 마찬가지로 아르누보 예술가들은 예술과 노동, 예술과 생활의 관계 복원을 지향했다. 이 때문에 예술생산에서도 공예·포스터·책 장정·가구·건축 등 생활의 필요에 직결된 대상들이 주류를 이루었다. 비록 '기계생산이 불가능한 유기적 형태'에 집착하고 '부자들을 위한 장식 상품'으로 기우는 경향이 있긴 했지만, 생활에 필요한 제품의 형태적 근거를 '합리적 생산'에서 찾는 것은 자연스러운 일이었다. 여기에다 중세주의-고딕주의-수공예주의 예술가들이 앞서서 일군 윤리적 형태 규범, 즉 '재료와 구조의 솔직한 표현'이라는 중요한 이념적 자산이 더해져서 작동하고 있었다.

미술공예 운동에 동조하는 건축가들이 '지역 전통과 삶에 기반한 재료와 형태'를 추구하는 가운데 글래스고의 매킨토시는 '직선과 평면적 형태'라는 어휘를 찾아냈다. 매킨토시는 글래스고 지역 아르누보 디자이너 모임의 중심 인물로 초기에 그래픽 및 가구 디자이너로 활동했다. 그가 설계한 글래스고 예술학교(1896~1909), 힐 하우스(1902~4) 등은 당시로서는 파격적인 '직선'과 '장식 없는 평면 외벽'을 선보였다.

글래스고에 매킨토시가 있었다면, 빈에는 오토 바그너가 있었다. 바그너는 링슈트라세 건설이 몰고 온 건축 붐을 타고 경력을 쌓으며 빈에서 명망 있는 건축가 지위를 확보했

36 아르누보 디자인: 아서 매크머도, 의자, 1882~83

37 아르누보 디자인: 얀 투롭, 샐러드 오일 광고 포스터, 1893

36

38 찰스 레니 매킨토시, 글래스고 예술학교, 영국 글래스고, 1896~1909

39 찰스 레니 매킨토시, 힐 하우스, 영국 헬렌스버러, 1902~4

다. 그는 새로운 시대에 걸맞은 양식이 필요하다는 아르누보의 이념에 동조하면서 고전주의적 어휘에서 벗어나 '실용성'을 화두로 자신의 건축 어휘를 갖추어갔다. 1893년 빈 개발계획안 공모에서 당선된 그는 고트프리트 젬퍼의 "예술은 필요에 의해서만 지배된다"는 경구를 자신의 모토로 삼았다. 바그너에게 '필요'란 효율성, 경제성, 기업활동의 촉진을 뜻하는 것이었다. 이러한 그의 생각은 빈 예술학교 취임연설(1894)과 저서 『현대 건축』(1896)을 통해 "예술의 기능은 실용적 목적을 달성하는 과정에서 등장하는 모든 것을 축성하는 일이다", "실용적이지 않은 것은 아름다울 수 없다", "건축가는 항상 실제 시공으로부터 예술-형태를 도출해야 한다"로 진전되었다.

1897년 바그너의 제자인 호프만과 올브리히가 화가 클림트 등과 함께 결성한 아르누보 예술가 모임인 빈 분리파에• 바그너도 참여했다. 분리파 예술가들은 실용성에 대한 태도를 더욱 진전시켜 일용품 생산을 예술과 연결하려 했다. 호프만은 "언젠가는 벽지·천장화·가구·생필품을 예술가에게 주문하는 날이 올 것"이라고 믿었다. 실제로 1903년 분리파 예술가들은 빈 공작소(Wiener Werkstätte)••를 설립하여 일용상품을 생산·판매했다. 빈 공작소 예술가들은 간결성과 기능성에 바탕을 둔 표현, 흑색과 백색으로의 환원,

• 분리파는 1897년에 빈 미술가협회 부속 미술관인 퀸스틀러하우스의 보수적인 태도에 반발해 결성되었다. 1898년에 열린 분리파 첫 전시회는 대성공을 거두었다. 전시된 그림 중 다수가 팔렸고, 황제인 프란츠 요제프 1세도 방문해 분리파 예술가들을 격려했다.

•• 빈 분리파에서 활동하던 예술가들이 독일 기업가 프리츠 베른도르퍼의 후원으로 설립한 기업적 조직이다. 금속공예품, 가죽공예품, 보석공예품, 그림 엽서 및 도자공예품 등을 생산하고 판매했다. 그래픽 디자이너이자 화가인 콜로만 모저, 건축가 호프만 등이 주축 멤버였다. 1932년까지 존속했다.

40 빈 공작소 상점, 오스트리아 빈, 1903

41 빈 공작소 제작 상품

42 요제프 마리아 올브리히, 분리파 회관, 오스트리아 빈, 1897~98

43 오토 바그너, 마욜리카 하우스, 오스트리아 빈, 1898

44 요제프 호프만, 팔레 스토클레, 벨기에 브뤼셀, 1905~11

45 팔레 스토클레 창문 세부

46 오토 바그너, 우체국 저축은행, 오스트리아 빈, 1904~6

47 우체국 저축은행 내부

48 요제프 호프만, 푸르커스도르프 요양원, 오스트리아 빈, 1904~5

49 푸르커스도르프 요양원 내부

50 오토 바그너, 노이슈티프트가 40번지 아파트, 오스트리아 빈, 1909~11

그리고 엄격한 기하학과 추상적인 장식을 지향했다. 바그너, 올브리히, 호프만의 건축 역시 그러했다. 빈 분리파 초기, 대표적인 아르누보(유겐트스틸) 건축가들이었던 이들은 역사적 양식과는 다른 아르누보 장식의 건축에 진력하고 있었다. 분리파 회관(1897~98), 마욜리카 하우스(1898), 오스트리아 우체국 저축은행(1904~6), 팔레 스토클레(1905~11) 등이 대표적 건축물들이다. 점차 그들 건축의 특징이었던 아르누보적 장식이 줄어들었다. 호프만의 푸르커스도르프 요양원(1904~5), 바그너의 노이슈티프트가 40번지 아파트(1909~11)는 단순한 백색 사각 매스와 장식 없는 입면에 거의 도달한 것이었다. 아직 타일로 창문 주위나 벽면 모서리를 감싸거나, 넓은 벽면을 분할하는 프레임 장식이 남아 있긴 했지만 말이다.

독일공작연맹과 즉물주의

빈 공작소가 다분히 모리스의 공방과 유사한 수공예적 생산을 지향했다면 1907년 뮌헨에서 설립된 독일공작연맹은 새로운 디자인을 산업 생산과 연결시키려 했다. 건축가 및 디자이너 12명과 12개 기업으로 이루어진 독일공작연맹은 독일 기업의 세계 시장 경쟁력을 높이려는 목적으로 상품 제조업자와 디자인 전문가 들의 협업을 위해 국가 지원 아래 결성된 조직이었다. 즉, 대량생산기술에 공예를 통합하려는 시도로서, 당시 산업 발전에 박차를 가하며 영국과 미국을 따라잡으려 했던 독일 정부 산업 정책의 일환이었다. 독일공작연맹이 내걸었던 '소파 쿠션에서 도시 건설까지'(vom sofakissen zum städtebau)라는 슬로건이 이를 잘 말해준다.

독일공작연맹 설립에 올브리히, 베렌스,리하르트 리머슈미트(1868~1957), 브루노 파울(1874~1968) 등의 건축가들이 참여하긴 했지만, 실질적으로 이를 주도한 이는 건축가

이자 산업 정책가였던 헤르만 무테지우스(1861~1927)였다. 1896~1903년에 영국에서 독일 상무성 문화·기술 담당 대사 직책을 수행했던 무테지우스는 영국 미술공예 운동 건축가들의 주택설계와 글래스고의 매킨토시의 작업에서 당시 독일을 뒤덮고 있던 역사주의적이고 장식적인 건축을 대신할 다른 형태 규범의 가능성, 즉 기능·단순·절제, 그리고 재료에의 정직함을 발견했다. 그는 저서 『양식적 건축과 건축의 예술』(1902)에서 이를 '과학적 즉물성'(wissenschaftliche Sachlichkeit)이라고 지칭했다.

그에게 즉물성이란 "일체의 피상적·장식적 형태 없이 작업이 구현하고자 하는 목적을 엄격히 따르는 디자인"이었다. 즉, 모든 관습적인 것을 배제하고 '순수하게 객관적인' 형태와 형식을 지향하는 것이었다. 모든 전통과 관습을 배제한다면 '객관적 형태'의 실마리는 건축물 자체가 갖는 기능과 그것을 만드는 데 사용된 재료에서 찾을 수밖에 없다. 미술공예 운동이 수공예품에서 그것을 찾았듯이 말이다.

1907년 무테지우스가 독일의 산업디자인 수준을 혹평했다는 이유로 독일 예술공예 경제공익협회로부터 고소당하는 사건이 일어났다. 이에 일단의 건축가와 예술가 들이 무테지우스에게 동조하며 협회를 탈퇴하여 독일공작연맹을 결성하고 무테지우스를 회장으로 추대했다. 독일공작연맹은 기계로 대량생산되는 제품을 미학적으로 아름답게 만들어 대중이 질 높은 제품을 저렴한 가격으로 향유할 수 있도록 하고자 했다. 산업 생산력 발전의 성과가 민주적으로 배분되는 사회를 꿈꾸었던 이들은 즉물성 개념 아래 실용 미학과 '장식 없는 순수 형태'를 추구했다. 실제로 1924년 슈투트가르트에서 '장식 없는 형태'(Forme ohne Ornament)라는 제목으로 전시회를 개최해, 수공예품과 공장에서 생산된 제

51 페터 베렌스, AEG 터빈 공장, 독일 베를린, 1908~9

52 AEG 터빈 공장 내부

53 브루노 타우트, 독일공작연맹 유리 전시관, 독일 쾰른, 1914

54 유리 전시관 내부

55 발터 그로피우스, 파구스 신발 공장, 독일 알펠트, 1911
56, 57 발터 그로피우스, 독일공작연맹 시범 공장, 독일 쾰른, 1914

품 들을 동시에 전시해 표준화, 경제적 생산, 미적 수준과 품질이 높은 대량생산 제품이라는 독일공작연맹의 가치를 선보인 바 있다.• 베렌스의 AEG 터빈 공장(1908~9), 브루노 타우트의 유리 전시관(1914), 발터 그로피우스의 파구스 신발 공장(1911)과 시범 공장(model factory, 1914) 등이 독일공작연맹 건축가들의 대표적 작업이었다. 독일공작연맹에서 활동했던 발터 그로피우스, 르 코르뷔지에, 미스 반 데어 로에 등은 이후에도 '신즉물성'을 가치로 실용성과 목적성(Zweckhaftigkeit)을 건축의 주요 목표로 내세우기도 했다.

미국 건축의 공예주의와 기능주의

19세기 후반 영국을 제치고 산업국가의 선두에 선 미국에서도 새로운 예술이 움트기 시작했다. 헨리 홉슨 리처드슨(1836~86)은 미국에서 미술공예주의적 건축을 일군 선구자였다. 그가 설계한 스토턴 주택(1882~83), 글레스니 주택(1886~87) 등은 장식을 최소화하고 기능에 따른 자유로운 평면의 단독주택 설계를, 7층 상업건물인 마셜 필드 상회(1885~87)는 재료의 특성과 대칭·비례의 아름다움이 돋보이는 고층건물 입면 설계를 예시했다. 프랭크 로이드 라이트(1867~1959)는 리처드슨의 단독주택 설계를 진전시켜서 윈즐로 주택(1893~94), 로비 주택(1908~09) 등 중류 계급 교외 주택을 대상으로 자유로운 평면과 미국의 자연 풍토에 결합한 설계를 보여주었다.

리처드슨을 수공예주의 맥락으로 진전시킨 이가 라이트라면, 실용성과 기능주의로 나아가게 한 이는 단크마어 아

• 독일공작연맹은 1914년 쾰른 전시회 이후 1924년 베를린, 1927년 슈투트가르트, 1929년 브레슬라우에서 전시회를 열며 활발한 활동을 이어갔으나 1938년 나치의 탄압으로 해체되었다.

58 헨리 홉슨 리처드슨, 스타우튼 주택, 미국 케임브리지, 1882~83

59 헨리 홉슨 리처드슨, 마셜필드 상회, 미국 시카고, 1885~87

60 프랭크 로이드 라이트, 윈즐로 주택, 미국 시카고, 1893~94

61 프랭크 로이드 라이트, 로비 주택, 미국 시카고, 1908~9

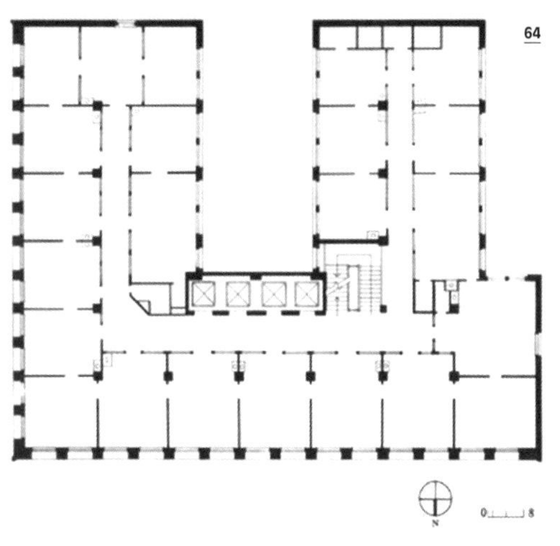

62 아들러 앤드 설리번, 오디토리엄 빌딩, 미국 시카고, 1887~89

63 아들러 앤드 설리번, 개런티 빌딩, 미국 버팔로, 1896

64 개런티 빌딩 기준층 평면도

65 설리번, 카슨-피리-스콧 상회, 미국 시카고, 1899

들러(1844~1900)와 루이스 설리번(1856~1924)으로 대표되는 고층건물 건축가들이었다. 특히 1871년 대화재 이후 공업도시로 빠르게 재건되던 시카고에서는 고층 건축 붐이 일었고, 소위 '시카고파' 건축가 그룹이 형성되었다. 19세기의 신생도시로서 이렇다 할 건축적 전통이 부재했던 시카고는 새로운 건축 유형 고층건물의 설계로 전통을 벗어난 형태 표현을 탄생시키기에 최적의 무대였다. 리처드슨의 마셜 필드 상회 설계를 진전시킨 오디토리엄 빌딩(1887~89), 조적 구조로는 최고층을 기록한 16층 모내드녹 빌딩(1889~91)은 조적조로 구현된 고층 건축물이었다. 철골 구조 고층건물인 세컨드 라이터 빌딩(1889~91), 릴라이언스 빌딩(1890~95), 웨인라이트 빌딩(1890~91), 개런티 빌딩(1896), 카슨-피리-스콧 상회(슐레지엔-메이어 백화점, 1899) 등이 뒤를 이었다. 모두 기능과 구조의 솔직한 표현이 아름다운 설계의 조건이라고 주장한 설리번의 경구 "형태는 기능을 따른다"(form ever follows function)•에 동조하는 기능주의 건축이라 할 만한 것들이었다. 대부분 사무실 용도인 이 건물들은 철골 구조의 특성과 사무공간이 필요로 하는 기능을 연결해 이를 건축의 형태로 드러냈다. 예컨대 철재 골조만을 남긴 채 개구부를 연속시킨 외벽 설계는 '시카고 윈도'라 불렸다. 조적 벽체에 작은 개구부를 내던 이전 건물에 비해 훨씬 밝은 내부공간을 제공했고, '기능과 구조에 따른 형태'라는 '근거 있는' 형태 원리로 부각되었다. 벽돌벽 없이 철골 기둥만으로 만들어진 평면 역시 자유로운 실 구획과 사무공간 배치를 가능하게 하며 '기능적' 건축의 강점을 과시했다.

• 설리번이 『리핀코트 매거진』 1896년 3월 호에 기고한 「예술적으로 고려한 고층 오피스 빌딩」에서 한 말이다.

아돌프 로스: 산업시대 양식으로서의 순수 형태

빈에서는 아돌프 로스(1870~1933)가 실용성과 기능주의를 밀어붙인 형태를 향해 한 걸음 더 나아갔다. 바그너와 무테지우스가 영국 주택 건축에서 영감을 얻었다면, 로스는 미국의 산업 발전과 이를 표상하는 고층 건축의 기능주의에서 영감을 얻었다.[••] 로스는 미술공예 운동의 실용적 형태에 공감하고 장식을 철저히 배제한 건축을 주장했다는 점에서 빈 분리파나 독일공작연맹과 입장이 다르지 않았다. 또한 이를 기계 생산과 연결해야 한다는 주장 역시 독일공작연맹과 같았다. 하지만 그는 빈 분리파와 독일공작연맹의 이념과 작업을 강하게 비판했다.

로스는 예술가가 상징적 의미를 더해 형태를 빚은 '예술품'과 기능적인 사용이 목적인 '제품(그리고 건물)'을 구분했다. 그에 따르면, 예술이 아닌 제품과 건물은 그 시대의 기술과 재료 조건에 따라 자연스럽게 그 시대의 양식을 갖게 된다. 그리스 건축이 그러했고, 미국의 고층 건축이 그러한 것처럼 말이다. 그의 입장에서 본다면, '이 시대에 적합한 양식을 만들어내겠다'거나 '예술의 개입을 통해 제품 디자인의 질을 높이겠다'고 선언한 분리파와 독일공작연맹은 문제가 있었다. 산업시대에 맞는 양식을 이미 갖고 있을 뿐 아니라 철저히 실용적이어야 하고 그럼으로써 산업 발전과 합일되는 형태를 가져야 하는 제품 및 건물에 쓸데없이 예술을 갖다 붙여 결국 상징과 장식에 빠져들었기 때문이다. 그들은 결과적으로 산업의 발전과 이성의 진보를 방해하는 '범죄'를 저지르고 있다고 로스는 강하게 비난했다.

그러나 순전히 형태 면에서만 본다면, 실용성에 기반한 건축을 하기 위해 장식을 배제해야 한다고 설파한 점은 로스

•• 로스는 1893~96년에 미국에 체재했다.

66 아돌프 로스, 슈타이너 주택, 오스트리아 빈, 1910

67 슈타이너 주택 뒷면

68 아돌프 로스, 골트만 운트 잘라치 빌딩, 오스트리아 빈, 1909~12

- 이에 파괴적이고 폭력적으로 대응한 것이 이탈리아 미래파이다. 1909년 선언문에서 미래파는 "세계를 위한 유일한 치유책인 전쟁을, 애국심을, 무정부주의자들의 파괴적인 몸짓을, 여자를 죽이고 경멸하는 아름다운 생각을 찬양하자", "박물관과 도서관을 부수자. 도덕, 페미니즘, 그리고 모든 기회주의자와 실용주의 겁쟁이들과 싸우자"고 했다. 예술에서뿐 아니라 정치와 일상에서도 구태에 물든 현실을 전복하려고 했던 이탈리아 미래파 예술가들 중 다수가 무솔리니의 파시즘에 동조했고, 실제로 세계대전에 참전하기도 했다. 파시즘은 민족주의에 기반해 과거의 복원을 추구했다는 점에서 미래파와 달랐지만, 현실 체제의 전복을 꿈꾸었다는 점에서 일치했다.

도 마찬가지였다. 로스의 슈타이너 주택(1910), '로스 주택'이라고 불리는 골드만 운트 잘라치 빌딩(1909~12) 등은 모든 장식을 제거하고 기술적·경제적 합리성만이 지고의 가치인 순수 형태를 지향한 작업이었다. 로스는 분리파와 독일공작연맹의 '불철저함', 즉 기술과 경제적 합리성에 따른 생산품 그대로를 미학적 대상으로 인정하지 않는 태도를 비판한 것이었다. 그러나 이러한 로스의 태도는 당대 건축 담론계의 주류가 되지 못했다. 그리고 이는 향후 모더니즘 건축 미학의 행로를 예견케 하는 것이기도 했다.

수공예에서 기계 미학으로: 사회 개혁적 실천에서 '예술 상품 생산'으로

19세기 후반 유럽, 한편에서는 고전적 예술 규범이 권위를 잃은 채 귀족 취미에 영합하는 자의적 역사주의 장식이 유행했고, 다른 한편에서는 대도시에 집중된 공장에서 대량생산한 질 낮은 상품이 범람하며 지역의 산업과 문화는 쇠퇴하고 있었다. 이러한 상황에서 아방가르드 예술가들이 가졌던 문제의식은 두 가지로 집약되었다. 첫째는 '새로운 예술 형식의 확립'이었다. 인간 이성을 바탕으로 인류 역사가 진보하리라는 이념이 팽배했던 이 시기에 과학기술과 산업 생산력은 급신장하며 진보하는 데 반해 문화예술만이 이에 부응하지 못한 채 퇴행적인 역사주의에 매몰되어 있는 현실은 참기 힘든 것이었다.• 사회 진보에 기여하는 규범의 정립만이 예술의 존재 의의를 설명해줄 것이었다. 둘째는 '제품 생산에서의 정신적 가치 회복', '창조적 노동의 회복'이었다. 공장에서 기계로 상품이 대량생산됨으로써 야기되는 노동 소외, 즉 노동 주체가 창조의 기쁨을 누리지 못할뿐더러 노동의 결과물을 향유하지도 못하는 사회에 대한 우려에서 비롯된 과제였다. 민중의 일상생활과 창조적 노동 속에서 정신적 가치와 물질 생산이 합일된 사회가 아니면 진정한 유토피아라 할 수 없을 터였다. 이를 회복하는 것이야말로 예술이 담당해야 할 과제로 인식되었다.

영국의 미술공예 운동은 수공예 생산에서 이에 대한 해답을 찾으려 했다. 유럽 각국에서 전개된 아르누보 역시 미술공예 운동의 영향 아래 동일한 노선을 취했다. '실용과 재료에 기반한 형태 규범'을 가진 '창조적 노동'이라는 점에서 수공예는 두 과제의 해결책으로 가능성을 잠재하고 있었다. 고층 건축 붐 속에서 미국 건축가들이 보여준 기능주의적 태도는 '기능에 근거한 형태', 즉 '실용성 미학'이 진보하는 사회에 부응하는 것이라는 태도에 자신감을 더해주었다.

그러나 진짜 과제는 따로 있었다. 두 과제를 해결하면서 제품의 대량생산을 배격하는 것은 곤란했다. 과학기술과 산업의 발전은 누구도 부정할 수 없었고 그 중심에 기계에 의한 대량생산이 자리 하고 있었다. 모리스가 수공예 운동의 한계를 절감한 것도 이 지점이었다. 대량생산 없는 수공예는 한낱 부르주아의 호사 취미에 봉사하는 값비싼 상품을 생산하는 일일 뿐이었다.

빈 분리파와 독일공작연맹이 수공예로부터 도출한 '실용성 미학'을 공식화했고, 무테지우스는 독일공작연맹을 통해 이를 표준화와 대량생산으로 연결하려 시도함으로써 첫 번째 과제의 해결에 접근했다. 그러나 독일공작연맹 예술가들은 대량생산에 필수적인 표준화에 저항했다. 그들은 '우리 시대의 새로운 양식'을 확립하기 위해서는 창조적 형태를 추구하는 예술가들의 노력이 상당 기간 지속되어야 하며, 이를 위해서는 예술가 개개인의 차이가 존중되어야 한다고 주장했다.* 실용성 미학에 대한 공감대는 있었으나 표준화-대량생산을 위해 개인적 창조의 자유를 포기해야 한다는 지점에서 머뭇거렸다. 그들은 결국 기계로는 생산할 수 없는

'예술적 상품'을 고수했던 것이다.

무테지우스는 물론이고 아돌프 로스 역시 독일공작연맹 예술가들의 이러한 태도를 격렬히 비판했다. 무테지우스는 실용성 미학을 추구하면서 표준화를 반대하는 것은 모순이라고 비판했다. 로스는 실용적 제품 생산에서 '우리 시대의 양식'을 새로 만들려 하는 것 자체를 비판했다는 점에서 무테지우스와 차이가 있지만, 새로운 미학이 기계에 의한 대량생산시대에 걸맞아야 한다고 주장한 점에서 둘은 같은 입장이었다.

이러한 태도는 필연적으로 '기계에 의한 대량생산 제품이 아름다울 수 있다'는 주장으로 이어졌고 다시 기계 미학(machine aesthetics), 즉 '기계는 아름답다'는 사고로까지 진전되었다. 로스는 「유리와 점토」(1898)라는 글에서 "이 멋진 그리스 물병은 완결된 형태를 갖고 있고 … 아주 실용적인 것이다! 이 그리스 물병들은 아름답다. 기계처럼 아름답고 자전거처럼 아름답다"라고 썼다. 또한 「문화의 변질」(1908)에서는 "우리는 우리 시대의 양식을 갖고 있다. … 나는 거리낌 없이 발언할 것이다. 나는 나의 밋밋하고, 약간 휜, 그러나 정확하게 만들어진 이 담배통을 아름답게 생각한다고. 이것은 내 안에 심미적 만족을 준다고. 그 반면 나는 공작연맹 소속의 작업장에서 만든 담배통(아무개 교수의 도안)은 흉측하게 생각한다"라고도 했다.

사실 수공예의 실용성-재료특성 미학 원리에 따른다면 '기계는 아름답다'는 결론에 도달할 수밖에 없다. 19세기 철

• 1914년 쾰른 독일공작연맹 전시회에서 그로피우스, 타우트, 판 더 펠데 등이 무테지우스의 표준화 노선에 반기를 들었다. 표준화를 주창하는 무테지우스의 테제와 이에 대항하여 예술가 개인의 특성을 존중해야 한다고 주장한 판 더 펠데의 안티테제가 발표되었다.

건축의 기술-형태 합치 가능성에 주목했던 구조합리주의자들이 봉착했고 끝내 넘어서지 못했던 딜레마도 바로 그것이었다. 구조합리주의를 밀고 나가면 철 건축 자체의 비례와 형태를 아름답다고 할 수밖에 없는데, 고전주의적 예술성 개념을 버릴 수 없었고 공학기술자들의 산업용 건축을 예술로 인정할 수 없었던 시대적 한계를 넘지 못했던 것이다. 20세기 기계 미학은 그 선을 넘어섰다. 기계의 형태는 그야말로 기능과 실용적 필요에 따라서 결정되며 그 재료를 그대로 드러내지 않는가! 이것을 아름답다고 할 수 없다면 실용성-재료특성 미학은 논리적으로 성립할 수 없는 것이 될 터였다. 더욱이 기계는 인류 역사의 진보를 이끌고 있는 과학기술과 산업의 상징이자 주인공 아닌가! 아름다움의 주인공이 되기에 이보다 더 적절한 대상이 있는가? 사실 '기계가 아름답다(아름다워야 한다)'는 생각은 19세기 말부터 진보적 예술가들 사이에 일반화하고 있었다.•

결국 아방가르드 예술가들은 첫 번째 과제, 진보하는 시대에 걸맞은 예술 규범을 정립해야 한다는 과제를 풀기 위해 '기계는 아름답다(아름다워야 한다)'는 데에 동의하고, 기계의 형태 원리라고 할 수 있는 기능과 재료의 솔직성을 새로운 미학으로 천명하는 데에까지 이르렀다. 그리고 이는 논리와 명분에서 일정 부분 설득력을 갖는 것이었다.

그러나 두 번째 과제, 창조적 노동의 회복 문제는 여전

• 예컨대 오스카 와일드는 1882년에 「예술과 공예」라는 글에서 "모든 기계는 장식이 없어도 아름답다. 기계를 장식하려고 애쓰지 말라. 우리는 모든 훌륭한 기계류가 우아하며, 힘의 선과 아름다움의 선이 일체라고 생각할 수밖에 없다"고 말했다. 또 이탈리아 미래파는 1909년 선언문에서 "불을 토해내고 있는 뱀과 같이 배기관이 드리워진 엔진 덮개를 가지고 있는 경주용 자동차—기관총과 같이 우르르 소리를 내는 경주용 자동차는 사모트라케섬의 승리의 여신상보다도 아름답다"고 선언했다.

히 딜레마에 처해 있었다. 노동 과정의 소외 극복, 즉 정신과 물질이 합일된 창조적 노동이 기계 생산을 포기하지 않고 가능하겠는가? 기계도 아름답고 그 기계가 찍어내는 제품도 아름답다는 의식(정신) 아래 제품(물질)을 생산하는, 그러한 노동이 가능하겠는가? 기계 미학을 대중(노동자)이 이해하겠는가? 이 딜레마에 무테지우스는 불철저하게 대처한다. 그는 창조적 노동 테제를 '대중이 질 높은 상품을 저렴한 가격에 향유할 수 있도록 한다'는 테제로 대체했다. '노동 과정'의 문제를 '노동 결과물의 향유' 문제로 대체한 것이다. 그의 문제틀 안에서는 '기계가 생산하는 상품을 아름답게 디자인한다'는 예술가적 역할이 부각된다. 기계 역시 질 높고 아름답기 위해서는 '형태 규범과 미적 원리'에 따라 디자인되어야 하고, 그것을 위한 창조적 노동은 당연히 엘리트 예술가들의 몫이었다. 노동자에게는 최종 디자인을 기계로 생산해내는 일만 남는 것이다.

로스는 무테지우스의 '예술가에 의한 질 높은 디자인'을 "불필요한 노동"이라고 비판하고, 이미 우리 시대의 양식으로 생산되고 있는 것들, 즉 노동자들이 생산하는 것들을 그 자체로 아름다운 것으로 인식해야 한다고 주장했다. 예술가들이 개입해 '우리 시대의 양식'을 만들려는 것은 불필요한 짓이었다. 결국 로스는 '아름다움'은 별도의 원리에 따라 정해지는 형태 규범에 의해서가 아니라, 시대적 생산 방식과 기술에 따라 자연히 형성된다고 주장한 셈이다. "밋밋하고 정확하게 만들어진 담배통이 예술가가 디자인한 담배통보다 아름답다"는 그의 말은 바로 이를 뜻하는 것이었다. 이로써 실용적인 것, 즉 아름다운 것을 생산하는 노동자들은 이미 정신과 물질이 합일된 노동을 하고 있다는 결론에 다다른다. 이 논리가 받아들여진다면 두 번째 과제는 해결된다. 로스는 당대 예술가들이 당면했던 과제에 대해 누구보다 철저하게 대응했다고 할 수 있다.

그러나 승자는 로스보다는 무테지우스 쪽이었다. 이후 바우하우스에서 보듯이 예술가들의 창조적 디자인 직능의 중요성은 계속 강조되었다. 모리스의 수공예 제품이 (대중의 미학으로 대중에 의해 수공예로 제작되어 유통되지 않고) 예술가들에 의해 실용성-재료특성 미학에 따른 형태 규범과 조형 원리로 디자인된 비싼 상품이 되었던 것처럼, 무테지우스의 대량생산 제품 역시 (대중의 미학으로 대중에 의해 공장 생산되어 유통되지 않고) 예술가들에 의해 '기계 미학'에 따른 형태 규범과 조형 원리로 디자인된 비싼 상품이 되었던 것이다.

그러나 무테지우스류의 엘리트주의적 타협으로는 두 번째 과제인 '창조적 노동의 회복'을 해결할 수 없었다. 예술가들에 의한 기계 미학은 대중이 이해할 수 없고 대중과 소통할 수 없는 주관적 형식 미학과 조형 원리로 빠져드는 것이 불가피했다. 추상회화가 그랬듯이 이는 모더니즘 미학과 예술 일반의 행로이기도 했다.

결국 '수공예에서 기계 미학으로' 진행된 아방가르드는 예술에 의한 진보적 사회 개혁 논리가 예술가에 의한 상품의 부가가치 제고 논리로 변질되어가는 과정이었다. 그 안에 '질 높은 제품의 생산성을 높여 대중이 향유토록 함으로써 삶의 질을 향상시킨다'는 목표가 좌파적 유토피아 이념으로 남아, 이후 러시아 구축주의와 바우하우스로 연결되며 모더니즘 미학의 한 속성으로 지속된다.

건축 역사학의 성립

역사철학적 이념에서는 헤겔을, 과학적 역사 기술 방법에서는 랑케를 정점으로 19세기에 성립한 근대 역사학의 패러다임은 이내 독자적 분야로 분기한 예술사에도 고스란히 이어졌다. 이때의 예술사(history of art)는 회화·조각·건축 등 조형예술을 대상으로 하는 '미술사'다. 건축은 미술에 포함되어 한 분파로 다루어졌다. 건축 역사(history of architecture)가 미술사에서 다시 분기하여 독자적인 영역이 된 것은 19세기 말이었다. 최초의 근대적인 건축 역사서로서 19세기 중반에 발간된 『건축사』(1856~73)의 저자인 프란츠 테어도어 쿠글러와 야콥 부르크하르트, 빌헬름 륍케는 모두 예술사학자였다. 실무 건축가 경력을 겸비하거나 건축을 전문적으로 공부한 인물들이 건축 역사서를 저술하기 시작한 것은 19세기 말이었다. 근대 역사학과 예술사를 모태로 한 것인 만큼 건축 역사는 근대 역사학이 정초한 역사 발전 이념을 기반으로 기술되었다.

한국에서 1970년대 말에 해적판으로 널리 유통된 『비교연구법에 의한 건축 역사』(1896)의 저자 배니스터 플레처(1866~1953)는 건축을 전공한 영국의 건축가이자 건축 역사학자였다.• 21차례 개정판을 내면서 현재도 출판되고 있는 이 책의 초기 판본들에 권두삽화로 실렸던 그 유명한 「건축 나무」(The Tree of Architecture)는 당시 서양 역사학이 공유하던 발전사관을 건축적 판본으로 요약한 것이다.•• 「건축 나무」에서 아시리아·이집트 등 고대 사회의 건축은 모두

• 플레처는 AA스쿨과 에콜 드 보자르에서 공부했으며 영국 왕립 건축가협회(RIBA) 회장을 역임했다.

•• 이 책은 당초 플레처 부자가 공동으로 저술한 것이었다. 아버지 배니스터 플레처(1833~1899)는 건축가이자 측량기술자였고 후에 킹스칼리지 교수를 지내기도 했다. 플레처는 1921년 6차 개정판부터 단독으로 책을 출간했고 1953년 16차 개정판을 내고 사망했다. 그의 사후에도 다른 학자들에 의해 개정판이 계속 출간되어 1996년 20차 개정판이 출간되었다. 2019년에는 『배니스터 플레처 경의 세계건축사』라는 제목으로 21차 개정판이 출간되었다.

69 배니스터 플레처, 『비교연구법에 의한 건축 역사』 6차 개정판(1921)에 수록된 「건축 나무」 삽화

69

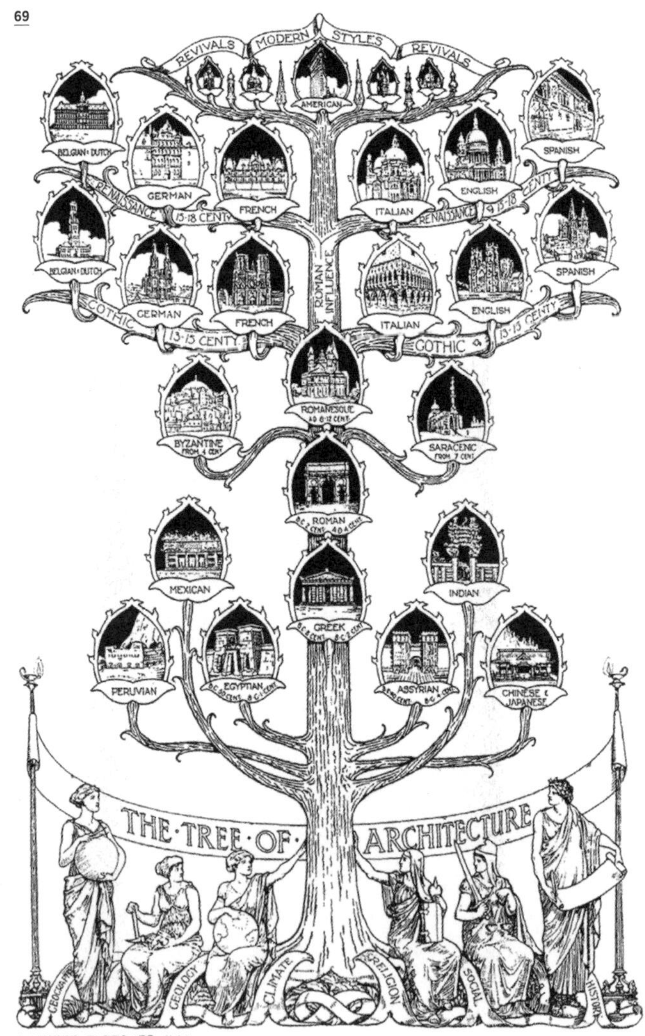

BANISTER FLETCHER. INV.

7세기에 발전을 멈춘 곁가지로 표현되고 그리스 건축을 원류로 한 몸통 줄기만이 로마 건축과 로마네스크를 거쳐 유럽 각국의 건축으로 분기하며 전개된다. 1921년 6차 개정판에서는 건축 나무 꼭대기에 미국 근대 건축 줄기가 추가됨으로써 세계 건축 역사가 미국 근대 건축을 향해 발전해간 것으로 그려졌다.

1899년 『건축사』를 저술한 프랑스의 오귀스트 슈아지(1841~1909) 역시 에콜 폴리테크니크에서 공부하고 교수직을 맡았던 건축 전문 연구자였다. 그가 저술한 『건축사』는 고대부터 18세기까지 건축 역사를 구축(construction)의 역사라는 관점에서 살펴보며, 건축 양식의 발전은 태동-성숙-쇠퇴의 과정으로 이루어진다는 역사 결정주의적 태도에 기초하고 있다. 미국에서는 러셀 스터지스(1836~1909)가 『유럽 건축: 역사적 연구』(1896)와 4권으로 구성된 『건축사』(1906~15)를 발간했다. 지금 우리가 서양 건축의 건물들에 대해서 알고 있는 연대기와 역사적 배경과 같은 객관적 정보는 대부분 이들 19세기 말 건축사 저술들에 정리되어 있는 것이다. 그리스-로마-초기 기독교-비잔틴-로마네스크-고딕-르네상스-바로크 등의 시대 구분 역시 이때 이루어졌다.

철근콘크리트의 등장

19세기 철 건축의 등장은 서양 건축 생산 역사가 시작된 이래 2천여 년 동안 지속되어오던 조적조 전통과 규범을 송두리째 와해시키는 대사건이었다. 대규모 구조물, 대공간, 동일한 공간을 반복 창출하는 고층건물 등은 이제까지의 건축 생산 범위를 넘어서는 완전히 새로운 것이었다. 대변혁이 한창 진행되던 19세기 말 건축 생산의 판도는 다시 한번 뒤집혔다. 더 강한 건축 재료인 철근콘크리트가 등장한 것이다. 이 새로운 건축 재료의 위력은 실로 막강했다. 이제 전 지구

70 엘즈너 앤드 앤더슨, 잉걸스 빌딩, 미국 신시내티, 1903

71 오귀스트 페레, 프랭클린가 아파트, 프랑스 파리, 1902~3

72 오귀스트 페레, 퐁티외가 주차 빌딩, 프랑스 파리, 1905~6

73 퐁티외가 주차 빌딩 내부

74 오귀스트 페레, 샹젤리제 극장, 프랑스 파리, 1911~13

75 샹젤리제 극장 내부

74

75

의 건축 생산은 규모와 지역적 차이를 불문하고 몇십 년 안에 이 새로운 건축 재료로 통일되다시피 할 것이었다.

1820년대에 석회 모르타르나 천연 시멘트에 비해 균질하고 강도가 높은 포틀랜드 시멘트가 개발되었고 개량을 거듭하여 1890년대에 사용 원칙이 체계화되었다.• 철근콘크리트는 내화력과 내구성이 클 뿐 아니라 가격이 싸고 거푸집을 반복 사용할 수 있는 경제성까지 갖추어 철 건축의 단점인 화재 취약성과 높은 비용 문제를 일거에 해소하면서 건축 생산력을 크게 증대시켰다. 수십 층에 달하는 초고층 건축물에서는 건설 효율 등의 문제로 여전히 철골 구조가 선호되는 경우가 많았지만, 미국 신시내티의 16층 잉걸스 빌딩(1903)을 시작으로 도시에 철근콘크리트 건물이 늘어갔다.

아방가르드 건축가들은 빠르게 철에서 철근콘크리트로 넘어갔다. 오귀스트 페레(1874~1954)는 철근콘크리트를 본격적으로 활용하기 시작한 대표적 건축가였다. 파리 근교 프랭클린가 9층 아파트(1902~3), 파리 퐁티외가의 주차 빌딩(1905~6), 샹젤리제 극장(1911~13) 등은 모두 철근콘크리트를 사용한 건축물이다. 페레의 건축이 골조 거푸집의 반복 사용에 의한 경제성과 철근콘크리트 구조를 구축 주제로 삼는 건축의 가능성을 보여준 사례였다면, 로베르 마야르(1872~1940)가 아치 구조로 지은 슈타우파허 다리(1899),

• 1867년 프랑스에서 조제프 모니에(1823~1906)가 와이어 메시(wire mesh)로 보강한 화분 제작 특허를 획득했고 1877년에는 철근 보강 기둥과 보 구조 발명 특허를 받았다. 1885년 모니에의 특허권을 매입한 독일의 구스타프 바이스(1851~1917)가 철근콘크리트구조 전문 회사를 설립하여 상품화와 동시에 각종 실험을 진행하여 철근콘크리트의 역학적 특성을 밝혔다. 이후 독일과 오스트리아에서 관련 연구가 활발히 전개되었다. 1906년에 독일 철근콘크리트위원회가 설립되었고, 1916년에 표준시방 및 계산법이 공표되었다. 1924년에는 미국의 '콘크리트 및 철근콘크리트 표준시방 연합위원회'가 표준시방서를 발표했다.

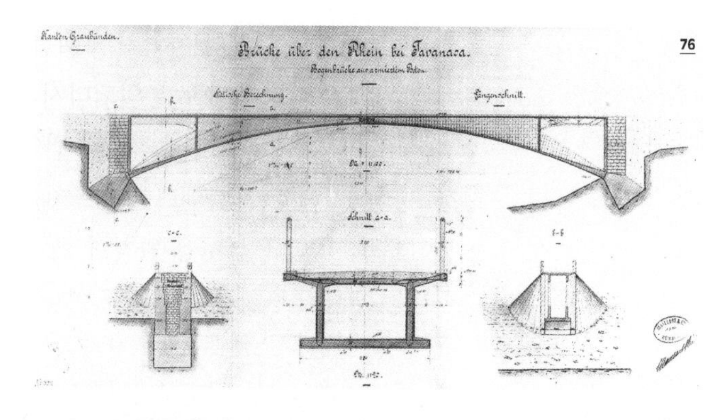

76 로베르 마야르, 타바나사 다리, 스위스 그리송, 1905

77 로베르 마야르, 기쉬벨 창고, 스위스 취리히, 1910

78 로베르 마야르, 추오츠 다리, 스위스 추오츠, 1901

3점 힌지 아치구조로 건설한 추오츠 다리(1901)와 타바나사 다리(1905), 플랫 슬래브를 쓴 기쉬벨 창고(1910) 등은 철근콘크리트의 가소성과 형태 표현의 가능성을 유감없이 발휘한 사례들이었다.

다른 건축가들도 철근콘크리트 사용을 늘려갔다. 호프만의 푸르커스도르프 요양원, 바그너의 노이슈티프트가 40번지 아파트는 철근콘크리트로 백색 사각 매스를 구현했다. 베렌스의 AEG 터빈 공장은 콘크리트로 석조 건축 같은 입면을 입힌 철골조 건축이었지만, 로스의 골드만 운트 잘라치 빌딩은 철근콘크리트 구조였다. 그로피우스의 파구스 신발 공장과 쾰른 독일공작연맹 전시회에서 선보인 시범 공장은 유리와 함께 철 구조, 벽돌 조적조 등을 사용한 것이었지만, 같은 전시회장에 건축된 브루노 타우트의 유리 전시관은 철근콘크리트 건축이었다. 제1차 세계대전 이전까지 독일에서는 수많은 대형 공공건물이 노출콘크리트 구조로 지어졌다. 프로이센의 빌헬름 2세(재위 1888~1918)가 나폴레옹 대항 전쟁 100주년을 기념하기 위해 브레슬라우(현 폴란드 브로츠와프)에 건축한 백주년기념관(1911~13)은 내경 69미터에 높이가 42미터에 이르는 대규모 원형 실내공간을 철근콘크리트 골조와 철-유리 돔으로 구현한 사례다. 르 코르뷔지에가 주택을 대량으로 생산하기 위한 표준적 모듈 구조체로 제안한 도미노(domino/ Dom-Ino) 주택 역시 철근콘크리트 구조였다. 제1차 세계대전 이후 1920년대부터 근대 건축가들은 대부분 철근콘크리트를 염두에 두고 설계를 했다.

건축가들이 철근콘크리트를 선호했던 것은 강하고 경제적일 뿐 아니라 가소성을 갖는 재료로서 형태 표현의 자유도가 매우 컸기 때문이다. 철근콘크리트는 철과는 달리 면과 매스 조작의 가능성이 풍부해서 고전적 건축 형태와 유사한

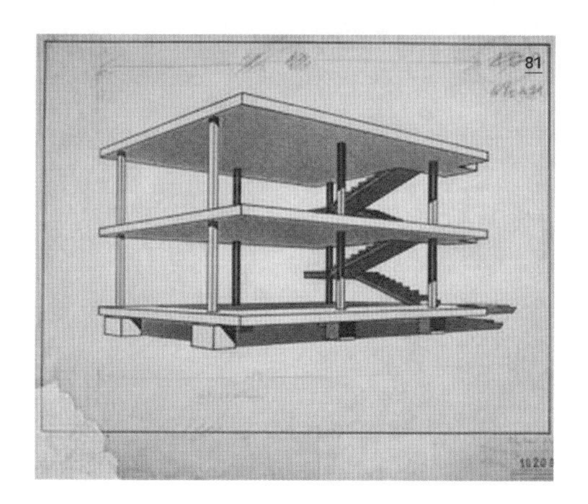

79 막스 베르크, 백주년기념관, 독일 브레슬라우(현 폴란드 브로츠와프), 1911~13

80 백주년기념관 내부

81 르 코르뷔지에, 도미노 프레임, 1914~15

표현이 가능해졌다는 점도 큰 변화였다. 철 건축은 고전주의 건축과 고딕 건축의 전통적 비례감을 대체할 수 없었기에 '예술성 표현에 부적절한' 것이라는 비난에 시달렸다. 그렇다고 '기술-형태가 합치하는 철 건축'이라는 새로운 형태 미학의 사회적 수용을 이끌어내지도 못했다. 이런 갈등 속에서 전통적인 석조 재료와 구법은, 비록 경제적 현실에는 부합하지 못했으나 여전히 유력한 건축 생산 방식으로 잔존했고 고전주의 형태 규범 또한 한 귀퉁이를 계속 차지할 수 있었다. 그러나 이제 어떤 형태이든 철근콘크리트로 빚어낼 수 있게 되었다. 서양 건축 형태 규범의 물적 기반이었던 조적조(석조, 벽돌조)가 철근콘크리트로 바뀐 것이다. 고전주의와 고딕의 형태적 전통은, 그 형태와 비례가 철근콘크리트에 의해 거리낌 없이 구현되면서 그나마 남아 있던 구축 기술-형태의 일관성이라는 실체마저 잃은 채 순전히 정신적인 표상으로만 남을 운명이었다.

하우징, 도시계획, 유토피아

19세기 초 로버트 오언을 시작으로 기업가나 자선단체 차원에서 진행되던 노동자 임대주택 건설이 19세기 후반부터 정부 정책으로 채택되기 시작했다. 대부분의 국가에서 자선단체 등에 의한 사회주택(social housing) 건설 자금을 정부가 보조해주었다. 정부가 직접 임대주택을 건설하여 공급하는 일은 제1차 세계대전 이후인 1920년대에 가서야 보편화된다. 그러나 영국에서는 1890년대부터 런던 시정부가 노동자 임대주택을 직접 건설하여 공급하는 정책을 추진하면서 건축가들이 임대주택에 자신들의 사회 개혁 전망을 투영하는 독보적인 현상이 일어났다.

1888년 제정된 지방정부법•에 따라 1889년 런던 시의회(London County Council, 이하 LCC)가 수립되었다.••

1889년 1월 자유주의자-노동 운동가-페이비언협회가 연대한 진보당이 전체 118개 의석 중 70석을 차지하면서 LCC는 진보당의 노선에 따라 공교육, 도시계획 등 각 분야에서 진보적 정책을 추진했다. LCC는 노동자 주거의 위생 상태를 규제하기 위해 1885년에 제정한 노동자계급주택법(Housing of the Working Classes Act, 1885 입법)을 1890년 전면 개정해 시정부가 토지를 강제 수용·매수하고 직접 주택을 건설·공급하기 시작했다. LCC의 건축계획 부서인 '건축가국'에는 노동자 주택 건설을 위한 새로운 조직이 설치되었고(1893) 여기에 LCC 정책에 동조하는 젊은 이상주의 건축가들이 참여했다. 대부분 모리스, 웹, 윌리엄 레더비 등이 주도한 미술공예 운동에 동조하는 건축가들이었다.

LCC 건축가들이 건설한 첫 번째 사업인 바운더리 주거지(1893~1900)는 빈민가를 철거한 6만 1천 제곱미터 부지에 임대주택 1069호를 건설한 것이었고, 두 번째 사업인 밀뱅크 주거지(1897~1902)는 교도소 부지를 매입하여 임대주택 561호를 건설한 것이었다. 여기에서 LCC 건축가들은 미술공예 운동의 어휘를 사용하여 건축과 기예의 통합을 시도했다. 기계적인 형태 반복을 피하고 시각 초점(focal point) 개념을 도입한 배치계획과 중간 계급 주택에서 사용되는 풍부한 디테일을 채용했다.

• 1888년 제정된 법률로서 잉글랜드와 웨일스의 주의회(county council) 수립을 규정했다. 이 법에 의해 1889년 4월부터 잉글랜드와 웨일스에서 각 도시의 자치정부가 수립되었다.

•• LCC는 1964년까지 존속했다. 1964년, 중간 계급의 교외 이주로 런던시가 점점 더 노동당의 아성이 되는 것을 우려한 보수당 정권이 런던 행정구역을 확대하여 GLC(Greater London Council)로 바꾸었다. GLC는 1986년 마거릿 대처 정부에 의해 폐지되었다가 2000년에 노동당 정부가 GLA(Greater London Authority)로 다시 설립하여 현재에 이르고 있다.

82 LCC, 바운더리 주거지, 영국 런던, 1893~1900

83 바운더리 주거지 배치도

84 바운더리 주거지 개발 전 현황도

82

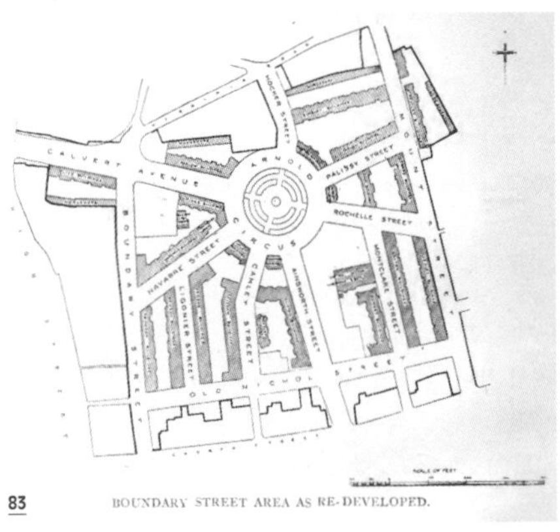

83

84

85 LCC, 밀뱅크 주거지, 영국 런던, 1897~1902

86 밀뱅크 주거지 배치도

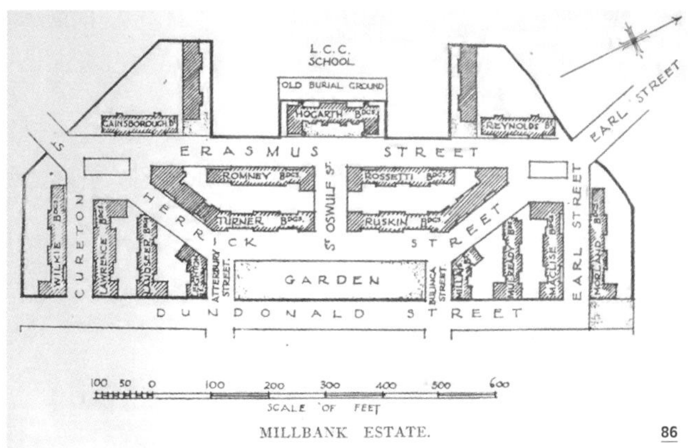

LCC 건축가들의 임대주택은 이 시기에 노동자들의 열악한 생활환경을 둘러싸고 팽배했던 개혁에 대한 요구가 '노동자 계급을 위한 질 높은 주거환경 건설'이라는 실천과제로 표출된 것이었다. 그러나 물리적 환경의 개혁은 비단 노동자 계급을 위해서만 필요한 일은 아니었다. 늘어나는 중류 계급 역시 공업기지가 되어버린 도심에서 벗어난 쾌적한 주거환경을 찾고 있었고 이는 민간 개발업자들에 의한 도시 외곽 주거지 개발로 이어졌다. 베드포드 파크(1875~), 머튼 파크(1870~), 브렌덤 가든(1901~) 등 교외 주거지들이 런던 외곽에 속속 들어섰다. 이러한 주거지 개발은 일부 건축가에게는 새로운 형태 미학을 적용한 주택 건축을 실현하는 장이었지만, 당시 대도시들에서 공통적으로 나타난 도시의 무질서한 확장(sprawl)의 한 단면이었다. 공업 발전이 가속화하며 인간 이성이 이끄는 역사의 진보는 힘차게 진행되고 있었으나 정작 진보의 전진기지인 도시는 팽창하는 인구와 산업활동으로 몸살을 앓았다. 주거지 과밀화와 무계획적 확산, 질 높은 공공공간의 부족 등 도시의 물리적 환경은 문제투성이였다. 주거환경뿐 아니라 도시 전반의 문제 해결을 위한 보다 혁신적인 조치가 요청되었다.

에버니저 하워드(1850~1928)가 1898년 『내일, 진정한 개혁을 향한 평화로운 길』에서 발표한 전원도시(Garden Cities)론은 이러한 요청에 대한 응답이었다. 그는 도시와 농촌을 결합한 정주도시가 필요하다는 주장을 폈는데, 사실 이미 여러 사람들이 개진했던 내용으로서 전혀 새로운 것이 아니었다. 주목할 만한 것은 그가 이 책에서 정부 예산의 도움을 받지 않고 실제로 전원도시를 개발하는 데에 필요한 투자계획을 상술했으며, 직접 전원도시 개발에 나서 성공했다는 것이다. 1899년 전원도시협회를 설립하고 투자자 모집에

나선 하워드는 1903년 런던 근교에 최초의 전원도시인 레치워스 건설에 착수했다. 레이먼드 언윈(1863~1940)과 리처드 배리 파커(1867~1947)의 설계로 건설된 레치워스는 새로운 공장 입지를 찾는 기업가들의 호응에 힘입어 개인이 임대 토지에 건물권만을 갖는 공동 소유-관리 원칙을 유지하면서 중하류층 노동자 주거도시로서 일정 수준의 성공을 거두었다. 레치워스의 성공은 영국은 물론 유럽 및 세계 각국에 전원도시 운동이 확산되는 계기가 되었다. 레치워스에 이어서 언윈과 파커의 설계로 개발된 런던 햄스테드 교외 주거지(1906~)는 이러한 분위기의 직접적 산물들을 대표할 만한 것이었다. 비록 이렇게 개발된 전원도시 대부분은 주택 가격과 임대료가 비싸서 저소득 노동자 계급보다는 중류 계급을 위한 것이긴 했지만 말이다.

토니 가르니에(1869~1948)가 1901년 제안한 공업도시 모델(Cité Industrielle)은 산업 발전을 동력으로 진보하는 사회와 이에 걸맞은 도시를 꿈꾼 사회주의자들의 이상을 도시계획은 물론 건축 설계 스케일까지 포함한 구체적 계획안으로 표현한 것이었다. 사유재산 폐지를 통한 유토피아 건설을 주장한 피에르-조제프 프루동의 이론을 채용하여, 산업과 물류용 교통이 주거지를 침해하지 않도록 엄격히 통제하고 중정을 공유하는 공동주택을 통해 공동체를 형성하고자 한 계획이었다.

하워드의 전원도시, 가르니에의 공업도시 모델이 지향했던 개혁과 진보는 아르누보 등 예술 운동과는 달리 국가나 지방정부 차원의 경제 정책과 도시 정책이 전제되어야 실현될 수 있었다. 도시는 이제 가장 중요한 경제기구가 되었으며 도시공간은 시장경제 논리에 따라 재편되고 있었다. 과거처럼 지배 계급과 이에 봉사하는 건축가의 이념에 따라 도

87 하워드의 전원도시 개념 다이어그램, 1898

88 레이먼드 언윈과 리처드 파커, 레치워스 전원도시, 1903~

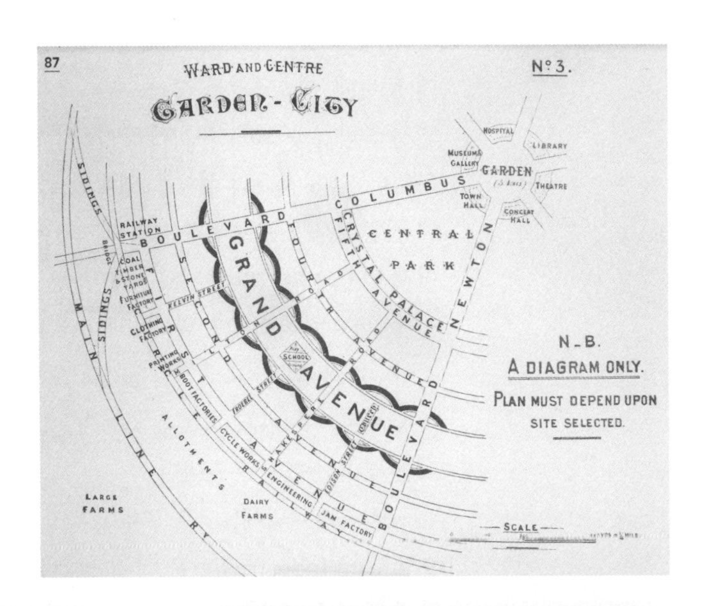

89 레치워스 전원도시 주거지역 배치도(부분)

90 토니 가르니에, 공업도시 계획안(부분), 1901

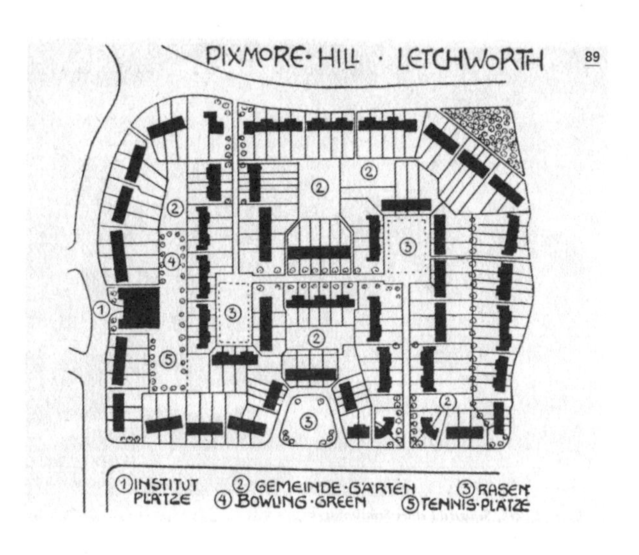

시공간이 형성되던 시대는 이미 끝났다. 결국 하워드나 가르니에 등의 작업은 지배 계급(부르주아)의 선의(사회 개혁 이념)에 의한 민주적이고 합리적인 도시 형성을 꿈꾼 유토피아적 구상이었다. 이러한 구상은 당시 부르주아 계급에 확산되고 있던, 그러나 아직 정치체제로 자리 잡지는 못한 사회민주주의적 이상에서나 나올 만한 것이었다. 1920년대 사회민주주의 정부의 공공임대주택 정책과, 1929년 대공황 이후 수정자본주의 시대에 복지자본주의 정책에서나 비로소 부분적으로 구현될 기획이었다.

이 시기에 국가가 도시 문제에 대해 내린 실제 처방은 도시의 현실을 인정하고 여기에 적응하는 것이었다. 영국 공중위생법(1848)이 보여주듯이 질병 방지를 위해 주거의 질적 수준을 규제하는 것으로 시작한 국가의 대응은 점차 도시의 팽창이 질서 있게 이루어지도록 하는 계획 시스템의 제도화로 진전되었다. 1891년 프랑크푸르트 시정부는 도시를 여섯 종류의 구역으로 구분하고 구역별로 건축 허용 용도를 제한하는 조닝(zoning) 제도를 최초로 입법했다. 양질의 환경을 갖는 주거지역을 보호하거나 독성 물질을 배출하는 공장과 주거가 섞이지 않도록 하는 등의 목적으로 제안된 이 제도는 이후 여러 도시로 확산되었다. 도시의 공간적 확장에 필요한 도시 연접부 토지를 개발하기 위한 토지구획정리사업 역시 1902년 프랑크푸르트 시정부에 의해 최초로 제도화되었으며 1918년 독일 전체에 적용되었다.• 1909년에는 영국에서 최초로 도시계획법이 제정되었다.

도시계획과 계획적 개발사업의 수요가 늘면서 도시계

• 당시 프랑크푸르트 시장이었던 프란츠 아디케스(재임 1890~1912)가 근거 법률인 '토지 재분배 법률'을 1893년 입안했으나 지주층의 반대 속에 1902년에야 제정되었다. 이 법은 그의 이름을 따서 아디케스법(Lex Adickes)이라 불린다.

획 교육 및 전문인력의 조직화가 이루어졌다. 1909년 리버풀대학에 최초로 도시계획 과정이 신설되었으며 1914년에는 런던대학에서도 도시계획 과정이 도입되었고 같은 해에 왕립 도시계획학회가 설립되었다.

한편 미국에서는 건축-도시적 차원의 사회 개혁이 도시미화 운동(City Beautiful Movement)으로 전개되었다. 질 높고 아름다운 도시공간이 시민의 도덕과 이성 능력을 고취하는 토대이며 이를 통해 사회 질서와 삶의 질을 고양할 수 있다는 주장이었다. 유럽의 노동자 주택, 전원도시 등 사회 모순을 개혁하고자 하는 구상이 도시 토지를 비롯한 사회 자원의 배분과 연결된 기획이었던 반면에, 미국의 도시미화 운동은 물리적 환경의 계획과 설계가 잘되면 그 자체로 더 나은 사회를 만들 수 있다는 형태주의적 기획이었다.

발단은 미시간호수 부근의 광대한 부지에 200여 동의 건물을 짓는 대규모 사업이었던 시카고 만국박람회(1893)였다. 건축 책임을 맡은 대니얼 버넘(1846~1912)이 이끈 시카고 건축가들은 절충적 고전주의 양식의 건축물들로 '백색도시'(White City)를 조성하여 기록적인 수의 관람객을 끌어모으며 막대한 수익과 함께 박람회를 대성공으로 이끌었다. 경관을 고려한 도시계획과 일관된 건축 양식에 따른 설계로 질 높은 도시공간환경이 성취될 수 있음은 물론 이를 통한 상업적 이익을 낼 수 있음을 예시한 것이다. 유럽 문화에 대한 열등감과 국가 성장에 대한 기대감, 그리고 열렬한 상업주의가 교차하던 분위기 속에서 버넘의 성공에 미국 사회는 더욱 열광했다. 여러 도시 정부와 상업자본가가 지원에 나서 필라델피아 파크웨이 계획(1902), 워싱턴 D.C. 맥밀란 계획(1902), 클리블랜드 시빅센터 계획(1903) 등 기념비적 공공 건축 및 도시공간 조성 계획이 추진되었다. 이들 계

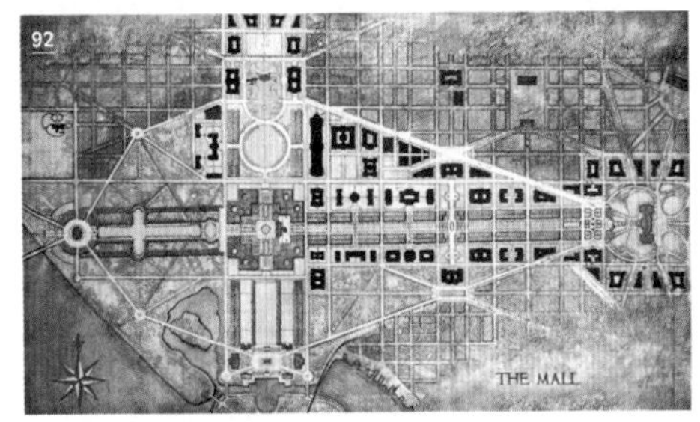

91 대니얼 버넘, 시카고 박람회: 백색도시, 1893

92 대니얼 버넘, 워싱턴 D.C. 맥밀란 계획 중 내셔널 몰, 1902

93 대니얼 버넘, 클리블랜드 시빅 센터 계획, 1903

94 대니얼 버넘, 시카고 도시계획(부분), 1909

획에 참여했던 버넘은 샌프란시스코(1905)와 시카고(1909)에서 기존 격자 도로체계에 오스망의 파리 개조계획과 유사한 방사형 상징가로를 중첩시키는 도시계획을 제안하기도 했다. 이 밖에도 1905~9년에 캔자스시티, 덴버, 시애틀 등 30개가 넘는 도시에서 마스터플랜이 수립되었고 이들의 주요한 목표에 '도시미화'가 포함되었다.

도시미화 운동의 확산은 미국의 상업주의적 분위기 속에서 이루어졌다. 사회 모순 해결을 위한 구조적 개혁에 소극적이던 주정부들이 형태주의적 미화 운동이 표방하는 개혁 논리에 호응한 것이다. 상업자본은 도시공간의 미화를 통한 도시 경쟁력 강화와 부동산 가치 상승을 기대하면서, 건설자본은 대규모 건축사업 기회를 기대하면서 이 흐름에 가담했다.

그러나 도시 토지 이용의 경제적 효율성이 점점 중요해지는 추세 속에서 형태주의가 주도하는 도시계획이 지속될 수는 없었다. 조닝에 의한 토지 이용의 체계적 관리, 합리적인 교통계획 등 기능주의적 도시계획 기법과 제도가 발전했다. 정부가 직접 도시계획을 관장하는 전문적인 행정체제가 갖추어졌고 이와 연계한 기능주의 도시계획 세력의 영향력이 커져갔다. 1909년 워싱턴 D.C.에서 열린 제1차 전국 도시계획회의에서는 도시미화 운동으로 대표되는 형태주의적 도시계획을 비판하는 목소리가 거셌다. 같은 해에 하버드대학에 도시계획 과정이 신설되었고, 1917년엔 미국 도시계획학회가 설립되었다.• 유럽에서와 마찬가지로 도시계획이 새로운 전문 직능으로 확립된 것이다.

• 하버드대학 도시계획 과정은 1929년 도시계획 학과로 확대되었다. 미국 도시계획학회는 지역계획으로 영역을 확대하여 1978년 미국 계획가협회로 개편되었다.

11

양차 대전과
근대 건축의 확산

(1914~1945)

제1차 세계대전과 구체제의 몰락

프로이센을 중심으로 1871년 통일된 이후 후발 자본주의 국가에서 유럽 최강국으로 약진한 독일제국은 영국·프랑스·러시아 등 열강들의 제국주의적 침략 경쟁에 뛰어들었다. 그 귀결은 독일-오스트리아-헝가리 동맹과 영국-프랑스-러시아 동맹이 충돌한 제1차 세계대전이었다.• 이 전쟁으로 사망한 군인은 천만 명에 육박했다. 그 이전 백 년 동안의 모든 전쟁에서 사망한 군인 수를 합한 것보다도 훨씬 많았고, 민간인까지 더하면 사망자가 무려 2천만 명에 달했다.••

전쟁 중이던 1917년에는 러시아혁명이 성공하며 역사상 최초로 사회주의 국가가 탄생했다. 러시아 사회주의 세력은 일찍이 1905년 혁명을 일으켜 전제왕정체제의 차르 정부를 전복하려는 운동에 뛰어들었다. 제1차 세계대전 초기, 차르 정부가 독일에 패전하여 혼란에 빠지고 민중이 동요하자 사회주의 진영은 1917년 2월혁명과 10월혁명으로 차르체제를 무너뜨리고 러시아 임시정부를 수립하는 데 성공했다. 이

• 이후 독일-오스트리아-헝가리 동맹에 오스만제국과 불가리아가 가세했고, 영국-프랑스-러시아 동맹에 이탈리아, 그리스, 루마니아, 포르투갈, 그리고 전쟁 말기에 미국이 가세했다.

•• 물론 제2차 세계대전에서 훨씬 더 많은 수의 사람이 죽었다. 군인 사망자만 2100만 명 이상이었고 민간인을 더한 사망자가 최소 7천만 명에 달했다. 그러나 유럽인들이 '대전쟁'(The Great War)이라고 부르는 것은 제1차 세계대전이다. 과거 전쟁에 비할 바 없었던 살상 규모에 충격을 받았기 때문이다.

후 벌어진 내전에서 레닌이 이끄는 볼셰비키가 승리하면서 1922년 소비에트 사회주의 공화국 연방이 탄생했다.

제1차 세계대전이 초래한 엄청난 살육과 파괴는 유럽 사회를 충격에 빠트렸다. 지난 2백 년간 그토록 신봉해왔던 인간 이성과 과학기술이 유토피아를 향한 진보보다는 인명 살상 기술과 무기 개발을 위해 사용되었다는 참담함에 빠져들었다. 그러나 유럽 사회는 이성과 과학기술에 대한 신뢰를 접지 않았고 산업 발전에 의한 진보의 열망을 포기하지 않았다. 이러한 신뢰와 열망이 옳다는 것을 예증하는 나라가 미국이었다. 제1차 세계대전 전에 이미 공업 생산에서 유럽 국가들을 제치며 선두를 차지했던 미국은 전쟁에 개입하지도 않았을뿐더러 전쟁 이후 번영의 속도를 더해가면서 국가총생산 세계 1위의 자리를 굳히고 있었다. 특히 초고층건물 건축, 자동차 대량생산 등 건설과 공산품 생산에서 미국 경제가 보여준 성취는 자본주의 경제의 새로운 지평을 보여주었다. 이는 유럽인들이 19세기 이래 품어왔던 '과학기술과 산업 발전에 의한 유토피아 실현'이라는 전망을 증명한 것이라 할 만했다.

참담했던 전쟁에 대한 비난의 화살은 발전한 과학기술과 생산력을 합리적으로 운용하지 못한 구체제를 향했다. 19세기 말부터 약화된 자유주의 자본주의체제와 그 위에서 입헌군주정 형태로 유지된 군주-귀족-부르주아의 타협적 정치체에는 결정적 타격이었다. 러시아에서 사회주의체제를 지향하며 진행되는 혁명 상황 또한 이러한 분위기를 거들었다. 러시아혁명은 1918년 독일에서의 혁명을 촉발하면서, 유럽 각국의 지배 계급에게 혁명에 대한 경계심을 불러일으켰지만 진보적 지식인과 대중에게는 보다 민주적이고 공평한 사회체제로 변화할 필요성을 일깨워주었다.

그 결과 19세기 부르주아체제, 즉 군주제와 결합한 자유주의 자본주의는 몰락했고, 이를 의회민주주의와 사회민주주의가 대체했다. 패전국인 독일·오스트리아·헝가리·튀르키예를 비롯하여 여러 유럽 국가에서 군주제가 폐지되고 공화제가 시작되었었으며,• 곳곳에서 좌파가 선거에서 승리하며 사회민주주의 정부가 들어섰다. 전쟁 중과 전쟁 직후인 1917~19년에 스웨덴·핀란드·독일·오스트리아·벨기에에서 사회민주주의 세력이 집권했으며, 영국(1924년 노동당 집권)과 덴마크(1929년 사회민주당 집권)가 뒤를 이었다. 19세기 중반 제3공화국 수립 후 줄곧 온건좌파가 다수를 차지해왔지만 전쟁 후 우파가 집권(1919)한 프랑스가 예외였고, 전쟁 후에도 입헌군주제 왕국으로 남은 이탈리아왕국과 스페인왕국 정도가 이 물결에서 벗어난 국가였다.••

1918년 패전이 확실해진 독일에서는 혁명이 발발하여 황제가 폐위되고 봉건귀족 중심의 정치체제였던 군주정이 무너졌다. 혁명을 이끈 사회민주당 내부에서 새로운 공화국의 향방을 놓고 진행된 노선 투쟁 중 로자 룩셈부르크 등이 이끄는 공산주의 혁명파의 반란이 있었으나 곧 진압되었다. 뒤이은 선거에서 민주공화파가 승리하여 1919년 8월 바이마르헌법•••이 제정되고 이원집정부제의 바이마르공화국

• 포르투갈공화국(1910), 핀란드공화국(1917), 폴란드공화국(1918), 체코슬로바키아공화국(1918), 오스트리아공화국(1918), 헝가리공화국(1918), 바이마르공화국(1919), 튀르키예공화국(1922), 스페인공화국(1931) 등이 군주제에서 공화제로 전환했다.

•• 이탈리아왕국은 1921년 베니토 무솔리니가 이끄는 파시스트당이 집권하고 제2차 세계대전에서 패전한 뒤 1946년 공화국으로 바뀌었다. 제1차 세계대전에서 중립을 지켰던 스페인왕국은 1931년 공화국으로 바뀌었으나 1936년 내전을 거쳐 프란시스코 프랑코 독재체제가 1975년까지 지속되다가 그의 사후 현재의 입헌군주제 국가로 바뀌었다.

(1919~33)이 수립되었다. 국민 기본권을 폭넓게 인정하는 바이마르헌법에 기초한 바이마르공화국은 당대 유럽에서 가장 자유로운 사회였다.

온건좌파 정권 아래 구체제에 뿌리를 둔 보수적인 군부·관료 조직부터 급진좌파인 독일공산당까지 다양한 세력이 병존한 바이마르공화국은 유럽의 진보적 지식인과 예술가 들의 활동 중심지가 되었다. 비록 제1차 세계대전 직후에는 전쟁과 독일 혁명 실패의 영향으로 감상적인 표현주의가 넘실댔지만, 사회주의 국가가 된 러시아 예술가들과 교류가 활발한 가운데 점차 러시아 구축주의가 유럽으로 확산되는 경유지가 되었다.

제1차 세계대전 이후 1920년대는 19세기 부르주아 자유주의가 확실히 퇴조하고 사회주의를 지향하는 분위기가 확산되었다. 실제로 1920년대 중반부터 경제가 회복세를 보이면서 각국에서 사회민주주의적 정책이 추진되었다. 이 시기에 프랑크푸르트·베를린·함부르크·암스테르담·빈 등 각국 주요 도시들에서 노동자 계층을 위한 공공임대주택 건설 정책이 활발하게 추진된 것 역시 이러한 정치적 상황과 궤를 같이한다.

한쪽에서는 사회주의 확산을 우려하는 보수파가 민족주의를 앞세워 결집하고 있었다. 잔존한 왕정 세력과 보수적

••• 바이마르헌법은 헌법 제정을 위한 최초 회의가 바이마르에서 열린 것에 연유하여 붙은 이름이다. 바이마르공화국 역시 바이마르헌법에 기초한 공화정이라는 뜻에서 붙은 이름이며 수도는 여전히 베를린이었다. 바이마르헌법은 당시로서는 가장 자유롭고 민주적이며 현대 복지국가의 초석을 다진 헌법으로 평가받고 있다. 바이마르헌법은 국민의 기본권으로 언론·집회·신앙·양심의 자유를 인정하고, 사회권으로 의무교육·사회보장제·노동자 보호 등을 규정했다. 자유민주주의를 기초로 하면서도 근대 헌법 사상 처음으로 소유권의 사회성, 재산권 행사의 공공성, 인간다운 생활을 보장하는 생존권을 규정했다.

인 귀족·대지주·대자본가·군부 등이 그 중심이었다. 전통적으로 자유주의적 자본주의와 사회주의 운동 모두에 반대하던 일부 중류 계급과 자영업자들도 민족주의를 지지했다. 당시 독일 지역으로 대거 이주해 들어오던 폴란드인, 유대인 등에게 경제활동을 잠식당하는 상황도 민족주의를 부추겼다.

이들 세력을 등에 업고 파시즘이 성장했다. 독일에서는 1919년 결성된 국가사회주의독일노동자당이 1925년 이후 아돌프 히틀러의 대중 운동으로 급성장하며 1930년 총선에서 제2정당으로 약진했다. 이탈리아에서는 1919년 무솔리니의 주도로 결성된 이탈리아 전투자동맹이 노동조합 운동을 폭력적으로 공격하는 등 반사회주의를 외치며 1921년 국가파시스트당을 창당했다. 국가주의를 내세운 국가파시스트당은 자본가·지주·군부의 지원 아래 1922년 무솔리니가 총리에 오르며 집권에 성공했다.

모더니즘: 아방가르드에서 주류로

19세기 말 유럽 각지의 아르누보 예술 운동을 시작으로 주류 예술에 대항하며 영향력을 넓혀가던 '모더니즘'은 제1차 세계대전 발발 전인 1910년쯤에는 이미 상당한 수요층을 갖는 유력한 예술사조의 하나로 성장해 있었다. 건축 영역에서 일단의 건축가들이 기능주의와 기계 미학으로 무장하며 근대 건축(modern architecture)을 일구고 있었던 것처럼, 다른 예술 분야에서도 새로운 예술 표현을 추구하는 사조들이 성장하고 있었다. 미술에서는 입체파·표현주의·미래파·순수추상화 등이, 음악에서는 조성(tonality)을 거부한 무조음악•이, 문학에서는 전통적 줄거리 구성과 단절하고•• 독백과 의식의 흐름 등에 주목하는 글쓰기 방식이 탐구되고 있었다.

제1차 세계대전 전까지 이것들은 아직 소수 엘리트 예술의 지위에 머물러 있었다. 일반 대중은 여전히 고전주의·절충주의 등 과거의 양식을 더 선호하고 인정했다. 당시 모더니즘은 사회주의적 전망을 품은 진보적 예술가나 반문명 허무주의 예술가 등 기성 주류 예술에 반발하는 예술가들의 상징이었다. 광고·산업디자인·상업 인쇄물 등 일상생활 용품들에 모더니즘이 적용되었지만 본격적인 예술품 생산은 미진했다.

모더니즘 예술의 영향력은 종전 이후 급격히 확대되었다. 전쟁의 참상에 대한 반성과 구체제에 대한 반발이 크게 일었다. 전쟁 전 세계와 결별하려는 이 흐름은 구체제 주류 예술에 대한 거부로 이어졌다. 그 자리를 새로운 예술을 표방해온 모더니즘이 차지했다. 모더니즘 예술이야말로 과학기술과 산업 발전이 가져다줄 새로운 사회에 부합하는 것으로 받아들여졌다. 교양을 갖춘 사람이라면 당연히 이해하고 있어야 할 소양이 되었다.

그중에서도 모더니즘 건축은 더욱 특별한 지위를 향해 나아갔다. 1920년대를 휩쓴 사회민주주의적 개혁 분위기 속에서, 새로운 사회 건설에 필수적이었던 건축이 예술의 중심으로 부상했다. 이 과정에서 지난 20여 년간 고전주의 건축

• 중심이 되는 으뜸음이나 으뜸화음이 존재하지 않고 어떤 종류의 제한도 받지 않는 상태로 음들을 자유롭게 화성적·선율적으로 배합하는 음악을 말한다.

•• 미술과 건축이 고전주의를 배격하고 주관적 형식주의로 들어섰듯이 문학 역시 '주관적으로 본질을 탐구하는' 형식으로 전환했다고 할 수 있다. 그러나 3인칭 전지적 작가 시점의 전통적 줄거리 구성과 단절하고 독백과 의식의 흐름에 천착했다는 것은, 저자가 객관적 실재를 그릴 수 있다는 믿음을 버렸음을 뜻하기도 한다. 이러한 점에서 세계의 객관적 본질을 탐구한 건축과 회화와는 달리 문학에서의 모더니즘은 이미 '저자의 죽음'을 말하는 포스트모더니즘적인 면모를 보였다고 할 수 있다.

규범을 대체하며 성장해온 건축 원리들이 주류적 지위를 확립해갔다. 그것은 장식으로 상징되는 옛 건축 규범을 배격하는 장식 없는 순수 형태, 수공예에서 출발하여 기계 미학과 기술 합리성을 결합한 신즉물주의•••, 철과 철근콘크리트 등 새로운 재료와 기술을 실용적으로 활용하는 기능주의가 복합된 것이었다. 이는 곧 기술적 작업 자체가 미학의 요건이자 구성 요소임을 뜻했다. 산업기술과 예술의 통일을 주창했던 무테지우스의 테제가 모더니즘 건축 규범 아래 구현될 참이었다.

유럽의 표현주의와 러시아 구축주의

제1차 세계대전의 영향으로 서유럽 예술계에서는 전쟁 전 강세였던 이성적 합리주의가 주춤하고 주관적 감성 표출이 앞서는 표현주의적 경향이 우세해졌다. 루트비히 미스 반 데어 로에(1886~1969)의 유리마천루 계획안들(1921~22), 미셸 드 클레르크(1884~1923)의 드 다헤라트 공동주택(1920~23), 에리히 멘델존(1887~1953)의 아인슈타인투름(1919~21) 등이 그러했으며 엄격한 합리주의자인 그로피우스조차 바이마르 카프 폭동 희생자 기념비(1922)를 표현주의적으로 설계했다. 전쟁 기간에 취리히의 망명자 집단 속에서 태동했던 다다이즘은 보다 직설적으로 세계대전을 초래한 사회를 빈정댔다. 마르셀 뒤샹(1887~1968)이 1917년 뉴욕의 앙데팡당 미술전에 변기를 출품하며 빚어낸 소동은 모

••• 신즉물주의(Neue Sachlichkeit)는 제1차 세계대전 이후 독일 예술계를 둘러싼 주관적 표현주의에 반발하여 형성된 예술적 태도로서 1920년대 초부터 나치 집권 전까지 풍미했다. 회화예술에서는 즉물적 대상 파악을 통한 실재감 회복을 추구했으며 이는 오토 딕스 등을 중심으로 한 구체제 군국주의 및 부르주아 문화 비판과 연결되었다. 문학에서는 자아와 주관적 감정의 표현을 억제하고 사실 자체로 하여금 말하게 하는 기법이 유행했다.

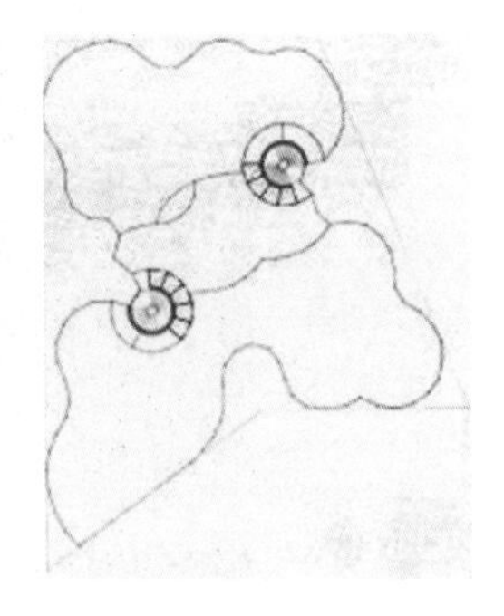

1 미스 반 데어 로에, 프리드리히슈트라세 마천루 계획 콜라주와 평면도, 독일 베를린, 1921

2 미스 반 데어 로에, 유리마천루 계획 모형과 평면도, 1922

3 미셸 드 클레르크, 드 다헤라트 공동주택, 네덜란드 암스테르담, 1920~23

4 에리히 멘델존, 아인슈타인투름, 독일 포츠담, 1919~21

5 발터 그로피우스, 바이마르 카프 폭동 희생자 기념비, 독일 바이마르, 1922

6 마르셀 뒤샹, 샘, 1917

7 브후테마스가 사용한 건물(브후테마스 설립 전 ‘모스크바 회화, 조각, 건축 학교’ 시절), 러시아 모스크바

8 브후테마스 수업 광경

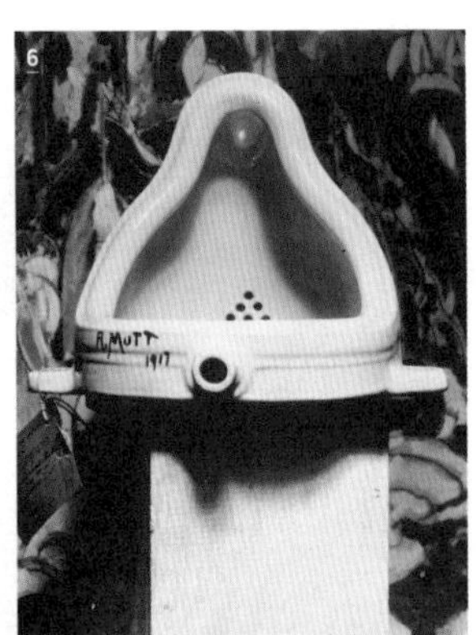

든 예술을 거부하는 다다이즘의 허무주의적 태도가 공격적으로 표출된 사건이었다.•

이 시기 러시아에서는 전혀 다른 국면이 펼쳐졌다. 1917년 혁명이 성공하면서 러시아 국내외에서 활동하던 예술가들이 모스크바로 집결했다.•• 그들이 보기에 새로운 조국은, 그들이 지향해 마지않던 '인민들의 유토피아'를 향해 진력하는 체제였다. 새롭게 출범한 체제가 추진할 개혁 안에서 예술이 수행해야 할 과제가 그들을 기다리고 있었다.

물론 소비에트연방이 예술 정책의 방향을 진보적 예술로 책정했던 것은 아니었다. 혁명 후 소련 예술계에서는 혁명 이전부터 추상 표현을 추구하던 러시아 미래파를 중심으로 한 아방가르드 예술가 진영과 사실주의적 표현을 지지하는 역사주의 예술가 진영이 양립했다. 아방가르드 진영은 구체제를 전복한 사회에 걸맞은 새로운 예술 형식이 필요하다고 주장한 반면, 역사주의 진영은 혁명 조국의 일상을 사실적으로 재현하는 것이 중요하다고 주장했다. 혁명 초기의 소련 정부는 여러 경향의 예술가들의 활동을 모두 용인했다.

소련 정부는 차르체제 이래 존속하던 국립 예술·디자인 학교들을 통합하여 1918년 모스크바 자유국가 예술 작업실(Svomas)을 설립했고 1920년에는 이를 다시 고등예술기술

• 다다이즘(Dadaism)은 1915년 스위스 취리히에서 태동해 1920년대 초반까지 유럽과 미국에서 유행한 반이성·반도덕·반예술을 표방한 예술 사조로 기존 가치와 질서를 부정하고 야유했다. 1920~23년에 파리에서 전성기를 구가했으나 개혁적 사회민주주의가 득세하면서 소멸되었다.

•• 1915년 절대주의를 표방한 카지미르 말레비치, 블라디미르 마야콥스키, 블라디미르 타틀린 등은 러시아에서 활동하던 인물들이다. 러시아 밖에서 활동하다 귀국한 인물로는, 뮌헨에서 활동하던 바실리 칸딘스키, 밀라노에서 공부하고 크림반도 지역에서 활동하던 모이세이 긴즈부르크, 유럽 각지를 옮겨 다니던 엘 리시츠키 등이 있었다.

블라디미르 타틀린, 제3인터내셔널 기념탑 계획안, 1919~20

학교, 즉 브후테마스(VKhUTEMAS)로 전환했다. 브후테마스는 "산업에 필요한 최고 수준의 예술가와 디자이너, 직업기술 교육 관리자 들을 양성"한다는 레닌의 강령에 따라 설립된 기관이었다. 건축·회화·조각·그래픽·공예 등 모든 조형예술을 통합한 최초의 근대적 예술·디자인 교육기관으로서 교수진이 100여 명, 학생 수가 2500명에 달했다. 교수진에는 아방가르드 예술가들과 역사주의 예술가들이 섞여 있었다. 아방가르드 예술가들은 브후테마스의 교수진으로 적극 참여하는 한편, 같은 해인 1920년 예술 연구단체 인후크(INKhUK)를 조직하며• 새로운 국가에서 예술의 방향을 모색했다.

1920년대에 브후테마스 아방가르드 예술가들을 중심으로 전개된 러시아 구축주의 건축과 담론은 서유럽 모더니즘 건축의 성립에 지대한 영향을 미쳤다. 19세기 후반 미술공예 운동을 시작으로 새로운 형태 원리와 사회 개혁적 실천 사이에서 고투하던 서유럽 건축가들에게, '새로운 사회 건설을 위한 새로운 예술'을 실천하는 러시아 구축주의는 중요한 참조 대상이었다. 러시아 예술가-건축가들은 1920년대 내내 서유럽과 교류했으며 바우하우스 교수진에도 참여하며 서유럽 모더니즘 건축에 직접적인 영향을 미쳤다. 러시아 구축주의는 근대 건축의 역사와 향방을 결정한 한 분기점이었다.

1920년 12월 개최된 제8차 소비에트 대회에서는 블라디미르 타틀린(1885~1953)의 제3인터내셔널 기념탑 계획안(1919~20)이 전시되었다. 철골과 유리를 재료로 그것들이 갖는 물성을 통해 혁명과 역사, 인터내셔널 등의 개념을 복

• 바실리 칸딘스키가 초대 대표자였으며 1924년까지 존속했다.

합하여 높이 400미터에 달하는 거대한 구조물을 '구축'하려 했던 이 계획은 비록 실현되지는 않았지만 새로운 사회의 새로운 예술의 도래를 알리는 '기념비'이기에는 충분했다.

브후테마스와 인후크를 거점으로 전개된 러시아 아방가르드 예술가들의 탐구는 새로운 사회에서의 예술의 역할과 표현 형식에 집중되었다. 큐비즘·미래주의 등 아방가르드 예술을 포함한 기존의 표현을 '피상적인 것'으로 비판하면서 물질 자체에 기초한 새로운 차원의 표현 형식을 탐색했다.• 인후크 초대 대표자를 맡은 바실리 칸딘스키가 '정신적인 것'을 강조하는•• 새로운 조형에 대한 연구 프로그램을 시작했으나 사회주의 유토피아 건설을 지향하던 예술가들로부터 개인주의적이고 부르주아적이라고 비판받으며 퇴출되었다.••• 이후 인후크 예술가들은 작업 그룹들을 결성했는데, 곧 두 진영으로 나뉘었다. 하나는 합리적이고 체계적인 조형원리 자체를 중시하는 '실험실예술' 진영이었고, 다른 하나는 예술을 일상적인 노동과 산업으로 연결하고자 한 '생산예술' 진영이었다. '실험실예술' 진영은 예술은 기능과 유용성으로 환원되지 않는 예술만의 가치와 원리를 갖는다고 주장한 반면, '생산예술' 진영은 이를 부르주아적·개인주의적 미

• 1920년 나움 가보와 앙투안 페브스너가 작성한 '사실주의 선언'이 대표적이다. 그들은 여기서 아방가르드 예술을 포함한 이제까지의 예술이 천착해온 색채·선·볼륨·매스(mass)를 현실의 본질을 겉돌 뿐인 피상적인 것들로 폄하하면서 "시간과 공간의 형식 속에서 세계에 대한 우리의 인식을 실현하는 것이 조형예술의 유일한 목표"라고 천명했다.

•• 칸딘스키는 뮌헨에서 활동하던 1912년 『예술에서의 정신적인 것에 대하여』를 저술했다.

••• 칸딘스키는 1920년 말 인후크를 나와서 과학 아카데미 순수미술 분과에 소속되어 있다가 1921년 바우하우스 교장이었던 발터 그로피우스의 초청으로 독일로 이주, 인후크의 프로그램을 바우하우스에 전수했다.

학이라고 비판하면서 예술과 산업의 작업 과정을 동일한 것으로 간주하고 예술 또한 경제적 기술 법칙에 따라야 한다고 주장했다.

이는 1914년 독일공작연맹에서 표준화 노선을 두고 예술가들이 대립했던 상황의 소비에트 판본이라 할 만했다. 독일에서 '예술가 개별성'과 '표준화-대량생산' 사이에서 충돌이 일어났다면, 소비에트에서는 '합리적-체계적 조형 원리'의 중점을 '미학적 효과'에 두느냐 '물질 생산에서의 예술의 역할' 두느냐를 두고 대립했다.

1921년 1~3월에 인후크 예술가들은 연이은 회의를 거치며 구성(composition)과 구축(construction)의 차이에 대한 치열한 토론을 벌였다. '구성'을 지지하는 쪽에게 공간과 형태는 예술로서의 건축이 갖는 독자성과 '정신적인' 측면을 전제하고 탐구해야 할 작업이었다. 반면에 '구축'을 강조하는 쪽은 '형태를 생산하는 좀 더 체계적인 방법', 즉 '개인적 창작으로부터 탈피하여 합리적이고 구조적인 엄밀성을 갖는 구축의 논리'가 중요한 관심사였다. 이러한 태도는 '구축'을 사회와 시대의 요청에 부응하는 과학-기술적 작업으로 정당화하고 '구성'을 이에 반하는 반동적인 것으로 비판하는 것으로 이어졌다. '구축'은 사회가 필요로 하는 것을 과학과 기술로써 제작하는 합리적 활동인 반면에, 구성적인 예술은 사회적 필요와는 관계없는(예술 자체가 목적인) 예술가의 자의적이고 개별적인 취향일 뿐이라고 규정되었다. '구성'은 요소들 사이의 장식성에 의존함으로써 과잉과 낭비라는 부르주아적 향락성을 드러낸다는 비판까지 더해졌다. 이 논의를 통해 '구축' 노선을 지향한 '생산예술' 진영이 우세한 위치를 점하게 되었다. 이들은 '예술의 모든 실험은 기술과 공학에 기초해 유기적인 조직과 구축을 추구'해야 한다고 주장했다. '구축'을 강조한 생산예술파의 주도 아래 구축주의 조형 이론이 정리되어갔고 이에 기초한 예술적 실험들은 브후테마스의 교육 프로그램으로 편성되었다.

구축주의는 조형사회주의라 할 만한 이념이었다. '새로운 사회에 새로운 형태를 부여한다'라는 슬로건 아래 예술 표현 형식의 기본 요소였던 색채·선·볼륨·매스 등이 배제되었다. 이러한 '구체제적' 요소들로 표현되는 예술의 내용이란 구체제의 인간상과 사회질서를 반영한 것일 터이기 때문이다. 대신에 그들은 세계를 이루는 물질 자체의 본성에 천착했다. 사회를 바꾸기 위해서는 우선 사물들에 물들어 있는 기존 체제의 가치와 의미를 지워야 하는데, 이는 사물 원래의 질료적 특성을 있는 그대로 인식하고 지각할 때 가능하기 때문이다. 그때야 비로소 그것을 다른 방식으로 구축할 수(즉, 다른 사회체제로 바꿀 수) 있을 것이기 때문이다.

구축주의 건축의 형태 원리의 핵심은 인후크의 '구축주의 제1작업그룹'이 1922년 작성한 강령에서 "진정 과학적이고 규율 있는 방식으로 실용적 구조를 창조하는 방법"으로 정리한 세 개념, 즉 텍토닉(tectonic), 팍투라(factura), 구축(construction)이었다. "구축주의자 그룹의 과제는 물질적 구조들의 공산주의적 표현을 찾아내는 것이다"로 시작하는 이 강령에 따르면 '텍토닉'은 실용적 디자인에 통일적 원리를 부여하는 이념과 형태의 관계로 이루어지는 것이고, '팍투라'는 재료 자체의 질을 실현한 것이며, '구축'은 이들이 구조화되는 과정을 드러내는 것이다.

이러한 구축주의 건축의 형태 원리는 독일공작연맹의 '합리적 즉물성'이나 '기계 미학'과 다르지 않았다. 알렉산드르 베스닌(1883~1959)은 1922년 인후크에서 한 강연에서 "기계를 구성하고 있는 모든 부품은 각각 하나의 형태로 구체화되며 … 같은 체계 속에서 작동하는 것이다. 그러므로 그 부품들의 형태나 재료는 전체 체계의 작동에 영향을 주지 않고는 임의로 버려지거나 변화될 수 없는 것이다. 이와 마찬가지로 건축가에 의해 만들어진 작품은 모든 개개의 요소에 의해 만들어지므로 그 일부분을 마음대로 제거하거나 바꾸게 되면 작품 전체에 영향을 주게 된다"라고 역설했다. 기계의 구축 방식을 건축 구축의 원리로 삼아야 한다는 주장이었다.

1923년 '실험실예술' 진영에 속하는 건축가들이 신건축가동맹(ASNOVA)을 결성하며 형태 원리를 탐구하는 활동을 본격화했고 '생산예술' 진영에 속한 건축가들 역시 형태 원리에 천착하는 경향을 보이고 있었다. 1923년 모스크바 중앙 노동궁전 설계경기에 제출된 베스닌 형제의 노동궁전 계획안(1922~23)은 최초의 구축주의 건축이라고 할 수 있을 만큼 그 형태 원리가 명확했지만 사회적 삶의 차원은 배제되어 있었다. 베스닌 형제의 또 다른 설계안인 레닌그라드스카야 프라우다 신문 모스크바 본사 계획안(1924) 역시 마찬가지였다. 이러한 형태 원리에의 천착은 또 하나의 형식주의나 양식주의에 빠져들 위험을 내포했다. 마야콥스키가 "구축주의자들은 또 하나의 심미주의 학파로 되어가는 것을 경계하여야 한다"라고 한 것은 이러한 위험에 대한 경고였다.

조형사회주의로서의 구축주의

구축주의 건축가들이 기계 미학적 양식화에 경도된 데에 대한 비판이 고조되면서 1923년 베스닌, 긴즈부르크(1892~1946) 등 '생산예술' 진영의 건축가들이 마야콥스키가 이끄는 좌파예술전선에 가입하여 실천 방향을 가다듬었다. 그다음 해인 1924년에 긴즈부르크는 자신의 저서 『양식

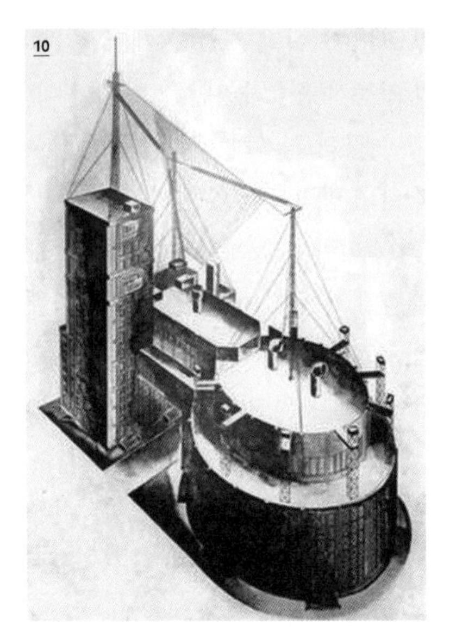

10 베스닌 형제, 노동궁전 계획안, 러시아 모스크바, 1922~23

11 베스닌 형제, 레닌그라드스카야 프라우다 신문 모스크바 본사 계획안, 러시아 모스크바, 1924

과 시대』에서 "건축가는 더 이상 삶을 장식하는 사람이 아니라 삶을 조직하는 사람이 되어야 한다"고 썼다.

1925년 이들은 현대건축가동맹•(OSA)을 결성했다. 그들은 기관지인 건축잡지 『현대 건축』 창간호(1926)에서 "현대 건축은 반드시 새로운 사회주의적인 삶의 방식을 구체화해야 한다!"라고 선언했다. 긴즈부르크는 다른 글에서 "건축이 현대적 기술이 제공하는 형태들을 모방하는 것은 매우

• 긴즈부르크, 베스닌 등 브후테마스 건축가들이 결성한 조직이다. 1930년까지 활동했다. 신건축가동맹 건축가들을 형식주의자라고 비난하며 사회주의 건설을 위한 건축을 지향했다. 그러나 그들이 구사한 건축 형태는 신건축가동맹이나 서유럽 신즉물주의 건축가들과 큰 차이가 없었다. 실제로 이들은 CIAM 회원으로 참여하는 등 서유럽 건축가들과 지속적으로 교류했다.

나이브한 짓"이라고 썼다. 새로운 건축을 구축하는 데에 기술과 기능이 중요하지만 그 자체가 형태적 미학의 대상이 되는 것을 극히 경계하면서 건축은 더 이상 미학의 대상이 아니라 삶의 방식을 다루는 일임을 전면에 내세웠던 것이다.

구축주의자들에게 건축은 새로운 삶의 방식을 조직하고 훈련시키는 장치였다. 그런 의미에서 그들은 건축을 '사회적 응축기'라고 불렀다. 사회적 응축기는 생활방식을 변형시키는 일종의 기계였다. 자본주의 체제의 산물인 예전의 인간을 사회주의적인 '새로운 인간'으로 변형시키는 기계장치인 것이다. 건축과 도시계획은 이를 통해 사회 변혁의 힘을 응축하는 수단이어야 했다.

일찍이 19세기 말 수공예 운동에서 정초된 '재료의 솔직한 표현'이라는 소박한 원리가 소비에트에 이르러 사회 변혁의 원리로 재탄생한 것이다. 이러한 논리와 기치 아래 현대건축가동맹 건축가들은 노동자들의 새로운 삶의 방식을 염두에 두고 작업했다. 나르콤핀 공동주택(1928~30)을 위시한 긴즈부르크의 일련의 주거 건물들, 베스닌 형제의 노동자 클럽(1928)과 프롤레타르스키지구 문화궁전(1930~37) 등이 대표적이다.

그러나 구축주의 건축가들의 설계가 실제 건축으로 구현되는 일은 많지 않았다. 대부분은 계획안에 그쳤다. 소비에트의 주요한 건축물들은 대체로 역사주의 건축가들에게 맡겨졌다. 구축주의 건축가들의 설계를 실현하기에 소비에트의 산업 생산 수준이 너무 낮았고, 구축주의 건축이 소련 사회의 주류에 오르지 못했기 때문이기도 했다.

최초의 구축주의 건축이라고 일컬어지는 베스닌의 모스크바 노동궁전 계획안은 설계경기에서 3등에 그쳤다. 1등은 신고전주의적인 건축가 노이 트로츠키(1895~1940)의

12

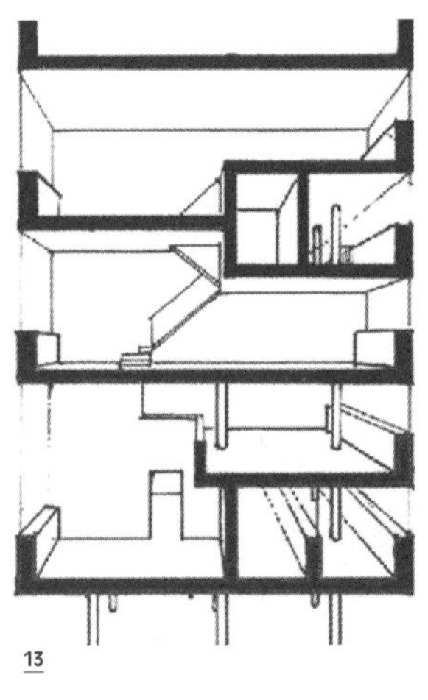

13

14

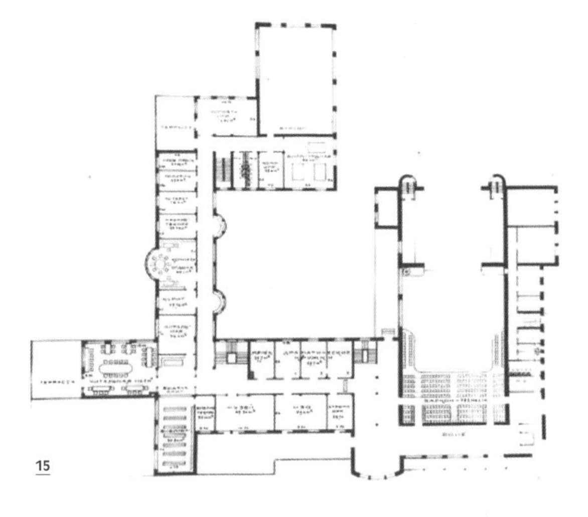

15

12 모이세이 긴즈부르크, 나르콤핀 공동주택, 러시아 모스크바, 1928~30

13 나르콤핀 공동주택 단면도

14 베스닌 형제, 노동자클럽, 아제르바이잔 바쿠, 1928

15 노동자클럽 평면도

16 베스닌 형제, 프롤레타르스키지구 문화궁전, 러시아 모스크바, 1930~37

16

노이 트로츠키, 노동궁전 설계경기 당선안 투시도, 평면도, 실내 투시도, 1923

17

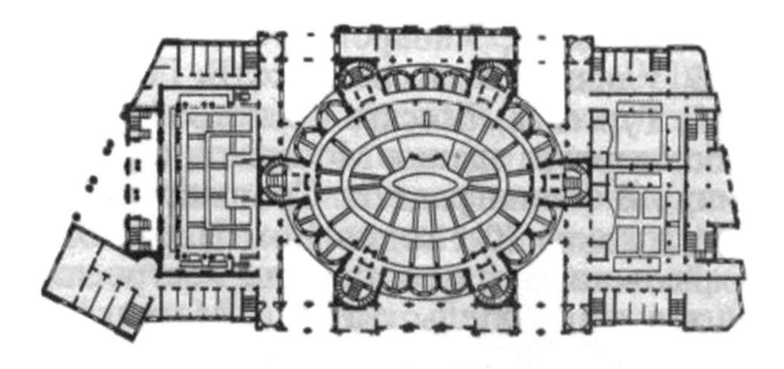

안이었다. 당시 심사위원 중에는 역사주의 건축가 진영의 대표 격인 이반 졸토프스키(1867~1959), 알렉세이 슈세프(1873~1949)가 포함되어 있었다. 팔라디오주의자였던 졸토프스키와 신고전주의와 구축주의 사이를 오가던 슈세프는 모두 브후테마스의 교수였다. 그중 졸토프스키는 모스크바 재개발 마스터플랜을 지휘하는 등 레닌의 신뢰를 받는 소비에트 건축계의 중추였다. 구축주의와는 전혀 다른 기치를 내걸며 대립하던 예술가 조직의 기세도 등등했다. 레온 트로츠키 등 주요 정부 관료들과 붉은 군대의 지지를 받으며 소비에트에서 영향력을 유지했던 혁명러시아예술협회가 대표적이다. 1922년 설립된 혁명러시아예술협회는 "혁명 상황을 사실적으로 묘사해야 한다"라는 사실주의를 표방하면서 인후크를 위시한 구축주의 아방가르드 예술가들의 작업을 프랑스제국 부르주아 계급의 예술이라고 비판했다.•

브후테마스는 존립했던 짧은 기간에 통일된 원칙을 보여준 적이 한 번도 없었다. 바우하우스와는 대조적으로 이질적 구성원들로 이루어져 교육 방법과 내용에 대한 합일점을 찾지 못했다. 브후테마스에서 건축을 가르치던 사람들 중 진정한 구축주의자는 소수였다. 건축 현실에 가까이 갈 기회가 적었던 구축주의자들은 관념적인 구축 원리에 집착하게 되었고, 머지않아 구축주의 건축은 '비현실적'이라는 비판에 직면하게 된다.

구축주의 건축가들이 당면했던 또 하나의 어려움은 그들의 설계를 실현하기에는 당시 소비에트의 산업 생산 수준이 너무 낮았다는 것이었다. 근대적 재료도 그것을 실행할

• 혁명러시아예술협회는 1928년 이후 혁명예술협회로 재편되어 정부 지원 아래 사회주의 사실주의 예술의 기반을 제공하며 1932년까지 활동했다.

수 있는 수단도 존재하지 않았다. 대량생산하도록 디자인된 사물과 가구는 그들의 디자인과 완전히 모순되는 수공업적인 방법을 통해서 하나하나 제작되었다. 그러니 제작 과정이 힘들고 생산 원가도 높았다. 수요자인 노동자와 농민의 생활 공간과 삶의 방식에도 어울리지 않았다. 구축주의의 지향인 예술과 산업의 결합은 사실상 불가능했다.

산업과 예술의 결합을 목표로 삼기는 마찬가지였던 독일공작연맹(1907~38)이나 바우하우스(1919~33)의 상황은 매우 달랐다. 19세기 후반부터 비약적으로 발전한 독일의 산업과 기술은 당대 최고 수준이었고, 산업체들 역시 예술의 유용성을 인지하고 있었다.

산업주의 진보 이념과 모더니즘 건축

제1차 세계대전 직후 서유럽 예술계는 전쟁의 충격으로 표현주의 경향이 일고 있었으나 한편에서는 합리주의적 기계미학의 흐름이 지속되고 있었다. 1917년 잡지 『데 스테일』(1917~31)을 중심으로 네덜란드에서 테오 판 두스뷔르흐(1883~1931) 주도로 결성된 비공식 예술 운동 그룹 데 스테일이 대표적이었다. 데 스테일은 네덜란드가 전쟁에서 중립을 지켰던 탓에 1914년 이후 유럽 다른 나라 예술계와 교류가 쉽지 않았던 분위기 속에서 네덜란드 아방가르드 예술가들이 결성한 그룹이었다. 헤릿 리트펠트(1888~1964), 피에트 몬드리안(1872~1944), 야코부스 오우트(1890~1963) 등이 참여했으며, '개인을 초월한 보편적 양식'을 지향했다. 장식을 배제한 기하학적 형태와 기계 생산 재료 등을 사용하면서 회화·디자인·도시계획 등 모든 예술 분야에서 계급을 구별 짓는 접근이나 세련미를 내세우는 개인주의적 접근 일체를 반대했다.

그들은 1918년에 발표한 '데 스테일 선언'에서 "낡은 시대의식은 개인적인 것으로 향한다. 새로운 시대의식은 보편적인 것으로 향한다", "전통과 도그마와 개별자의 지배가 새로운 시대의식의 실현을 가로막"고 있으므로 "발전을 막는 장애물들을 박멸"해야 한다고 촉구했다. 이 선언에서 "새로운 예술은 보편자와 개별자의 균형을 지향"한다고 한 것에서 그들이 예술에서 예술가의 개별적 창조 행위의 가치를 옹호하고 있음을 확인할 수 있지만 방점은 '보편자'의 추구에 찍혀 있었다. 그리고 조형예술에서 그것은 "순수한 예술적 표현", 즉 순수 추상을 통해서만 가능했다. 모든 개별성을 넘어선 추상을 통해 보편성에 도달하려는 시도로서, '인간 이성(과학기술과 산업 발전)에 의한 역사 발전'이 보편적이고 본질적인 질서이자 원리라는 믿음과 이를 지지하는 예술의 임무에 대한 신념의 발로였다.

눈에 보이지 않는 개념과 원칙을 표현하는 '추상'을 통해 보편성에 도달하려는 노력은 현실세계와의 유리를 초래하기 마련이다. 더욱이 추상은 주관적 또는 개별적 구상과 표현이 필연적이다. 그들은 수요자의 기호 같은 개별적인 것에 대한 표현을 반대하며 보편성을 추구했지만, 정작 예술가 자신들 작업의 개별성에 대해서는 함구했다. 스스로는 주관성에 탐닉하면서 그 결과는 보편적이어야 하는 모순이 내재했다.

그러나 이 모순은 '과학기술과 산업 발전에 의한 진보'라는 유토피아 이념을 통해 무마되었다. '현실과 유리'되는 문제 역시 '산업기술과 연결된 예술'을 실천한다는 명목으로 무마되었다. 더욱이 독일공작연맹을 중심으로 산업주의 조형의 원리와 미학이 즉물성 개념에 기초해 정리되고 있었다. 예술가의 개별성은 유지하면서 보편적 이성이 일구어가는 진보(산업기술 발전)를 지지하는 산업주의 기계 미학이

18 헤릿 리트펠트, 빨강 파랑 의자, 1923(색 없는 최초 디자인은 1917)

19 헤릿 리트펠트, 슈뢰더 주택, 네덜란드 위트레흐트, 1924

데 스테일의 지향점이었다.• 리트펠트는 자신이 디자인한 의자(1917)와 슈뢰더 주택(1924)에서 구성 요소들의 독립성을 강조했다. 각 요소가 언제라도 분해-재결합되어 다른 가구와 다른 구축물로 조립될 수 있으리라는 것, 다시 말해 이들이 기계에 의한 대량생산을 기다리고 있음을 표현한 것이다. 비록 실제 대량생산으로 연결되는지 여부보다는 그러한 입장을 '표현'하는 것이 중요했지만 말이다.••

데 스테일뿐 아니라 서유럽 모더니즘 예술가들에게 폭넓게 퍼져 있던 이러한 미학적 태도는 1922년 이후 러시아 구축주의의 영향이 더해지면서 더욱 강고해졌다. 소비에트 연방 정부가 1921년 신경제정책•••을 추진하면서 서유럽과 교류가 늘어나는 가운데 서유럽 모더니즘 예술가들에게 러시아 구축주의 예술 이념과 작품이 알려졌다. 특히 러시아 인후크 내 노선 투쟁에서 밀려난 칸딘스키, 가보, 페브스너, 리시츠키 등이 1921~23년 유럽으로 이주하면서 러시아 구

• 이런 점에서 데 스테일 예술가들이, 1914년 독일공작연맹의 표준화 논쟁에서 예술가 개별성의 유지를 주장하며 표준화를 반대한 예술가들과 동일한 입장일 것임을 쉽게 짐작할 수 있다.

•• 영국의 건축 비평가 레이너 배넘은 자신의 박사논문이기도 한 『제1기계시대의 이론과 디자인』(1960)에서 이를 두고, "1920년대 국제주의-기능주의 건축은 기술에 기초한 건축이 아니라 기계와 기술에 대한 상징과 이상을 표현한 아카데미즘 건축이었다. … 1920년대 건축가들은 기계시대에 건축을 했고 기계에 대한 그들의 태도를 표현했을 뿐이다. … 그들의 성취는 (미학의 혁신을 통해서가 아니라 비경제적인 것을 폐기하는 방식으로) 우연히 얻어진 것일 뿐 기계시대에 걸맞은 건축이 아니다" 그리고 "지금 제2기계시대의 건축 역시 마찬가지 상황"라고 지적했다.

••• 소비에트 정부가 1921~27년 시행한 경제 정책. 생산력 수준이 낮은 상황에서 사회주의 건설을 위해 과도기적 단계가 필요하다는 취지에서 농민의 수확물 자유판매, 소기업 경영, 상거래 등 자본주의적 제도를 인정했다. 1927년 말 권력을 장악한 스탈린이 중공업 발전 정책을 추진하면서 폐기했다.

축주의 예술, 정확히는 '실험실예술' 진영의 조형 이념과 원리가 본격적으로 전파되었다.•

소비에트연방에서 자란 '새로운 사회 건설과 새로운 인간상의 창조'라는 기조는 서유럽에서 '산업 발전에 의한 유토피아 건설'로 대체되어 '삶과 예술의 통일'이라는 구축주의 이념이 무리 없이 받아들여졌다. 구축주의 예술가들이 진전시킨 객관적이고 체계적인 조형 원리도 즉물성·기계 미학·보편성이라는 기존 개념을 강화해주며 이입되었다. 이것은 1920년대 내내 서유럽 예술가들이 러시아 구축주의 예술가들과 별다른 충돌 없이 교류를 지속할 수 있었던 이유이기도 했다.••

한편 1923년쯤부터 독일 예술계에서는 전쟁 후 주류를 점했던 주관적이고 비합리적인 표현주의를 비판하며 즉물적 대상을 파악함으로써 실재감을 회복해야 한다는 주장, 즉 객관적인 질서를 다시 강조하는 흐름인 신즉물주의가 확산된다. 회화예술에서는 게오르게 그로스(1893~1959), 오토 딕스(1891~1969) 등을 중심으로 구상적 회화가, 사진에서는 자의식적이고 시적인 사진보다는 사실 기록적 사진이,

• 칸딘스키는 1921년 독일로 이주하여 바우하우스에서 가르치다가 1934년 파리로 이주했다. 가보는 1922년 베를린으로 이주한 후 파리, 런던을 거쳐 1946년 뉴욕에 정착했고 페브스너는 1923년 파리로 이주하여 평생을 살았다. 한편 리시츠키는 1921년부터 소련의 문화 외교관 직책으로 베를린, 파리 등과 모스크바를 오가는 활동을 하다가 1927년 이후 소련에 남았다.

•• 서유럽 건축가들은 1920년대 초 러시아에서 이주한 예술가들을 통해 구축주의를 접했지만 1920년대 후반부터는 직접적 교류가 활발해졌다. 르 코르뷔지에는 멜리니코프 초청으로 1928년 모스크바를 방문했고, 현대건축가동맹 건축가들 중 일부는 현대건축국제회의(CIAM) 회원으로 참여하여 르 코르뷔지에 및 바우하우스 건축가들과 교류했다. 현대건축가동맹의 긴즈부르크와 니콜라이 콜리는 현대건축국제회의 집행부의 일원이었다. 1932년에는 모스크바에서 두 단체 건축가들의 회합이 있었다.

20 게오르게 그로스, 「공화국의 자동장치」, 1920

연극에서는 개인적 표현주의를 반대하며 협력적 공동 창작을 지향하는 '브레히트식 공동주의'가 출현했다. 음악가들은 표현주의와 인상주의 음악의 주관성과 모호성을 비판하며 사회생활의 필수품으로서 '실용음악'을 추구했다.

회화와 달리 본질적으로 비구상인 건축에서 신즉물주의는 당시의 표현주의 건축을 비판하며 기능주의 및 재료·기술의 솔직한 표현을 강조하는 방향으로 나아갔다. 이는 전쟁 전 독일공작연맹이 추구하던 즉물적이고 기계 미학적인 태도로 복귀함과 동시에 이를 더욱 강화하는 것이었다. 그리고 데 스테일과 러시아 구축주의의 조형 원리와도 부합하는 것이었다. 1920년대 서유럽 모더니즘 건축가들의 관심은 기술-산업주의와 기계 미학을 향한 흐름으로 합류하고 있었다.

바우하우스 이 모든 흐름이 모여든 곳이 바우하우스였다. 1919년 국립 바이마르 예술공예학교와 국립 미술학교를 통합한 학교의 교장으로 그로피우스가 취임하면서• 학교 이름을 바우하우스로 바꾼 것이 시작이었다. 초기에 그로피우스는 미술공예 운동의 정신을 계승하여 '조각·회화·공예 등 예술에서 기예(craft)의 질을 회복하고 이 모두를 통합한 총체적 예술로서의 건축을 구현'하는 것을 목표로 기능과 형태의 통일을 강조한 수공예적인 예술 교육에 치중했다.•• 그러나 독일에서는 이미 그로피우스 자신이 구성원이기도 한 독일공작연맹을 위시하여 '산업 발전과 연결된 디자인'을 지향하는 모더니즘 이념이 많은 예술가와 건축가에게 공유되고 강화되고 있는 상황이었다. 네덜란드의 데 스테일도 이런 흐름 속에 있었다. 자연히 바우하우스의 수공예적 교육에 대한 비판이 적지 않았다.

전환점은 1922년이었다. 5월에 뒤셀도르프에서 열린

• 1906년 설립된 예술공예학교 초대 교장인 판 더 펠더가 1915년 독일인이 아니라는 이유로 사임하게 되면서 후임으로 그로피우스 등을 추천했다. 제1차 세계대전으로 후임 교장 인선이 지연되다가 1919년 바이마르공화국 치하에서 두 학교를 통합하며 그로피우스가 교장으로 임용되었다.

•• 1919년 창립 당시 바우하우스의 목표는 크게 세 가지였다. 첫째는 건축 속에서 조각·회화·공예 등 모든 장르를 통합하는 것, 둘째는 공예의 질을 예술의 수준으로 끌어올리는 것, 셋째는 공예 및 산업 지도자들과 부단히 접촉하는 것이었다.

'전위예술가 국제회의'에서 '국제구축주의파'가 결성되었다. 이들은 단순히 미적이거나 실용적인 쟁점보다는 사회 혁신의 관점을 공유하는 전위예술가들이 국제적으로 연대한다는 전망에 합의했다. 이어서 같은 해 10월에는 베를린에서 제1회 러시아 예술전이 열렸다. 가보, 리시츠키 등이 주도하며 예술가 167명 작품 700여 점이 전시된 이 전시회는 성황을 이루며 구축주의에 대한 관심을 확산시켰다.

그로피우스는 1923년 구축주의를 지지하며 산업과 디자인의 결합을 주장하던 라슬로 모호이너지를 새로운 교수로 영입했다. 바우하우스의 교육 과정 역시 합리적 디자인을 강조하며 실생활용 공업 제품을 디자인하는 쪽으로 재구성되었다. '대량생산되는 제품을 미학적으로도 아름답게 만들어, 대중이 질 높고 아름다운 제품을 저렴한 가격으로 향유할 수 있도록 하자'는 독일공작연맹의 목표가 한편으로는 러시아 구축주의의 조형 원리로, 다른 한편으로는 미국의 공업 발전에 자극받은 산업주의적 진보 이념으로 재무장했다고 할 만한 것이었다.•••

바이마르가 속한 튀링엔 주정부의 지원을 받고 있던 바우하우스는 이러한 교육 방향에 비판적인 보수적 정치 세력에 의해 예산을 삭감당하는 등의 압박을 받자 1925년 작센안할트주 데사우로 이전했다. 교장이었던 그로피우스가 설계한 데사우 바우하우스 교사(1925~26)는, 러시아 브후테마스의 영향이 짙은 모더니즘 건축의 교본이었다. 브후테마스의 독일 판본이라 할 만한 바우하우스는 산업과 결합된 디

••• 1923년 독일에서는 헨리 포드의 자서전이 번역되어 발간되고, 이어 쾰른에 자동차 조립 라인이 세워졌다. 진중권은 『진중권의 서양미술사: 모더니즘 편』에서 바우하우스를 "러시아 구축주의의 이념적 성격을 미국의 포디즘의 경제 논리에 적용시킨 것"으로 평가했다.

21

22

21 발터 그로피우스, 바우하우스 교사, 독일 데사우, 1925~26

22 발터 그로피우스, 바우하우스 기숙사, 독일 데사우, 1925~26

23 바우하우스 디자인: 에리히 디크만, 의자, 1925

24 바우하우스 디자인: 마리안네 브란트, 주전자, 1924

23

24

자인 교육 프로그램을 운영하면서 독일 예술계의 거점으로 활약했다. 바우하우스는 1927년 건축 교육 프로그램을 시작했고, 건축 교육을 실제 설계 프로젝트와 연결하며 성과를 올리기도 했다.

역사주의 건축의 지속과 모더니즘 건축의 양적 성장

바우하우스가 본격적인 활동을 시작하던 1920년대에도 종래의 절충주의 건축은 여전히 많이 지어졌다. 국가가 발주하는 공공 건축 대부분이 역사주의 진영의 건축가들에게 맡겨졌고 호텔·은행·사무실 등 대규모 상업건물들 역시 고전주의 취향으로 설계되었다. 영국의 교회 건축은 여전히 고딕 양식으로 지어졌다. 자일스 길버트 스콧(1880~1960)의 리버풀 대성당(1904~78)이 제1차 세계대전 전부터 짓기 시작한 근대적 고딕 성당의 전범이라면, 에드윈 루티엔스(1869~1944)가 런던에 설계한 석유회사 사옥 브리태닉 하우스(1921~25)와 미들랜드 은행 본사 건물(1933~35)은 전쟁 후에도 여전한 역사주의 건축의 영향력을 확인시켜준다. 미국의 초고층건물들 역시 시카고파의 분투에도 불구하고 고딕 양식의 장식적 차용이 대세였다.• 시카고파 기능주의 건축의 퇴조는 1893년 시카고 박람회에서 이미 확실해지고 있었다. 당시 박람회 건축을 지휘한 대니얼 버넘의 절충주의 건축으로 꽉 채운 '백색도시'는 설리번을 비롯해 시카고파를 이끌었던 유수한 시카고 건축가들이 뜻을 같이한 결과였다. 이러한 속절없는 전향은 고층 건축 붐 속에 그들이 일구었던 기능주의적 건축의 성취가, 비평가 레이너 배넘이 기능주의 건축에 가한 혹평처럼, '미학의 혁신을 통해서가

• 시카고의 리글리 빌딩(1920~24)과 시카고 템플 빌딩(1923~24), 뉴욕의 뉴욕 라이프 빌딩(1926~28) 등이 고딕 양식으로 건축된 대표적 사례다.

25 에드윈 루티엔스, 브리태닉 하우스, 영국 런던, 1921~25

26 에드윈 루티엔스, 미들랜드 은행, 영국 런던, 1933~35

27

28

29

30

31

32

27 그레이엄, 앤더슨, 프로브스트 앤드 화이트, 리글리 빌딩, 미국 시카고, 1920~24

28 올러버드 앤드 로시, 시카고 템플 빌딩, 미국 시카고, 1923~24

29 레이먼드 후드와 존 미드 하우얼스, 시카고 트리뷴 신문사 사옥, 미국 시카고, 1923~25

30 엘리엘 사리넨, 시카고 트리뷴 신문사 사옥 설계경기 2등 안

31 올러버드 앤드 로시, 시카고 트리뷴 신문사 사옥 설계경기 3등 안

32 그로피우스와 마이어, 시카고 트리뷴 신문사 사옥 설계경기 제출안

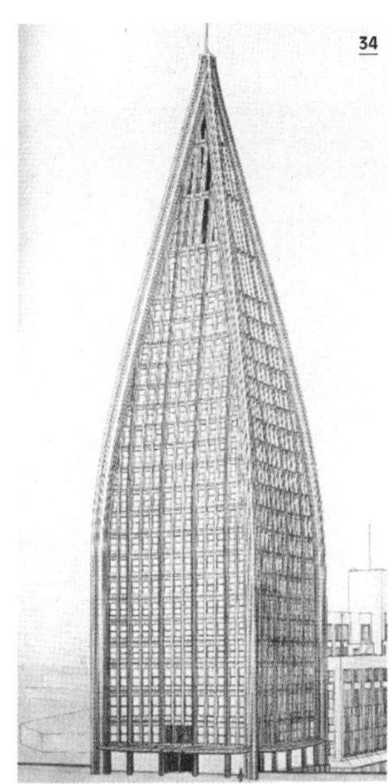

33 막스 타우트, 시카고 트리뷴 신문사 사옥 설계경기 제출안

34 브루노 타우트, 시카고 트리뷴 신문사 사옥 설계경기 제출안

35 루트비히 힐버자이머, 시카고 트리뷴 신문사 사옥 설계경기 제출안

36 아돌프 로스, 시카고 트리뷴 신문사 사옥 설계경기 제출안

37 장식미술 및 현대산업 박람회, 프랑스 파리, 1925

38 빅토르 오르타, 장식미술 및 현대산업 박람회 벨기에관, 프랑스 파리, 1925

39 파울 키스, 꿩 장식 그릴, 장식미술 및 현대산업 박람회 전시 공예품, 1925

40 콘스탄틴 멜리니코프, 장식미술 및 현대산업 박람회 소비에트관, 프랑스 파리, 1925

41 르 코르뷔지에, 장식미술 및 현대산업 박람회 레스프리누보관, 프랑스 파리, 1925

37

38

39

40

41

아니라 상업적인 동기에서 비경제적인 것을 폐기하는 방식으로 우연히 얻어진 것'일 뿐임을 예증하는 에피소드였다. 1922년에 있었던 시카고 트리뷴 신문사 사옥 설계경기에서는 모더니즘 건축가들의 응모안들이 낙선하고 당선작은 물론 2, 3등 안을 모두 신고딕 양식에 기초한 설계안이 차지했다. 당시 미국 건축에서의 승자는 역사주의 양식이라는 사실을 확인하는 상징적 사건이었다.•

그러나 1920년대 후반부터 변화가 뚜렷해졌다. 바우하우스를 중심으로 한 예술가와 건축가의 영향으로 유럽 전역에서 합리주의적이고 구축주의적인 건축 생산이 증가했다. 여러 나라에서 경쟁적으로 개최된 국제 박람회와 전시회 또한 모더니즘 건축이 효과적으로 소개되고 보급되는 데에 일조했다.

1925년 파리에서 열린 장식미술 및 현대산업 박람회의 주제는 현대적 양식(Style Moderne)의 장식 미술과 건축이었다. 당초 1915년 개최하기로 기획되었으나 전쟁 때문에 연기되었고, 전쟁 후에도 경제 사정 때문에 계속 연기되다가 겨우 열린 전시회였다. 전쟁으로 막대한 타격을 입었지만, 전쟁 직전까지 '벨 에포크'를 구가했던 프랑스 제3공화정은 예술을 산업 발전과 연결시키는 데에 적극적이었다. '현대적'이고 '산업 생산과 연결된' 예술을 지향하며 개최된 전시회에서 주인공은 단연 '현대적' 장식 양식인 아르데코 양식••이었다. 아르데코 장식예술과 건축이 주류를 이룬 가운데 멜

• 1~3등에 각각 5만 달러, 2만 달러, 1만 달러의 상금을 내걸었던 이 설계경기에서 레이먼드 후드와 존 미드 하우얼스의 1등 안, 엘리엘 사리넨의 2등 안, 홀러버드 앤드 로시 건축사무소의 3등 안 모두 고딕 양식에 기초한 안이었다. 그로피우스·마이어, 막스 타우트, 루트비히 힐버자이머, 아돌프 로스 등의 안은 순위에 들지 못했다.

리니코프의 소비에트관과 르 코르뷔지에의 레스프리누보관이 구축주의와 합리주의의 존재를 알렸다.

1927년 슈투트가르트에서 열린 독일공작연맹 전시회 일환으로 조성된 바이센호프 주거지에서는 르 코르뷔지에, 미스 반 데어 로에, 베렌스, 오우트, 타우트 등 모더니즘 건축가 17명이 각자의 주거 건축을 선보였다. 이 전시회는 노동자 주거의 원형을 제시한다고 홍보되었지만 실제로 건축된 주택들은 건축가들의 개인적 성향이 강했고 공사비가 비쌌을 뿐 아니라 공업 생산을 위한 조치들이 보이지도 않았다. 그러나 건축가들의 서로 다른 작품들 속에서 일관되게 구현된 합리주의적 형태는 대중에게 모더니즘 건축을 각인시키기에 충분했다.

1929년 바르셀로나 박람회는 스페인 카탈루냐 지역의 정치적·문화적 독자성을 찾으려는 운동인 누센티스메•••가 탄력을 받은 분위기 속에서 개최되었다. 당시 스페인은 정치적으로 혼란했다. 제1공화정(1873~74)이 2년을 버티지 못하고 쿠데타로 무너졌고 왕정으로 복고되고서도 정치가 안정을 찾지 못했다. 이후 보수당과 자유당이 교대로 집권하는 입헌군주제가 시행되었으나 1923년에 다시 미겔 프리모 데 리베라의 지휘 아래 군부 쿠데타가 일어나면서 정당들이 폐지되고 왕정이 존속한 채 독재 통치(1923~31)가 이루어지

•• 아르누보의 한 계열로 1910년대 프랑스에서 시작된 조형 양식이다. 섬세한 공예적 디테일과 고급 재료를 기하학적 형태로 결합한 것이 특징이다. 아르데코라는 이름은 1925년 파리 박람회의 명칭에서 '장식미술'을 뜻하는 아르 데코라티프(arts décoratifs)를 줄여서 만든 것이다.

••• 누센티스메(Noucentisme)는 숫자 '9'와 '새로운'을 뜻하는 카탈루냐어 'nou'를 활용한 조어로 '새로운 1900년대'를 의미한다. 1920년대에 이탈리아 전통의 예술로 회귀하자고 주장하며 밀라노에서 일어난 노벤첸토(Novencento) 운동이 이와 맥을 같이한다.

42 독일공작연맹 슈투트가르트 전시회, 바이센호프 주거지, 1927

43 르 코르뷔지에와 피에르 잔느레, 바이센호프 주거지 2가구용 빌라와 1가구용 빌라, 1927

44 미스 반 데어 로에, 바이센호프 주거지 아파트, 1927

43

44

45 에우헤뇨 센도야와 엔리크 카타, 바르셀로나 박람회 주 전시관 국립 궁전, 스페인 바르셀로나, 1929

46 미스 반 데어 로에, 바르셀로나 박람회 독일관, 스페인 바르셀로나, 1929

47 군나르 아스플룬드, 스톡홀름 전시회 파라다이스 레스토랑, 스웨덴 스톡홀름, 1930

48 군나르 아스플룬드, 스톡홀름 전시회 입구 파빌리온, 스웨덴 스톡홀름, 1930

49 비르예르 욘손, 스톡홀름 전시회 빌라 52, 스웨덴 스톡홀름, 1930

50 아콘 알베리, 스톡홀름 전시회 빌라 48, 스웨덴 스톡홀름, 1930

던 때였다.* 19세기 들어 산업화에 뒤처진 채 아메리카 식민지를 상실하며 국제 열강에서 밀려난 스페인에서 카탈루냐 지역은 그 위상이 남달랐다. 바르셀로나를 중심으로 공업이 발달해 스페인에서 가장 부유한 지역이었고, 민족주의 세력은 자치권까지 요구할 정도로 강했다. 30년 전인 1888년에도 이미 바르셀로나 만국박람회가 개최되어 카탈루냐 지역의 특별한 지위를 과시한 바 있었다. 이러한 정치경제적 상황 속에서 누센티스메 물결과 함께 다시 한번 카탈루냐 발전상을 과시하려는 바르셀로나 박람회가 개최된 것이다. 카탈루냐 아르누보, 즉 모데르니스메(Modernisme)에 반대하며 주로 복고적 고전주의를 지향하던 누센티스메의 보수적 분위기에 따라 박람회 주요 건물인 국립 궁전이 고전주의 양식으로 건축되는 등 역사주의가 박람회장을 장악했다. 이 와중에 미스 반 데어 로에의 독일관이 바우하우스 합리주의 건축의 진수를 보여주며 세간의 이목을 집중시켰다.

이듬해인 1930년에 개최된 스톡홀름 전시회는 정반대로 합리주의가 지배한 전시회였다. 스웨덴은 17세기에 강력한 군사력으로 스칸디나비아반도와 발트해를 지배했으나 이후 빈곤한 농업국가에 머물러 있었다.1809년 왕정에서 입헌군주정으로 전환한 스웨덴은 19세기 내내 느리게 변화하다가 1870~1930년에 공업이 빠르게 발전했다. 경제가 발전함에 따라 노동조합, 시민단체, 독립적 종교단체 등 풀뿌리

• 1923년 군사 쿠데타로 수상이 된 리베라의 독재는 1931년 국민투표로 왕정이 폐지되고 제2공화정이 수립되며 막을 내린다. 이후 1936년 총선에서 좌파 계열 정당이 연합한 인민전선이 승리를 거두면서 단호한 사회 개혁이 대거 추진되었고, 이에 군부를 포함한 보수 세력이 반발해 프란시스코 프랑코가 군사 반란을 일으키며 내전(1936~39)이 시작되었다. 서구 민주 세력의 지지를 받은 인민전선과 독일 나치가 지원한 프랑코의 전쟁에서 프랑코가 승리했고, 그가 사망하는 1971년까지 독재를 계속했다.

사회조직이 성장했고 정치에서도 1889년 스웨덴 최초의 근대적 정당인 사회민주당이 결성되었다. 1917년 집권에 성공한 사회민주당 정부의 효과적인 산업 민주주의 정책 아래 경제성장과 민주주의의 진전을 동시에 이루며 민주적 복지자본주의 사회의 모델로 여겨지는 정치경제체제를 일구어갔다. 1920년대 스웨덴에서는 사회 진보를 이끄는 합리주의적 사고가 지배적이었다. 스톡홀름 전시회를 주도한 그레고르 파울손(1889~1977)은 예술사가로서 스웨덴 예술협회를 이끌던 인물이었다. 1927년 슈투트가르트 바이센호프 전시회에 고무된 그는 이와 유사한 전시회를 통해 스웨덴에 합리주의 건축을 확립하려 했다. 기획 의도대로 모더니즘 건축물들을 대거 선보이면서 스톡홀름 전시회는 스웨덴에서 모더니즘 건축이 주류로 자리 잡는 계기가 되었다. 이전까지 신고전주의적 경향을 보이던 군나르 아스플룬드(1885~1940)가 파라다이스 레스토랑과 입구 파빌리온으로 모더니즘으로의 전환을 알렸고, 여러 스웨덴 건축가들이 재료의 성격을 그대로 드러내고 장식 없이 단순한 형태를 사용한 모더니즘에 충실한 주거 건축을 선보였다.

노동자를 위한 집합주택과 유토피아

모더니즘 건축의 확산과 지위 상승에 결정적인 영향을 미친 것은 노동자용 주거 건축이었다. 영국 런던시가 1890년대부터 노동자용 임대주택을 직접 건설하여 공급하는 정책을 진행하고 있었지만 그 외 대부분의 국가에서는 자선단체 등이 기획한 사회주택(social housing) 건설 자금을 정부가 보조해주는 방식이 일반적이었으며 정부가 직접 임대주택을 건설하여 공급하는 일은 드물었다. 그러나 제1차 세계대전 이후 좌파가 정권을 잡은 유럽 주요 도시들에서 사회민주주의적 도시 정책이 추진되면서 노동자 계급을 위한 공공임대주택 건설·공급이 핵심 정책으로 부상했다.

노동자들을 위한 집합주택 건축은 역사주의 양식의 기념비적 건축에 익숙한 기성 건축가들에게는 낯선 일이었다. 반면, '사회 개혁'과 '새로운 건축'을 강령으로 삼고 있던 진보적 모더니즘 건축가들에게는 더할 나위 없이 적합한 과업이었다. 주요 도시들에서 개혁적 모더니즘 건축가들이 시정부의 건축책임을 맡았고, 이들의 주도로 각지에 공공임대주택 건설 사업이 진행되었다.• 프랑크푸르트에서는 에른스트 마이의 뢰머슈타트(1927~29), 프라운하임(1926~29), 베스트하우젠(1929~31), 베를린에서는 브루노 타우트와 마르틴 바그너 등의 브리츠(1925~30), 온켈 톰스 휘테(1926~31, 발트 주거단지라고도 한다), 후고 헤링과 그로피우스 등이 참여한 지멘스슈타트(1929~31) 등 대규모 집합주거단지들이 건설되었다. 암스테르담에서는 남부지구를 대상으로 한 헨드릭 페트뤼스 베를라허의 도시계획(1915~17)과 이에 이은 공공임대주택 건설 사업들이, 로테르담에서는 시 당국이 개발 마스터플랜을 작성하고 오우트가 설계한 슈팡엔 지역 주거 블록(1918~20)과 키프훅 지역 주거 블록(1928~30), 그리고 브링크만이 설계한 주거 블록(1919~22)이, 빈에서는 카를 엔이 설계한 거대한 중정형 주거 블록 카를 마르크스 호프(1927~30)가 대표적 사례로 꼽힌다.

그들에게 공공임대주택 건설은 진보하는 역사가 도달할 유토피아를 향한 건축적 실천이었다. 위생적으로 불결하

• 프랑크푸르트에서는 에른스트 마이(1896~1970)가 1925~30년에, 베를린에서는 마르틴 바그너(1885~1957)가 1925~33년에, 함부르크에서는 프리츠 슈마허(1869~1947)가 1909~33년에, 암스테르담에서는 코르네릴스 판 에이스테른(1897~1988)이 1929~59년에, 빈에서는 카를 엔(1884~1959)이 1921~50년에 총괄건축가(city architect)로 일했다.

51 에른스트 마이, 프라운하임 주거단지, 독일 프랑크푸르트, 1926~29

52 에른스트 마이, 뢰머슈타트 주거단지 배치도, 독일 프랑크푸르트, 1927~29

51

52

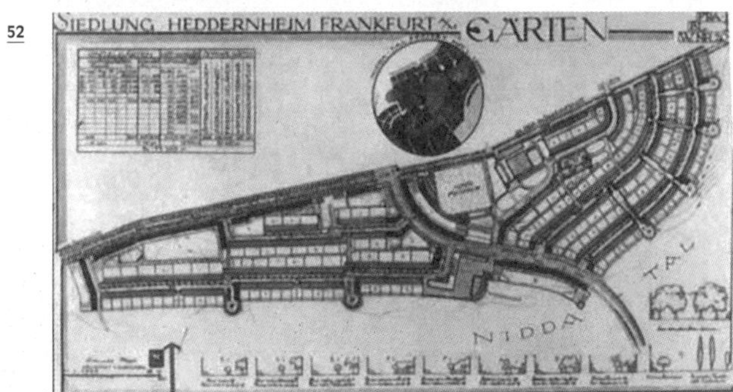

53 프라운하임 주거단지, 주거동 사이 공간

54 에른스트 마이, 베스트하우젠 주거단지, 독일 프랑크푸르트, 1929~31

55 브루노 타우트와 마르틴 바그너 외, 브리츠 주거단지, 독일 베를린, 1925~30

56 후고 헤링과 발터 그로피우스 외, 지멘스슈타트 주거단지 배치도, 독일 베를린, 1929~31

57 발터 그로피우스, 지멘스슈타트 공동주택, 독일 베를린, 1929~31

58 후고 헤링, 지멘스슈타트 공동주택, 독일 베를린, 1929~31

53

54

55

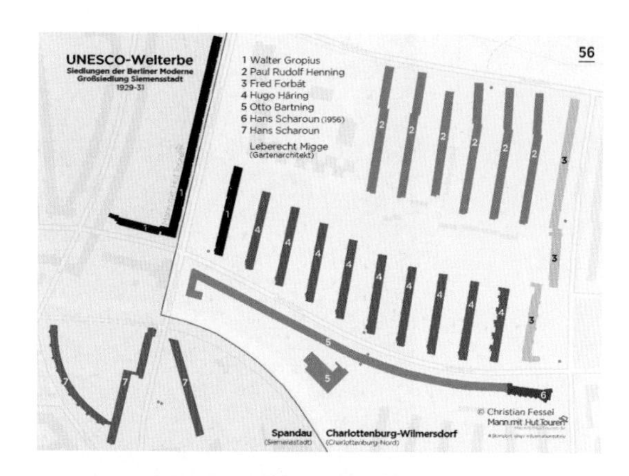
56
UNESCO-Welterbe
Siedlungen der Berliner Moderne
Großsiedlung Siemensstadt
1929-31
1 Walter Gropius
2 Paul Rudolf Henning
3 Fred Forbát
4 Hugo Häring
5 Otto Bartning
6 Hans Scharoun (1956)
7 Hans Scharoun
Leberecht Migge
(Gartenarchitekt)
© Christian Fessel
Mann mit Hut Touren
Spandau
(Siemensstadt)
Charlottenburg-Wilmersdorf
(Charlottenburg-Nord)

57

58

59 슈팡엔 주거 블록 중 오우트가 설계한 블록, 네덜란드 로테르담, 1918~20

60 슈팡엔 주거 블록 중 브링크만이 공중 가로 개념으로 설계한 블록, 네덜란드 로테르담, 1919~22

61 오우트, 키프훅 주거 블록, 네덜란드 로테르담, 1928~30

62 카를 엔, 카를 마르크스 호프, 오스트리아 빈, 1927~30

63 카를 마르크스 호프, 전면 광장측 입면

고 기능적으로 비합리적인 기존 도시공간 구조를 건강하고 합리적인 현대도시로 탈바꿈시키는 데에는 대규모 공동주택단지 개발이 제격이었다. 동시에 공공임대주택 건축은 구축주의적이고 신즉물주의적인 '새로운 건축물'(Neues Bauen)을 위한 실천의 장이기도 했다. 무엇보다도 '진보하는 역사의 주체이자 공업 발전의 기수인 노동 계급의 건강한 삶터를 건설'하는 일이었다. 노동자 계급을 위한 대규모 주거단지 개발과 공공임대주택 건축은 사회 개혁과 건축 미학, 도시공간 구조의 변혁 면에서 그야말로 모더니즘 건축 이념이 만개한, 유토피아를 향한 대향연이었다.

르 코르뷔지에(1887~1965)의 개인적인 활동 역시 이러한 흐름과 맥을 같이한다. 고향 스위스에서 미술학교를 나와 건축을 독학한 그는 1908년부터 전쟁이 시작된 1914년까지 오귀스트 페레 사무실과 페터 베렌스 사무실에서 잠깐씩 일하고 그리스·튀르키예 등을 여행하며 지냈다. 제1차 세계대전 중에는 스위스 미술학교에서 교사 생활을 하며 현대적 기술을 사용한 건축을 연구하여 철근콘크리트를 사용한 경제적인 주택 건축 시스템인 도미노(1914)를 제시했다. 이는 '사회의 필요에 대응한 기술 합리적 건축'이라는 그의 지향을 잘 보여준 작업이었다.

1918~22년에 르 코르뷔지에는 순수주의 이론과 회화에 집중했다. 1918년 화가 아메데 오장팡(1886~1966)과 함께 입체파를 비이성적이고 낭만적이라고 비판하며 새로운 미술 운동인 순수주의를 제창했고, 1920년에는『새로운 정신』을 창간하여 순수주의 건축과 예술에 대한 글을 발표했다. 1920년 발표한 시트로앙 주택은 프랑스 시토로앙 자동차의 이름을 딴 것으로 자동차처럼 공업화기술에 의해 대량생산되는 건축을 직설적으로 보여준 것이다. 르 코르뷔지에는 당

64 르 코르뷔지에, 시트로앙 주택 투시도와 평면도, 1920

65 르 코르뷔지에, 가구형 집합주택, 1922

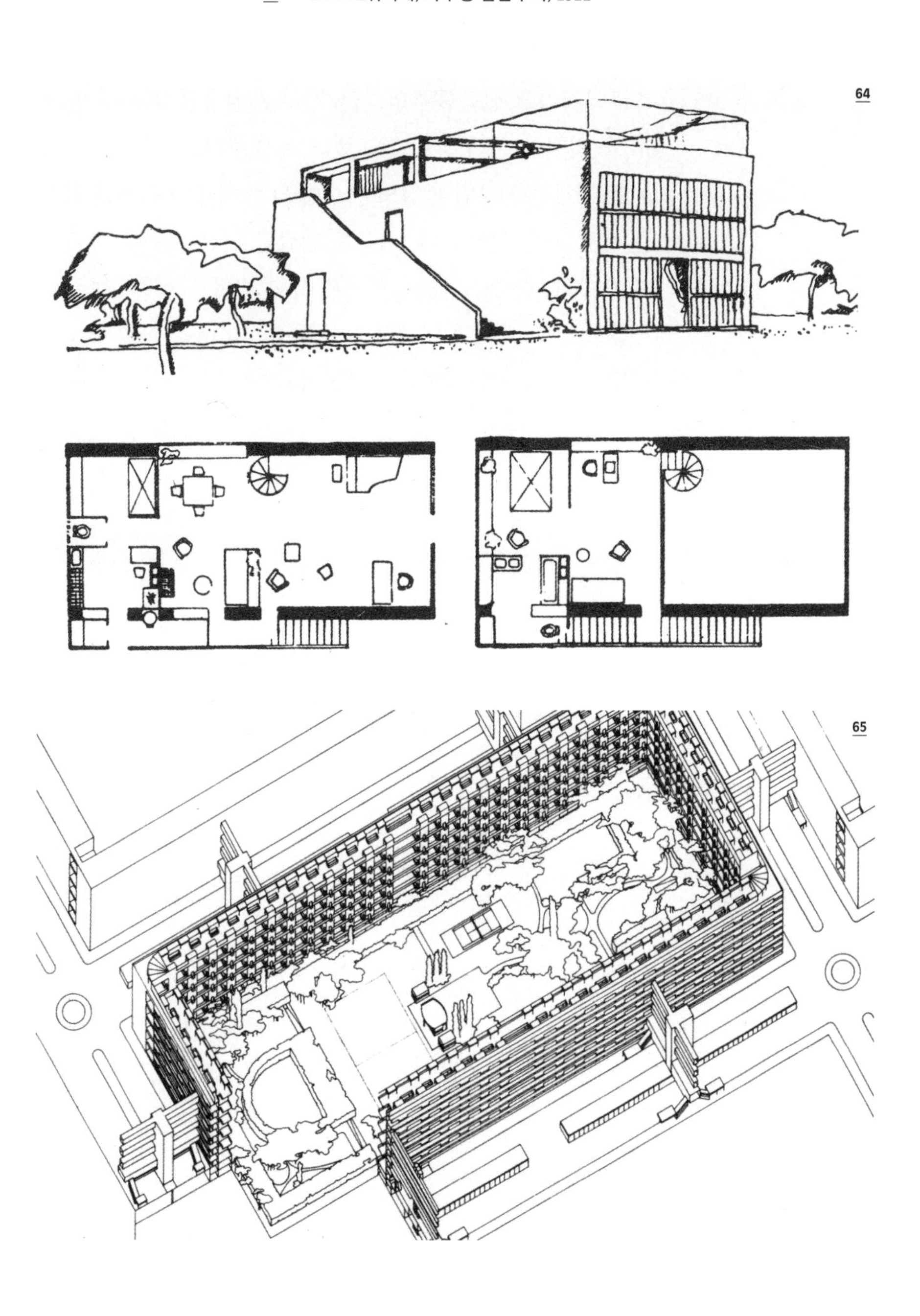

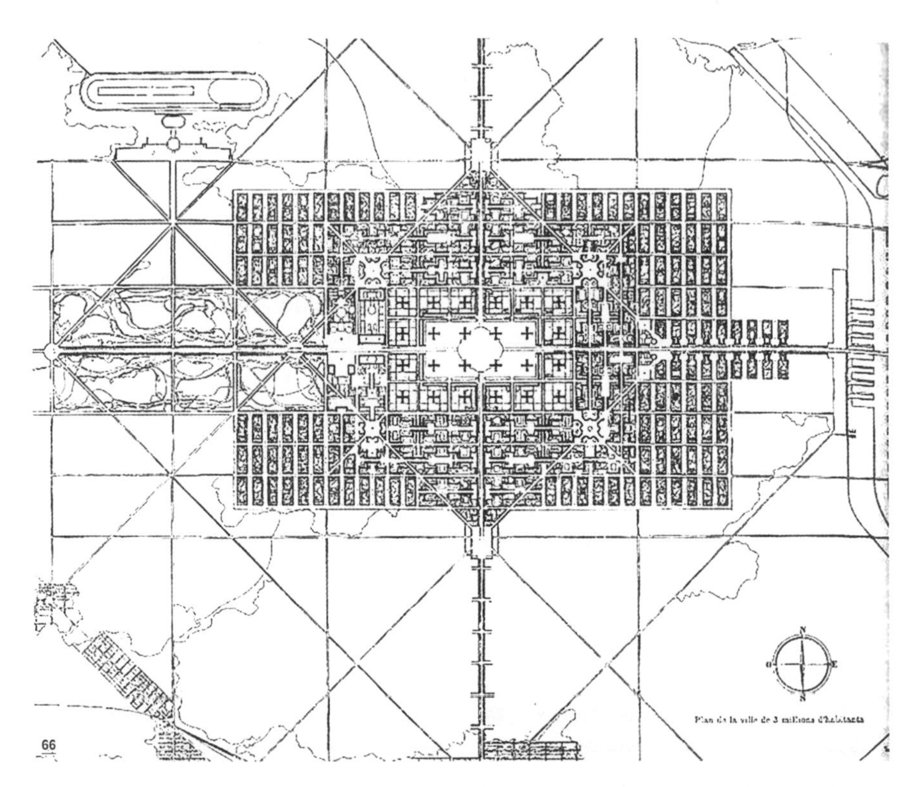

66 르 코르뷔지에, 현대도시 계획안, 1922

67 르 코르뷔지에, 부아쟁 계획, 1925

대 모더니즘 예술가들과 마찬가지로 '과학기술과 산업 발전에 의한 유토피아로의 진보', 즉 기술 진보에 의한 생산성 증가의 성과를 노동자들에게 배분하는 사회체제를 지지했다. 자동차 산업을 필두로 한 미국의 대량생산체제가 그 모델로 제시되었다. 『새로운 정신』에 게재했던 글들을 모아 1923년 발간한 『건축을 향하여』에서 그는 자신의 이런 생각을 가다듬어나갔다.

1922년, 르 코르뷔지에는 사촌 동생인 피에르 잔느레와 파리에 작업실을 열고 1927년까지 파리의 부르주아 건축주들을 위해 개인 주택을 여럿 설계했다. 개인 주택에 대한 그의 구상은 가구형 집합주택(Immeubles Villas, 1922)의 기획으로 이어졌으며, 이는 다시 도시에 대한 연구로 이어져 1922년 300만 명 인구 규모의 '현대도시' 계획안으로 귀결되었다. 넓은 녹지에 60층짜리 십자형 건물들의 배치가 핵심인 이 계획안은 이후 근대 주거 건축의 중심 개념이 되는 '공원 속 고층 주거'의 시작이었다. 1925년 그는 아방가르드적 항공기 디자이너이자 자동차 제조업자 부아쟁의 후원을 받아 자신의 도시계획 개념을 구체화한 부아쟁 계획을 전시했다. 파리 센강 북쪽 도심을 철거해 격자 도로망과 공원 녹지를 조성하고 십자형 60층 고층건물들을 배치하는 안이었다. 프랑스 정치인들과 기업인들은 산업과 기술을 중시하는 르 코르뷔지에의 이념에는 동조했지만 그의 계획안에는 냉소적이었다. 그만큼 실현 가능성과는 거리가 먼 제안이었지만 도시 환경을 어떻게 만들어갈 것인지에 대한 논의를 촉발하기에는 충분했다.•

• 이후 르 코르뷔지에는 자신의 도시계획에 대한 발상을 정리하여 1935년에 『빛나는 도시』라는 이름으로 출판한다.

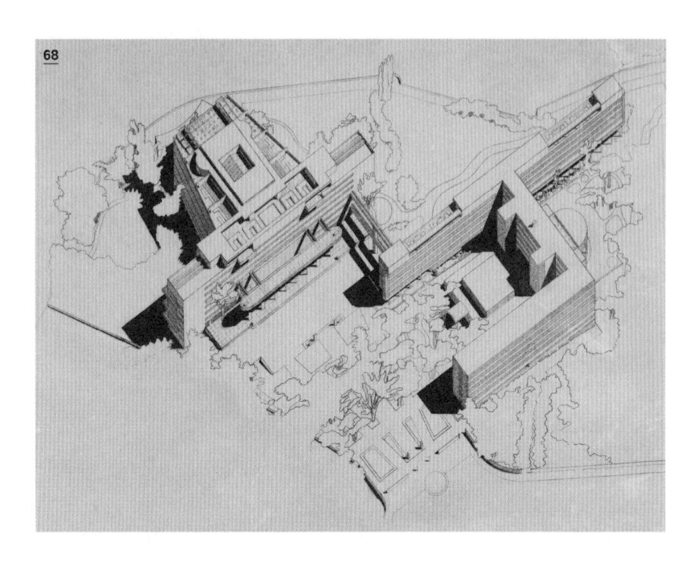

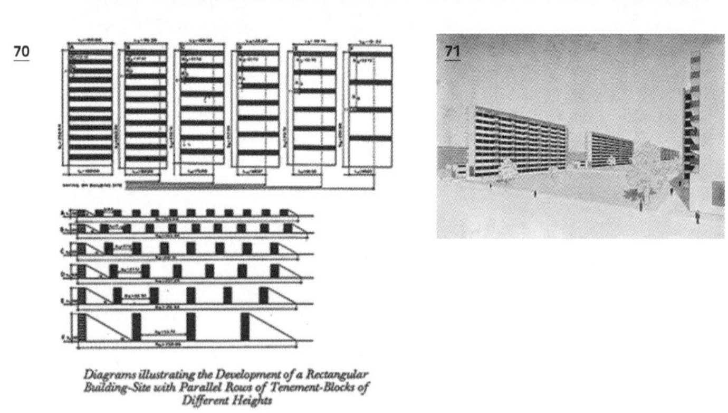

68 르 코르뷔지에, 국제연맹회관 계획안, 1927

69 앙리-폴 네노 외, 국제연맹회관, 스위스 제네바, 1929~38

70 발터 그로피우스, 합리적 주거동 배치를 위한 주거동 높이와 오픈 스페이스 관계 분석, 1931

71 발터 그로피우스, 넓은 오픈 스페이스를 확보한 고층 주거동 배치 예시도, 1931

르 코르뷔지에는 제네바 국제연맹회관 설계경기(1927)에서 우여곡절 끝에 낙선한 후• 진보적인 건축가 조직의 필요성을 주장하며 현대건축국제회의(CIAM)의 설립을 이끌었다. CIAM의 주된 의제는 도시와 주거 건축이었다. 르 코르뷔지에가 건축 역사가이자 평론가인 지그프리트 기디온(1888~1968)과 함께 주도하여 1928년 스위스 라사라성에서 개최한 제1차 회의에 참석한 유럽 각국 건축가 28명은 당대 건축 생산과 도시계획의 기본 방향에 대한 생각을 담은 '라사라 선언'을 발표했다.•• 1929년 프랑크푸르트에서 열린 제2차 회의에서는 '최소 주거'가, 1930년 브뤼셀에서 열린 제3차 회의에서는 '합리적인 주거지 건설 방법'이 논의되었고, 이후 1956년 제10차 회의에 이르기까지 CIAM에서는 주거 건축과 도시 및 지역계획에 대한 폭넓은 논의가 이루어

• 1926년 1월 마감된 이 설계경기에는 총 377개 응모안이 제출되었다. 심사위원들의 의견이 갈렸고 응모안 대부분이 지침이 제시한 공사비 범위를 초과한다는 이유로 당선작 없이 27개 안을 1차 선정작으로 결정했다. 심사위원회에 비판이 쏟아지는 가운데 각국 외교관으로 구성된 5인 위원회로 결정권이 넘겨졌다. 당시 록펠러가 국제연맹회관 도서관 건축 비용 기부를 약속한 터라 어차피 더 큰 부지를 구하여 새로이 설계해야 할 상황이었다. 많은 건축 전문가가 설계경기를 다시 하자고 제안했다. 그러나 5인 위원회는 1차 선정작 중 다섯 개를 선정하여 이 건축가들이 협력하여 설계하도록 결정했다. 그러던 와중에 1차 선정작 중 르 코르뷔지에의 안이 공사비 범위를 준수했다는 사실에 관심이 모였다. 당초 심사에서 르 코르뷔지에 안이 최종 당선되지 않은 것은 심사위원 중 몇몇이 '권위 있는 궁전'의 이미지가 아닌 근대적이고 기능적인 르 코르뷔지에의 안을 반대했기 때문이다. 국제연맹회관은 절충주의 건축가인 앙리-폴 네노를 비롯한 건축가 다섯 명이 공동으로 작업해 역사주의 양식으로 설계되어 1938년 완공되었다.

•• 회의에 참석한 건축가들이 연대 서명한 선언문은 "그들을 여기에 한데 모은 목적은 건축을 본질적인 차원, 즉 경제적이고 사회학적인 차원으로 되돌림으로써 수반되는 요소들의 필수적이고 긴급한 조화를 이루려는 것이다. 그래서 건축은 과거의 전통적인 방식을 보존하려는 아카데미의 무익한 통제로부터 해방되어야 한다"로 마무리되는 서문 아래 경제, 도시계획, 건축을 망라한 23개 조항으로 구성되어 있다.

졌다. 제3차 회의에서는 르 코르뷔지에가 자신의 '현대도시'와 '부아쟁 계획'을 진전시킨 '빛나는 도시' 계획 개념을 발표하고, 그로피우스가 주거 건축의 합리적 계획 방식으로서 10~12층 판상형 고층아파트를 평행 배치하는 안을 발표함으로써 '공원 속 고층 주거' 개념을 완성시켜 나가기도 했다. 합리적인 건축 생산과 도시계획의 방법을 제시함으로써, 즉 산업기술적 유토피아를 향한 비전과 그것을 실현하는 건축적 방법을 정리하고 공표함으로써 세상을 이끌고자 하는 야심 찬 기획이었다. 비록 도시를 계획하는 중차대한 '정치경제적' 과업은 이미 건축가 손에서 멀어져버린 시대였지만 말이다.

미국에서의 주거 건축과 근린주구론

유럽 건축가들이 진보하는 산업사회의 모델로 동경하던 미국에서는 다른 양상의 유토피아적 주거 건축이 전개되었다. 세계 최대 공업 국가로서 순조로운 경제성장을 지속하던 미국에서는 중간 계급의 증가와 함께 생활 양식과 주거지 풍경이 급속히 변화했다. 포드·제너럴모터스·크라이슬러 3대 자동차 회사의 경쟁으로 가격이 낮아진 자동차의 보급이 급증하며 '자동차 시대'가 열렸다. 이는 자동차가 달리기에 적합한 도로 건설에 연방 정부가 자금을 지원하도록 명시한 연방보조도로법(1916), 연방보조고속도로법(1921)에 의한 도로망 확장과 맞물리며 교외 주거지 개발 확산으로 이어졌다.* 급증하는 자동차와 급조된 도로체계 속에서 주택 개발업자들의 판매용 주거지 개발과 주택 건축이 범람했다. 주

* 1920년대 미국에서 교외 거주자 비율은 9.2퍼센트에 지나지 않았으나 1950년대에 23.3퍼센트, 2000년에는 50퍼센트로 증가했다. 주택의 평균 규모 역시 1920년대에 비해 2000년대에는 두 배 이상 커졌다. 1920년대는 미국 중산층들의 교외 단독주택 거주가 시작된 시기라고 할 수 있다.

72 클래런스 스타인과 헨리 라이트, 서니사이드 가든, 미국 뉴욕, 1924~35

73 서니사이드 가든 배치도

74 클래런스 페리, 이웃의 단위(근린주구) 개념 설명도, 1929

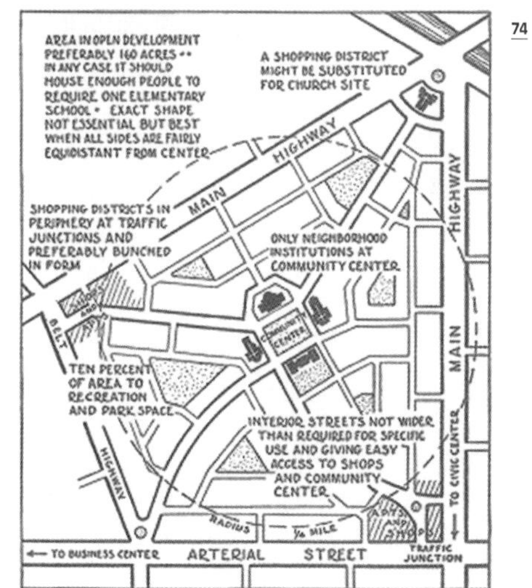

택업자가 판매용으로 내놓은 목조나 벽돌조 주택은 공장에서 생산한 자재를 써서 빠르고 경제적으로 건축되었다. 중산층이 팽창하며 늘어난 주택 수요에 교통수단의 발전과 저렴한 건축 방식이 결합하며 미국 특유의 교외 단독주택 주거지가, 미국 건축학자 로버트 피시먼의 표현에 따르면 "부르주아 유토피아"가 형성된 것이다.

자동차 사고 위험이 높고 공동체로서의 마을 환경을 갖추지 못한 주거지가 늘어나는 데에 대한 우려와 비판의 목소리가 커졌고 건축가와 도시계획가 들은 '안전한 공동체적 환경이 마련된 마을계획'을 제안하기 시작했다. 영국의 '전원도시' 개념과 맥을 같이하는 것으로서, 뉴욕의 미국지역계획협회의 활동과 이들이 주도한 뉴욕 퀸스의 전원도시 서니사이드 가든(1924~35)• 등의 개발 과정에서 구체화되었다. 이 중 가장 유명한 것이 클래런스 페리(1872~1944)가 1923년에 제안하고 1929년 「이웃의 단위, 가족-생활공동체를 위한 배치계획안」이라는 이름으로 발표한 논문이었다. '근린주구론'(近隣住區論)으로 번역되는 이 제안은 현재까지도 주거지 개발과 도시계획에서 마을공동체 계획단위를 설정하는 계획수단으로 적용되고 있다.

페리의 근린주구론은 1929년, 역시 미국지역계획협회가 주도한 주거지 개발사업인 뉴저지 래드번에서 클래런스 스타인과 헨리 라이트에 의해 모범적으로 실현되었다. 대공

• 클래런스 스타인과 헨리 라이트 설계로, 16개 블록에 2층 연립주택과 4층 아파트가 조합된 중정형 집합주택 블록이다. 노동자를 위한 저렴하고 질 높은 주거지 조성을 목표로 40년 사용권 분양주택과 임대아파트를 혼합하여 건설되었으나 대부분 중류층 백인이 입주했다. 미국지역계획협회의 취지에 동조한 개발업자 알렉산더 빙이 설립한 기업체 '시티 하우징'이 사업 주체였는데, 이 회사는 서니사이드 가든에 이어 래드번을 개발하다가 대공황을 맞아 파산했다.

75 클래런스 스타인과 헨리 라이트, 래드번 주거지, 1929

76 래드번 주거지 배치도

77 래드번 주거지, 모든 주택이 자동차 도로와 보행로에 동시에 접하도록 했다

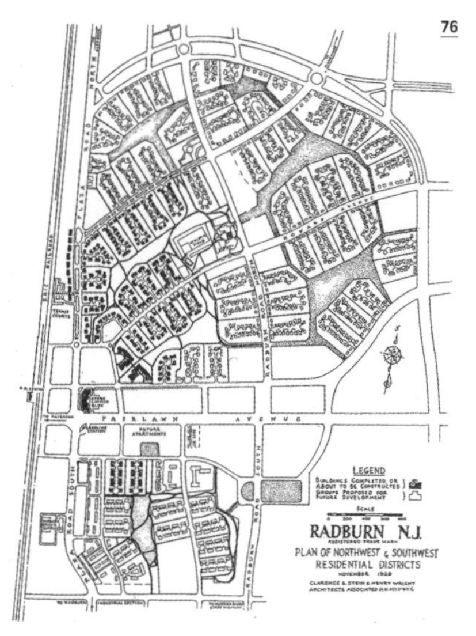

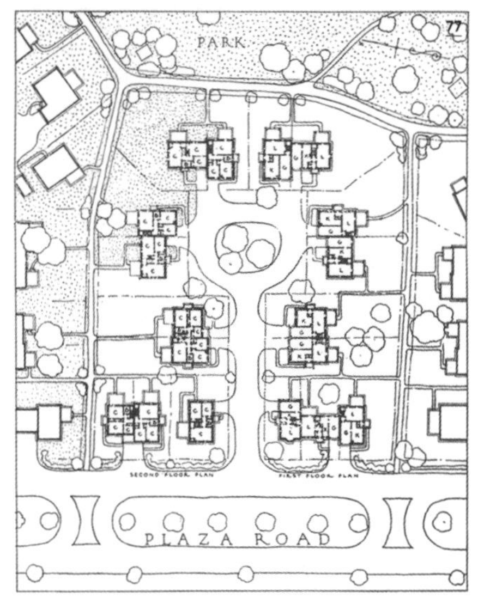

황 탓에 전체 계획 중 일부분만 실현된 래드번 프로젝트는 자동차 도로로 둘러싸인 슈퍼블록들, 슈퍼블록 주변 도로에서 분기된 막다른 도로(cul-de-sac)들과 이 막다른 도로를 둘러싸고 배치된 주택들, 이 주택들을 마을 중앙의 공용녹지로 연결하는 보행로들로 구성되어 있다. 마을 단위로 자동차와 보행자 도로를 분리해, 한쪽으로는 자동차 도로와 접속하고 다른 한쪽으로는 마을 공동체 중심 녹지로 연결되도록 했다. 입주민들은 대부분 백인 중산층으로 노동자 계급 주거 문제 개혁과는 거리가 멀었지만, 새로운 계획 개념과 더불어 주민 자치규약으로 마을 공간과 시설을 공동 관리·운영토록 하는 등의 조치들이 더해진 이례적 주거지로 주목받았다. 진보하는 기술과 산업의 상징인 '자동차 시대'를 수용하면서 공동체적 삶을 보전하려 한 '20세기형 마을-기계'라 할 만한 것이었다.

경제공황, 수정자본주의, 전체주의

1929년 10월 2일 뉴욕 증권시장의 주가 폭락으로 시작된 경제공황이 세계 각국으로 파급되었다. 제1차 세계대전 이후 경제 활황으로 지속된 설비 투자와 생산 증대가 수요의 한계에 봉착하면서 생산 과잉 국면을 맞은 것이다. 산업기술 발달로 급증한 생산성을 대중의 수요 능력이 따라가지 못했다고도 할 수 있다. 많은 기업과 은행이 도산하면서 '생산 감소→고용 감소→실업 증가→구매력 감소→수요 감소→생산 감소'의 악순환에 빠졌다. 선진 자본주의 국가에서조차 사회적 안전망의 미비로 노동자들의 생활고가 심각해졌다.

경제공황은 자유주의 경제 이론이 신봉하던 세의 법칙(Say's law)•, 즉 '공급은 스스로 필요한 수요를 창출하므로 시장은 항상 유효수요 부족이 발생하지 않는 균형 상태를 유지한다'는 명제를 전면 부정하는 사건이었다. 사실상 자유주의 자본주의 시대의 종언을 고하는 것이었다.

시장이 스스로 위기를 조정하리라고 굳게 믿는 고전주의 경제학자들이 손을 놓고 있는 사이에 존 메이너드 케인스(1883~1946)는 공황의 원인과 치유책을 제시했다. 그는『고용과 이자 및 화폐의 일반 이론』(1936)에서 불완전 고용 상황에서도 시장이 균형을 유지할 수 있다는 것, 즉 유효수요도 감소하고 생산도 감소하는 사태가 언제라도 벌어질 수 있으며 공황 극복을 위해서는 정부가 지출을 확대함으로써 인위적으로 유효수요를 창출해야 한다고 역설했다.••

케인스가 영국에서 자유주의 경제 이론을 대체할 수정 자본주의 경제 이론을 구축하고 있던 시기에, 미국 정부는 실제로 국가의 시장 개입을 통한 유효수요 증대 정책을 실행하고 있었다. 1932년 11월, 어려운 경제 상황에 대한 국민들의 불만을 딛고 미국 32대 대통령으로 당선된 프랭클린 루스벨트(재임 1933~45)는 시장에 국가가 적극 개입하는 뉴딜 정책을 시작했다. 여기에는 금본위제 폐지와 달러화 평가절하•••, 과잉생산된 농산물의 정부 매입을 통한 가격 하락 방지, 기업 간 과열 경쟁 억제, 사회간접자본 건설사업 확대

• 프랑스 경제학자 장-바티스트 세가 1803년 주장한 것으로 자유주의 시장경제 이론의 핵심 명제 중 하나다. 어떤 재화의 생산-공급이 이루어지면 그만큼의 다른 재화 생산에 대한 수요가 자연적으로 생겨나, 유효수요 부족에 따른 공급 과잉이 발생하지 않는다는 것이다. 세는 저축한 돈도 기업의 투자 재원으로 쓰이므로 결국 모든 소득은 재화 생산과 서비스 구입에 쓰인다고 주장했다. 이 주장에 따르면, 결과적으로 시장은 언제나 균형 상태를 유지한다.

•• 이는 '공급은 수요를 만들며, 정부 개입 없는 자유시장은 완전고용 상태를 달성한다'는 고전주의 경제학의 명제를 완전히 부정하는 것이었다. 케인스가 자신의 이론을 '일반 이론'이라 한 것은 고전주의 경제 이론이 특수한 상황에만 적용되는 것이며, 자신의 이론이야말로 일반적이라는 뜻이다.

에 의한 실업자 구제 등이 포함되었다.• 미국 경제는 1933년 이후 회복세에 접어들었다. 영국·프랑스 등 유럽 국가들 역시 금본위제 폐지와 화폐 가치 절하와 함께 블록경제••를 형성하며 수요-공급 조절을 통한 경제적 안정을 도모했다.

수정자본주의 정책과 블록경제체제가 1930년대 경제 위기 극복을 위해 미국·영국·프랑스 등 선진 자본주의 국가들이 택했던 노선이었다면, 또 하나의 노선은 독일·이탈리아·일본 등 전체주의••• 정치체제에서 진행된 군수산업 확장

••• 19세기 말부터 각국이 채용한 금본위제는 중앙은행이 보유하고 있는 금의 가치만큼만 화폐를 발행하는 제도다. 화폐 가치를 안정시키려는 것이 목적이다. 금본위제를 폐지한다는 것은 보유한 금의 가치와 상관없이 화폐를 발행하겠다는 것이다. 화폐 발행량을 늘려 화폐 가치와 이자율이 낮아지면 투자와 소비가 늘어날 것이라 기대할 수 있게 된다. 금본위제는 제1차 세계대전 당시 전비 지출을 늘리기 위해 폐지했다가 전쟁 후 다시 도입됐으나 대공황으로 1930년대에 다시 폐지되었다. 1944년 브레튼우즈 합의로 44개국이 재도입했다가 1971년 경제 위기로 또 다시 폐지되는 곡절을 겪었다. 현재 금본위제를 채택하는 국가는 없다.

• 루스벨트 정부는 대공황이 어느 정도 진정되자 사회보장법을 제정하여 노인연금과 실업자수당 등을 지급했다. 1936년 재선된 루스벨트는 '와그너법'을 제정하여 노동자의 단결권과 단체교섭권을 인정했고, 최저임금제와 법정 노동시간 주 40시간제 등을 도입했다.

•• 블록경제(bloc economy)는 대공황으로 내수 기반이 붕괴되자 서구 주요 국가들이 자국 상품의 수요력을 유지하기 위해 수입품을 규제하려는 목적으로 시작되었다. 미국, 영국, 프랑스 등이 자국과 식민지를 하나의 경제권으로 삼아 다른 나라에 대한 관세 장벽 등 보호무역을 강화했다.

••• 전체주의(totalitarianism)는 개인은 민족·국가 등 전체의 존립과 발전을 위해 존재한다는 이념을 바탕으로 개인의 자유와 권리를 억압하고 정부나 지도자의 권위를 절대화하는 정치사상 및 체제를 가리킨다. 1920년대 무솔리니가 "국가 안에 모두가 있고, 국가 밖에는 아무도 존재하지 않으며, 국가에 반대하는 그 누구도 존재하지 않는 것"이라며 '토탈리타리오'(totalitario)라는 용어를 최초로 사용했다. 이후 발데마어 구리안이 『세계를 위협하는 볼셰비즘』(1935)에서 독일 나치즘과 소련 볼셰비즘을 동일한 전체주의로 규정한 이래 한나 아렌트의 『전체주의의 기원』(1951)을 거치며 나치즘과 스탈린주의를 대표로 하는 국가주의를 지칭하는 개념으로 정착했다.

과 침략 전쟁을 통한 유효수요 창출이었다. 이들 국가 역시 화폐 발행량과 재정 지출을 늘려 유효수요를 증가시키는 정책을 시행했지만, 재정 지출의 중심은 군비 지출 확대와 침략 전쟁이었다.

일본은 1931년 군부 세력이 득세하면서 민족주의적 군국주의체제를 강화하고 중국(1937), 소련(1938), 몽골(1939) 등을 향한 침략 노선을 노골적으로 드러냈다. 독일은 경제공황의 여파로 혼란한 가운데 1933년에 집권한 아돌프 히틀러가 바이마르 공화정을 종식시키고 총통이 입법부와 행정부 권한을 독점하는 전체주의체제로 전환했다. 이탈리아는 1922년부터 무솔리니에 의한 일당 독재를 지속하고 있었다. 독일과 이탈리아는 경제공황에 군수산업 증강과 침략 전쟁으로 대응했다. 이탈리아-에티오피아전쟁(1936)을 시작으로 독일의 라인란트 지역 점령(1936), 오스트리아 병합(1938), 체코슬로바키아 침공(1938)이 이어졌고, 이탈리아의 알바니아 합병(1939)이 뒤따랐다.

독일은 스페인내전(1936~39)에서 소련이 좌파 인민전선 정부를 지원한 데에 맞서 프랑코가 이끄는 우익 군부 쿠데타 세력을 지원하여 승리로 이끌었으며, 1936년에는 이탈리아, 일본과 함께 반코민테른 협정을 체결하기도 했다. 민족주의·반공산주의·반자유주의를 공통분모로 하는 이들 전체주의의 지지 기반은, 자유시장경제의 확대에 따른 사회 변화에도 반발하고 사회주의 노동 계급 운동도 거부하는 자영업자 등 소시민들이었다. 또한 유대인, 폴란드인 등 증가하는 이주민들이 독일 인민의 몫을 위협한다는 인식이 민족주의와 결합하며 전체주의 정파에 대한 지지로 표출되었다. 독일 나치의 초기 슬로건은 민족주의, 인종주의만이 아니라 대기업 반대, 반공주의, 반자본주의였다. 그러나 1930년대 들어 대기업들이 나치를 지원하면서 나치의 슬로건은 반유대인과 반마르크스주의로 수렴되었다.

같은 시기에 소련에서도 전체주의체제로의 전환이 진행되었다. 1924년 레닌이 사망한 후 경쟁자 트로츠키를 누르고 권력을 장악한 이오시프 스탈린(재임 1922~1953)은 1928년 시장경제를 부분적으로 수용했던 레닌의 신경제 정책을 폐기하고 국영에 의한 중공업 중심의 경제 개발계획을 추진했다.• 1928년부터 5년 단위로 추진된 국민경제개발계획에는 농업의 집단화도 포함되었다. 수출량을 늘리려고 곡물을 과도하게 징발한 결과 1932~33년 우크라이나 등 소련 내 곡창 지역에서 대기근이 발생해 500만 명 이상이 사망했다.(이 사실이 발설되지 않도록 단속함으로써 2009년에야 밝혀졌다.) 사회주의 건설의 이상을 앞세워 교조적인 이론과 정책을 강압적으로 추진하고, 다른 한편으로는 반대파 제거와 개인 우상화를 통한 통제를 강화했다.

독일의 지속된 침공 행위로 높아지던 군사적 긴장은 1939년 9월 독일이 폴란드를 침공하자 영국과 프랑스가 선전포고를 하면서 인류 역사상 최대의 전쟁 제2차 세계대전으로 폭발했다. 뒤이어 소련도 폴란드를 침공하며 폴란드를 독일과 소련이 양분한 채 독일과 소련 간에 불가침 조약이 맺어졌다. 이후 독일은 영국과 중립국을 제외한 유럽 전역을 점령해나갔고 소련 역시 발트 3국 등 접경지를 침략했다. 1940년 9월 독일-이탈리아-일본 삼국동맹이 체결되었고,

• 스탈린의 경제개발 5개년 계획들은 농업 중심의 후진국 소련을 급속도로 근대화·산업화·도시화하는 데는 성공했다. 1928년에서 1940년 기간에 강철은 5배, 전력은 8배, 시멘트는 2배, 석탄은 4배, 석유는 3배로 생산량이 늘어났고 철도를 포함한 수송수단은 4배로 늘어났다. 스탈린은 교육 정책에서도 상당한 성과를 거두었다. 90퍼센트 이상이던 소련의 문맹률이 1퍼센트까지 감소했다.

독일이 불가침 조약을 깨고 동부 전선의 소련 영토를 침공함으로써 1941년 독소전쟁이 시작되었다. 영국과 미국이 소련을 지원하며 전쟁은 파시즘 추축국과 자본주의-공산주의 연합국 간의 전쟁으로 확대되어 1945년 종전까지 세계 거의 모든 국가가 직간접적으로 전쟁에 참여했다.

전쟁은 연합국의 승리로 끝났다. 독일에 맞서느라 진이 빠진 유럽 국가들과 달리 미국은 전쟁 기간 중 연합국의 군수품 기지 역할을 하며 돈을 벌어들였다. 게다가 1941년 12월 일본의 진주만 기습을 계기로 참전하여 연합국의 승전을 주도하면서 서방 세계의 정치적 주도권을 차지했다. 소련은 전쟁 중에 점령한 동독·폴란드·헝가리·체코슬로바키아·불가리아·루마니아 등에 친소련 정부가 들어서도록 지원해 이들 국가를 위성국가로 만들었다. 이로써 미국이 주도하는 자본주의 진영과 소련 중심의 공산주의 진영이 대립하는 냉전시대(1945~91)가 시작된다.

전체주의의 모더니즘 비판과 억압

유럽을 뒤덮은 전체주의는 모더니즘 건축의 거점이던 바우하우스에도 이르렀다. 데사우에서 건축 교육 프로그램을 시작한 그로피우스는 스위스 건축가 하네스 마이어(1889~1954)를 교수로 초빙했고, 그는 1928년 그로피우스의 뒤를 이어 교장에 취임했다. 급진적 기능주의자였던 마이어에 의해 기존의 구축주의적 프로그램에서 미학적 요소가 제거되고 학교 전체에 좌파 정치색이 짙어졌다. 1930년 데사우 시장이 그를 해고했고, 그로피우스의 추천으로 미스 반 데어 로에가 후임 교장으로 취임했으나 1931년 데사우 시정부가 나치당의 영향력 아래 들어가며 바우하우스는 폐교했다. 1932년 미스 반 데어 로에는 베를린으로 옮겨 바우하우스를 개교했지만 1933년 나치의 압박으로 다시 폐교할 수밖

78 미스 반 데어 로에, 로자 룩셈부르크와 카를 리프크네흐트 기념비, 독일 베를린, 1926

79 르 코르뷔지에, 센트로소유즈 건물, 러시아 모스크바, 1929~33

80 알베르트 슈페어, 체펠린펠트, 독일 뉘른베르크, 1934

81 알베르트 슈페어와 루돌프 볼터스, 베를린 개조계획, 1938~43

에 없었다.

독일·이탈리아·일본에서 진행된 전체주의의 공통점은 민족주의·반공산주의·반자유주의였다. 이들은 사회민주주의 성향의 모더니즘 예술가들을 비난했고 심지어 모더니즘을 볼셰비즘, 즉 소련 공산당을 추종하는 세력으로 치부하기도 했다. 실제로 독일을 중심으로 활동하던 모더니즘 예술가들의 정치적 성향은 대체로 좌파에 가까웠고, 바이마르공화국(1919~33) 시기에는 베를린과 모스크바를 잇는 예술가들의 교류가 빈번했다. 공산주의자였던 마이어는 바우하우스에서 물러난 1930년에 자진하여 소련으로 이주했고, 미스 반 데어 로에는 독일 공산혁명(1918) 지도자였던 로자 룩셈부르크와 카를 리프크네흐트 기념비(1926)를 디자인했다. 르 코르뷔지에는 1928년 모스크바의 센트로소유즈 건물(1929~33) 설계경기에 응모하여 당선되었고, 마이는 1930년 소련 정부와 계약을 맺고 소련에서 도시를 건설하는 작업을 진행하기도 했다.•

19세기 말 주류였던 역사주의에 저항하며 등장한 아방가르드 모더니즘은 1930년대에 파시스트의 압박으로 반파시즘의 상징이 되면서, 다시금 '억압받고 저항하는 예술'이 되었다. 파시스트들은 모더니즘 대신에 역사주의 양식 예술을 다시 소환했다. 독일에서는 히틀러의 신고적주의적 취향에 따라 알베르트 슈페어, 루돌프 볼터스 등이 건축 책임자

• 프랑크푸르트에서 주거지 건설 작업을 함께 했던 건축가 17명으로 팀을 꾸려 소련으로 간 에른스트 마이는 당초 도시 20개를 건설하는 일을 맡을 계획이었으나, 소련 현지의 작업 태세가 미비하고 의사결정 체계가 불확실하며 비리가 만연하는 등 작업 여건이 좋지 않아서 실패하고 1933년 소련 당국과 계약을 해지했다. 이후 마이는 나치 치하 독일을 피해 케냐로 이주했고 도중에 팀에 합류했던 브루노 타우트는 독일로 귀국했다가 스위스로 망명했다. 그중 몇몇은 소련에 남았다가 스탈린의 억압이 심해진 1930년대 말에 외국으로 망명했다.

로 중용되면서 뉘른베르크 나치 전당대회장인 체펠린펠트(1934), 베를린 개조계획 게르마니아(1938~43, 부분 건설) 등 기념비적이고 선전적인 건축물과 도시공간을 설계했다.

이탈리아에서도 파시즘 아래 신고전주의적이고 기념비적인 건축 양식이 선호되기는 마찬가지였지만 합리주의 건축가들의 작품이 일부 수용되며 병존했다. 조반니 미켈루치를 필두로 한 '그루포 토스카노' 설계의 피렌체 산타 마리아 노벨라 기차역(1932~34), 주세페 테라니(1904~43)가 코모에 설계한 파시스트 지역당 사무실 카사 델 파쇼(1933~36) 등이 대표적 사례이다. 특히 고전주의적 건축 질서에 기능주의적 형태와 구조를 조합한 테라니의 카사 델 파쇼는 이탈리아 합리주의 건축의 대표작으로 꼽힌다. 파시즘이 권력을 잡은 1922년부터 이탈리아 미래파 건축가들을 포함한 지식인들 중 상당수는 파시즘을 지지하고 있었다. 파시즘은 당시 격화하는 국가 간 대립 속에서 이탈리아의 전통과 역사를 존중하면서도 근대화와 진보를 표방하며 구체제를 대신할 새로운 질서를 약속했기 때문이다. 미래파 이후 테라니 등의 합리주의자들 역시 적어도 1930년대 초반까지는 파시즘의 이상에 동조했다.••

스탈린이 트로츠키를 숙청하고 권력을 장악한 1928년쯤부터 소련의 구축주의 예술가들도 억압과 고난의 길로 접어들었다. 독일과 이탈리아의 파시즘이 대중적 지지를 안고

•• 파시즘을—부르주아의 사회 질서에서 받은 상처와 절망에서 비롯한—민족공동체를 중심으로 한 사회주의로 파악하는 입장에 따르면, 이탈리아 합리주의자들이 초기에 무솔리니 파시스트당에 동조한 것이 이해될 수 있다. 파시즘 주창자들은 초기에는 민족공동체를 지향하며 반자본주의-반부르주아 정서를 표출했다. 그러나 정권을 잡은 이후에는 부르주아 보수주의 세력과 타협하고 반자본주의 강령도 폐기했다.

82 그루포 토스카노, 산타 마리아 노벨라 기차역, 이탈리아 피렌체, 1932~34

83 주세페 테라니, 카사 델 파쇼, 이탈리아 코모, 1933~36

집권했다면, 스탈린은 정치권력의 정점에서 하달하는 위로부터의 전체주의를 실행했다. 사회주의적 사실주의를 소비에트 예술의 방향으로 제시한 스탈린 정권 아래에서, 혁명 초기부터 사실주의 예술가 진영과 대립하던 구축주의 예술가들의 입지는 빠르게 무너져갔다.

1929년쯤부터 정치적 반대파에 대한 억압이 심해진 문학 분야는 결국 1934년 소비에트 작가회의에서 막심 고리키(1868~1936)가 "러시아에 대해 부정적이거나 반정부적인 내용을 묘사하는 모든 예술 작품은 불법"이라고 선언하는 것으로 정리되었다. 이제 예술은 국가가 통제하는 선전 수단이 되었다.•

건축 분야에서도 구축주의에 대한 비판이 거세졌다. 1929년 설립한 프롤레타리아건축가동맹(VOPRA)은 현대건축가동맹의 입장을 기술주의, 혹은 '대중과 유리된 헛소리'라고 맹렬하게 비난했다. 비판은 1930년 소비에트 공산당 중앙위원회에서 정점에 달했다. 위원회는 당시 구축주의 건축가들이 진행하던 지역 개발과 삶의 방식 재구축에 관한 연구에 대해 "반(反)이성적이고 반(半)공상적인, 극단적으로 위험한 시도들"이라고 지적하며 이를 일거에 제거하기로 결의했다. 1931년 시작되어 1933년까지 4회에 걸친 공모로 진행된 소비에트궁 설계경기는 구축주의 건축이 거부되고 과거의 건축 형태와 기념비주의로의 복귀가 선언된 이벤트였다. 두 번째 공모전에서 선정된 세 작품은 모두 신고전

• 1934년 소비에트 작가대회에서 사회주의 사실주의 예술의 4대 원칙이 다음과 같이 정리되었다. 예술 작품은 첫째, 프롤레타리아적이어야 한다(노동자와 관련된 것으로서 그들이 이해할 수 있어야 한다), 둘째, 전형적이어야 한다(인민의 일상생활을 담아야 한다), 셋째, 사실적이어야 한다(현실을 재현하는 것이어야 한다), 넷째, 당파적이어야 한다(국가와 당의 목표를 지원해야 한다).

84 보리스 이오판, 소비에트궁 설계경기 당선안, 1933

주의적 설계였고 최종 선정된 보리스 이오판(1891~1976)의 설계안 역시 절충주의적 기념비였다. 현실의 산업 생산 수준과 동떨어진 채 이념적이고 상징적인 차원에서 맴돌던 구축주의 건축이 맞이한 필연적인 파국이었다. 당선작은, 르 코르뷔지에를 비롯한 유럽 건축가들이 "혁명 정신에 대한 모욕"이라고 비난하는 가운데 스탈린이 설계안 수정을 지시해 당초 높이 260미터가 415미터로 높아지고 정상부의 노동자 조각상이 레닌상으로 바뀌었다. 1939년 기초를 완공하고 공사를 진행했으나 1941년 독일과 전쟁이 시작되며 중단된 이후 끝내 지어지지 못했다.

1931년 '사회주의 건설을 위한 건축가 분과'로 명칭을 바꾸었던 현대건축가동맹은 1932년 신건축가동맹 등 다른 건축단체들과 함께 소비에트건축가연합으로 통합되었다. 소비에트건축가연합의 1937년 제1차 회의에서 사회주의 리얼리즘이 기본 방침으로 선언되었고 이는 곧 구축주의 건축의 종말이었다. 브후테마스는 1926년 브후테인(고등예술기술협회)으로 바뀌었다가 1930년 해산되었다. 일부는 모스크바대학의 건축과로 편제되었고 나머지는 여러 기술부서에 딸린 응용예술 단체로 전환되었다.

전체주의 사회에서 모더니즘 예술이 억압받자 예술가들은 이주를 택했다. 독일에서는 그로피우스와 마르셀 브로이어가 런던(1934)을 거쳐 미국(1937)으로, 멘델존은 런던

(1933)-팔레스타인(1934)-미국(1941)으로, 미스 반 데어 로에는 미국(1937)으로 이주했다. 소련에서는 시인 마야콥스키가 절망에 빠져 자살했고(1930), 문학가 베르톨트 브레히트는 덴마크(1933)와 핀란드(1940)를 거쳐 미국(1941)으로 이주했다. 소련에 남은 예술가도 많았다. 말레비치, 로드첸코, 긴즈부르크는 일선에서 물러나 소극적인 활동에 머물렀지만 타틀린, 리시츠키는 새로운 국가 예술 노선에 적응하며 사회주의 국가 건설에 복무하는 활동을 계속했다.

미국으로 간 모더니즘

1930년대 미국 사회는 유럽과 전혀 달랐다. 미국은 루스벨트의 뉴딜 정책조차 공산주의라고 비판받을 만큼 사회주의 세력이 약하고 기업의 자유로운 활동을 중시하는 사회였다. 경제공황 시기에도 몇몇 대자본은 사업을 키울 만큼 저력이 있었다. 전반적인 건설 경기는 쇠퇴했지만, 1920년대 말 건설 붐이 일었을 때 건물을 올리기 시작한 크라이슬러 빌딩(1928~30)이 대공황에도 불구하고 완공되었고, 엠파이어 스테이트 빌딩(1930~31)과 록펠러 센터(1931~39)도 대공황 기간에 착공하여 완공되었다.

미국에서는 1930년 무렵까지도 아방가르드 건축이 부재하다시피 했다. 역사주의 양식 건축이 주류인 가운데 유럽 미술공예 운동의 영향을 받은 리처드슨의 공예주의적 건축과 이를 이은 시카고 건축가들의 기능주의 건축, 라이트의 유기적 건축 등으로 간신히 명맥을 유지하는 정도였다.• 미국인으로서는 최초로 파리의 에콜 데 보자르에서 건축 교

• 뉴욕 현대미술관 관장이었던 앨프리드 바는 1932년 '현대 건축' 전시회 도록 서문에서 "1893년 시카고 컬럼비아 박람회 이후 미국 건축계를 덮친 고전주의 복고풍으로 인해 리처드슨에서 설리번으로, 설리번에서 라이트로 이어지던 현대 미국 건축의 중요한 전통이 거의 소진되었다"고 진단했다.

85 윌리엄 밴 앨런, 크라이슬러 빌딩, 미국 뉴욕, 1928~30

86 슈리브, 램 앤드 하먼, 엠파이어 스테이트 빌딩, 미국 뉴욕, 1930~31

87 레이먼드 후드 외, 록펠러 센터, 미국 뉴욕, 1931~39

85

86

87

육을 받은 리처드 모리스 헌트(1827~95)의 제자 윌리엄 로버트 웨어가 1865년 미국 최초의 대학 건축 프로그램으로서 매사추세츠 공과대학에 건축학과를 개설한 이래로 미국의 건축교육은 대부분 에콜 데 보자르를 모델로 삼았다. 모더니즘 건축가들의 응모안 대신에 신고딕 양식 설계안을 선정한 1922년 시카고 트리뷴 신문사 사옥 설계경기는 당시 미국 건축계의 분위기를 단적으로 보여준 이벤트였다. 1930년대 초에 건축된 초고층건물인 크라이슬러 빌딩·엠파이어 스테이트 빌딩·록펠러 센터는 모두 아르데코 양식으로 설계되었다.

이러한 미국 건축계의 분위기는 1932년 뉴욕 현대미술관(MoMA) 최초의 건축 전시였던 '현대 건축'전이 개최되면서 빠르게 바뀌기 시작했다. 15개국 37명 건축가가 출품한 전시회•는 6주간 열렸으며, 이후 미국 전역을 순회하며 6년간 전시를 계속했다. 전시를 기획한 헨리 러셀 히치콕과 필립 존슨은 전시회와 함께 『국제주의 양식: 1922년 이래의 건축』이라는 제목의 책을 출간했다.

히치콕과 존슨은 이 책에서 근대 건축의 미학적 원리를 볼륨(volume, 매스나 고체성이 아니라), 균정성(均整性[regularity], 대칭이 아니라), 부가 장식의 배척으로 정의하면서 이러한 원리에 입각해 여러 나라에서 여러 건축가들에 의해 공통적으로 전개되고 있는 건축을 '국제주의 양식'이라고 명명했다. '현대 건축'전 이후 미국 건축계와 지식인 사회에서 근대 건축을 지지하는 세력이 확대되었고 '국제주의

• 전시회에 참가할 건축가를 선정한 큐레이터 존슨과 히치콕은 전시회 도록에 쓴 글에서 각국의 건축가들을 중요도 순으로 순위를 매기는가 하면, 하네스 마이어 등을 극단적 기능주의자로 평가하며 '좋은 건축가' 반열에서 제외했다.

88 '현대 건축'전 전시장, 뉴욕 현대미술관, 1932

89 그린벨트 신도시, 미국 메릴랜드, 1935~37

90 그린데일 신도시, 미국 위스콘신, 1936~38

양식'으로 명명된 근대 건축 원리에 따르는 건축물들이 증가했다.

미국 내 건축 생산이 국제주의 양식으로 일컬어지는 유럽발 근대 건축으로 크게 기울어진 또 하나의 결정적 계기는, 유럽에서 제1차 세계대전 이후 노동자 주택 및 주거지 생산이 그랬듯이, 대공황과 제2차 세계대전이 촉발한 대규모 주거지 생산이었다. 제대 군인 및 저소득층에 대한 주택 공급과 일자리 창출 효과를 동시에 겨냥한 주거 건축 생산은 교외 신도시 개발과 도시 내 아파트 단지 건설을 양대축으로 진행되었다.

교외 신도시로 개발된 그린벨트(1935~37), 그린데일(1936~38), 그린힐스(1936~38)는 전원도시-근린주구론-래드번으로 이어진 유토피아적 주거지 계획 원리를 저렴한 2~4층 공동주택 판본으로 번안한 것이었다. 모든 토지와 주택은 정부 소유였고, 주택은 소득과 가족 수에 따라 임대되었으며 1949년부터 거주자들에게 불하되었다. 이러한 계획 원리와 개발 방식은 볼드윈 힐스 주거지(1938~41)에서 더 정형화되어 적용되었다.

도시 내 주거 건축은 저소득층 임대주택 공급과 슬럼 지역 정비라는 두 가지 목표 아래 진행되었다. 뉴딜 정책에 따른 대규모 공공건설사업 시행기구인 공공사업국•이 뉴욕 브루클린에 건설한 윌리엄스버그 주거단지(1936~38)가 그 시작이었다. 건물 600여 채가 들어서 있던 12개 블록을 철거하여 조성한 약 9만 4300제곱미터 부지에 4층 아파트 건

• 대공황 극복을 위해 1933년 제정된 국가산업재건법에 의거해 설립된 기구다. 1944년까지 댐, 교량, 병원, 학교, 공공주택 등 대규모 공공건설사업을 수행했다. 이 기구가 건설한 공공주택 수는 그다지 많지 않아 2만 9천 호에 그쳤는데, 그중 윌리엄스버그 주거단지가 가장 중요한 실적이었다.

물 20개 동 1622호를 건축한 아파트단지였다. 설계자는 에콜 데 보자르와 에콜 폴리테크니크 출신으로 1920년 미국으로 이민 온 스위스 출생의 윌리엄 레스카즈(1896~1969)였다. 그는 미국 최초의 국제주의 양식 고층 건축물로 꼽히는 필라델피아 저축기금협회 건물(1932) 설계자이기도 했다. 그의 윌리엄스버그 주거단지 설계는 근대 건축의 원칙을 철저히 따른 것이었다. 기존 12개 블록을 대규모 슈퍼블록으로 통합했을 뿐 아니라 겨울철 일조를 최대로 받을 수 있도록 H자형 주거동을 주변 도시 가로망에 15도 기울어진 각도로 배치함으로써, 도시 맥락과는 전혀 관계없는 그야말로 '공원 속 고층 주거'의 전형이라 할 만한 설계를 했다.• 윌리엄스버그 주거단지는 그로피우스를 비롯한 건축가들과 사회비평가들로부터 '주거 건축의 새로운 모델'로 찬사를 받았다.

윌리엄스버그 주거단지가 성공을 거둔 이후 미국의 대규모 아파트단지들은 '공원 속 고층 주거' 교리를 따라 건축되었다. 메트로폴리탄 생명보험사가 뉴욕 브롱크스에 백인 중산층용 임대아파트단지로 개발한 파크체스터(1939~42, 8~13층 아파트 51개 동 1만 2천 호)와 맨해튼에 흑인 서민용으로 개발한 리버튼 주거단지(1944, 13층 아파트 7개 동 1232호)가 전형적인 사례였다. 이들에 이어 같은 보험회사가 전쟁 후 주택 부족 상황을 겨냥해서 맨해튼에 백인 중산층용 임대주택단지로 개발한 스타이베선트 타운(1942~47)

• 윌리엄스버그 지역의 격자형 도로망은 남북축에서 약 7.5도 기울어져 있으므로 레스카즈의 설계는 주거동들을 남북축에서 22.5도 기울인 것이었다. 1930년에 독일 건축가인 발터 슈바헨샤이트는 판상형 아파트가 겨울철에 일조를 최대로 받도록 하기 위해서는 남북축에서 22.5도 기운 북서-남동축으로 배치해야 한다고 주장한 바 있었다.

역시 마찬가지였다. 건물 600동과 원주민 1만 1천 명, 상점과 작은 공장 500여 개, 학교 3개, 교회 3개, 극장 2개가 밀집해 있던 18개 블록 32만 제곱미터 면적의 슬럼 지역이 뉴욕시의 적극적 지원 속에 전면 철거되었다. 이를 슈퍼블록으로 통합한 대규모 단지에 14층 십자형 블록 110개 동을 조합하여 배치한 총 1만 1250호의 '공원 속 고층 주거'가 들어섰다. "뉴욕의 심장부에서 공원 속에서 살게 될 것"이라는 개발회사 대표의 공약과 함께 시작된 사업은 뉴욕 시민들의 열띤 호응 아래 10만 명 이상의 입주 청약이 몰리며 성황리에 마무리되었다.

한편에서는 건축계의 경외 속에 모더니즘 건축 미학이 지고한 예술의 반열에 진입하고 있었고, 다른 한편에서는 '공원 속 고층 주거' 모델이 대중의 인기를 모으고 있었다. 이러한 분위기 속에서 당시 나치의 압박과 일거리 부족에 시달리던 유럽 건축가들이 1930년대 후반부터 대거 미국으로 이주했다. 미국 건축계는 유럽 근대 건축가들을 극진히 우대했다. 일리노이 공과대학은 미스 반 데어 로에를 건축대학 학장(재임 1938~58)으로 초빙했고 하버드 건축대학원은 그로피우스를 학장(재임 1938~52)으로, 브로이어를 교수로 초빙했다. 미스 반 데어 로에는 초빙과 함께 일리노이 공과대학의 캠퍼스 계획 및 주요 건축물 설계를 의뢰받았으며, 그로피우스와 브로이어 역시 개인주택과 집합주택 등 여러 설계 프로젝트가 기다리고 있었다. 미국으로 무대를 옮긴 근대 건축이 미국의 경제력을 발판으로 이제 막 전성기를 시작하는 참이었다.

91 윌리엄 레스카즈, 윌리엄스버그 주거단지, 미국 뉴욕, 1936~38

92 윌리엄스버그 주거단지 배치도

93 윌리엄스버그 주거단지 4층 아파트

94 윌리엄 레스카즈, 필라델피아 저축기금협회, 미국 필라델피아, 1932

91

92

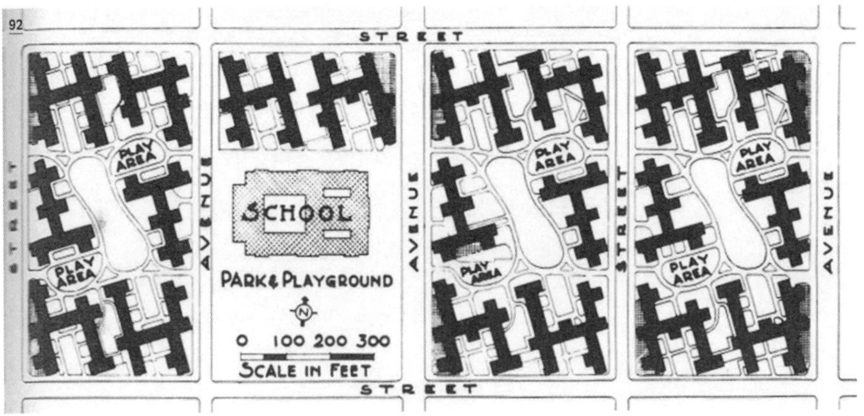

93

94

95 파크체스터 단지, 미국 뉴욕, 1939~42

96 파크체스터 단지 인접 가로 풍경

97 스터이베선트 타운, 미국 뉴욕, 1942~47

98 스터이베선트 타운 건설을 위한 기존 주거지 철거, 1945

97

98

사회적 실천과 유리된 근대 건축

모더니즘 예술은 19세기 말 태동하면서부터 예술가의 주관적 형식 미학을 지향하면서 '대중과 괴리'라는 난점을 내포하고 있었다. 그리고 이러한 속성은 엘리트주의적 고급 예술 상품화의 방향으로 나아갔다. 수공예주의에서 비롯한 '실용성'과 '재료와 구조의 솔직한 표현'을 중시한 모더니즘 건축은 대중적인 미적 윤리로 진전할 가능성이 있었다. 그러나 1900~30년대에 '과학기술과 산업 발전에 의한 유토피아' 이념과 결합하여 장식의 제거와 기계 미학을 추구하며 대중의 이해와 멀어진 엘리트주의로 나아갔고, 노동자의 삶에서 소외된 생산물이 되어갔다. 이때까지도 모더니즘 건축은 사회의 진보를 향한 개혁과 실천에 연결되어 있기는 했지만, 이 '개혁과 실천'은 건축 생산 과정과 형태 미학 자체의 내용과 형식에서 비롯하는 것이 아니라, 당시까지도 지배적 담론으로 잔존하던 구체제 역사주의를 거부함으로써 얻은 효과일 뿐이었다. 1920년대 유럽 도시들에서 만개했던 노동자용 공공임대주택처럼 예외적 사례들이 없지는 않았지만 말이다.

1920년대 소련의 구축주의나 유럽의 모더니즘이나 비슷한 양상을 보였으나 이후 양쪽의 행로는 전혀 다른 것이었다. 소련의 구축주의는 대중이 이해할 수 없는 결격 예술로 매도되며 퇴장당해버린 반면, 유럽의 모더니즘은 사회 개혁의 고리를 잃은 주관적 형식주의만 남긴 했지만 예술 상품 시장에서 각광을 받는 주인공으로 등극했다.

미국의 자유주의적 산업주의가 주도하는 사회 분위기와 팽창하는 경제는 모더니즘 예술과 건축이 사회 현실에 대한 고민과 실천과는 무관한 개인의 작업으로 변모하는 토양이 되었다.• 주관적 형식주의로서 모더니즘의 이상과 표현 형식은 미국에서 고급 예술 상품이 되기에 가장 적합한 양식이었다.

사회적 실천과 유리된 근대 건축은 온전히 형식 미학적 차원에서 자신의 의미와 가치를 내세우고 확인받으려 했다. 이 과업은 발전사관의 신봉자이자 철저한 근대 건축 옹호자였던 기디온에 의해 수행되었다. 그는 '구축이 디자인이 된다'(Konstruction wird Gestaltung)라는 슬로건으로 근대 건축에 대한 그의 생각을 요약했다. 건축은 더 이상 재현적인 파사드와 기념비적인 형태와 관련되지 않고, 구조 논리에 기반을 둔 새로운 관계를 디자인하는 것이 목적이라는 것이다. 그는 『공간, 시간, 건축』(1941)에서, 수많은 일시적(transitory) 사실들 속에서 구성적(constituent) 사실을 찾아내고 그 역사적 발전 과정을 포착하는 것을 역사가의 임무로 자임하면서, 근대 건축의 구성적 사실로서의 특징을 '상호관입'(외부와 내부의, 볼륨과 볼륨의), '동시성'(다른 관점에서 동시에 대상을 묘사하는), 투명성, 다면성 등의 개념으로 정의했다. 또한 역사가 진보하듯이 건축 역시 진보한다는 전제 아래 근대 건축이 도달한 건축 형식 원리상의 발전 단계를 찬미했다. 공간 없는 볼륨이었던 고대 그리스 건축에서 시작해 내부공간을 획득하고 진전시킨 로마-고딕-르네상스-바로크 건축을 거쳐 시간 요소까지 담아낸 경지에 이른 것이 근대 건축이라는 것이다. 부르주아 정신을 세계정신으로, 부르주아 국가체제를 역사 발전의 정점으로 보았던 헤

• 이와 관련하여 콜린 로는 『5인의 건축가』 서문(1975)에서 "우선은 건물에 대한 미국적인 사고에서 혁명이라는 주제가 결코 두드러진 요소는 아니었다. … 유럽의 근대 건축은 … 사회주의적인 분위기 속에 존재했으나, 미국의 근대 건축은 그렇지 않았다. 그러므로 1930년대에 유럽의 근대 건축이 미국으로 유입되었을 때 그것이 단지 건물에 대한 새로운 접근 방식으로서—그 이상은 아닌 것으로서—소개되었던 것 … 다시 말해 그것은 이데올로기적인 혹은 사회적인 내용들을 모두 제거당한 채 소개되었으며 … 그것은 자본주의를 위해 안전한 것이 되었고, 그로 인해 손쉽게 보급"되었다고 지적했다.

겔 역사관의 건축적 판본이라 할 만한 입론이었다. 또한 르네상스 문화를 진보하는 근대 사회 역사의 기점으로 정초하려 한 야콥 부르크하르트, 예술 표현 양식을 인간정신의 발전 과정으로 대응시킨 하인리히 뵐플린의 계보를 잇는 작업이었다.•

• 세 사람은 모두 스위스 출신이다. 기디온은 뵐플린의 제자이며, 뵐플린은 부르크하르트에게 사사했다. 부르크하르트는 바젤대학의 예술사 교수였으며 뵐플린이 그 후임 교수였다. 뵐플린에게 박사논문 지도를 받은 기디온은 1930년대 말부터 미국 하버드대학, 매사추세츠 공과대학, 스위스 취리히공대를 오가며 활동했다.

12

황금시대, 그리고 근대 건축의 시대

(1945~1972)

자본주의 황금기

제2차 세계대전은 제1차 세계대전의 두 배인 4천 7백만 명의 사망자를 낳았을 뿐 아니라 전 세계 수많은 도시를 폐허로 바꾸었다. 그러나 역설적으로 전쟁으로 인한 파괴가 창출한 막대한 수요는 자본주의가 새롭게 도약할 발판이 되어주었다. 특히 전쟁으로 인한 직접적 피해가 거의 없었고 연합국 세력의 군수기지 역할을 담당했던 미국은 전쟁 후 경제공황 후유증을 완전히 벗어나며 약진했다. 미국은 이제 경쟁 상대가 없는 절대 강국으로서 지위를 확고히 하면서• 북대서양조약기구 결성을 주도하며 세계 자본주의 진영의 경제 및 군사 질서를 이끌어 나갔다.

유럽 국가들은 전쟁 직후 경제적 어려움을 겪었지만, 사회주의 국가 소련의 영향력과 공황 재발을 우려한 미국의 원조에 힘입어 1950년쯤에는 전쟁 전 경제 수준을 회복했으며 이후에도 순조로운 경제성장을 지속했다. 전범국 독일과 일본 역시 1950년대에 들어서면서 고도성장을 시작했다. 제2차 세계대전 이후 1970년 무렵까지 기간은 '자본주의의 황금기'였다. 이 시기 세계 각국이 보여준 놀라운 경제성장 스토리에는 독일 '라인강의 기적'처럼 '기적'이라는 별칭이 붙

• 당시 미국은 경제와 군사 면에서 다른 국가들에 비해 압도적인 우위에 있었다. 1950년 미국의 국내총생산은 1만 4569억 달러(1990년 국제달러화 기준)였다. 서구에서는 2위인 영국조차 3479억 달러로 미국의 4분의 1에 못 미쳤고, 서독과 프랑스는 각각 2654억 달러와 2205억 달러에 불과했다.

곤 했다.•

사회주의 국가 소련 역시 제2차 세계대전 후 순조로운 경제성장을 이어가면서 경제적·군사적으로 강대국의 위상을 확보했다. 소련은 전쟁 후 동유럽과 중국·북한 등 사회주의 국가 진영을 이끌며 군사·정치를 비롯한 모든 면에서 미국과 대립했다. 미국과 소련의 대립은 전쟁 없는 전쟁, 즉 '냉전'(Cold War)이었다. 제2차 세계대전 이후 1970년대까지 가장 큰 전쟁이었던 한국전쟁(1950~53)과 베트남전쟁(1955~75) 모두 자본주의 진영과 공산주의 진영의 대립이었으나 이들 전쟁에서도 미국과 소련이 직접 군사적으로 충돌한 전투는 없었다. 이 냉전체제 속에서 양 진영의 경제·문화적 교류는 거의 없었다. 냉전체제가 1991년 소련과 동구권의 붕괴로 끝나면서 이 시기 서구 역사의 주인공은 온전히 자본주의 진영에 속한 국가들이 되었다. 특히 건축을 포함한 문화예술 분야의 역사에서 사회주의 국가들의 이야기는 거의 배제되었다.

이 시기 세계 자본주의 경제의 약진을 이끈 것은 대량생산기술의 혁신으로 인한 생산력의 폭발이었다. 포드 자동차가 1908년부터 예시했고 1920년대에 소련을 포함하여 서구 주요 국가들이 매진했던 '표준화와 컨베이어벨트를 결합한 대량생산' 모델이 제2차 세계대전 이후 모든 산업과 모든 국가로 확산되었다. 이른바 포드주의••가 세계 자본주의 경제의 방법론이자 이념으로 자리 잡았다.

포드주의의 핵심은 '기계에 의한 반복 생산이 가능하도

• 일본에서는 '전후 경제 기적', 타이완에서는 '타이완 기적'(台灣奇蹟), 프랑스에서는 '영광의 30년'(Trente Glorieuses), 이탈리아에서는 '경제 기적'(il miracolo economico), 그리스에서는 '그리스 경제 기적'(Greek economic miracle)이라 표현한다.

록 표준화된 생산품'과 '비숙련 노동자들에 의한 분업이 가능한 조립 라인(컨베이어벨트)'이지만, 빠트릴 수 없는 또 하나의 핵심은 '노동자들에 대한 높은 임금 지불'이었다. 대량생산된 상품을 구매할 소비자가 결국 노동자이므로 그들이 구매 능력을 가질 수 있을 만큼 임금을 지불할 필요가 있었다. 바로 이 대목에서 포드주의는 단순한 '생산기술' 차원을 넘어 사회의 작동 방식에 관계하는 '체제 이념'으로 격상된다. '대량생산에 의한 상품 가격 하락→수요 증가→생산 확대'라는 기본적인 사이클에 '생산 확대에 따른 고용 증가→총임금 증가→구매력 증가→수요 증가'와 '기업 이윤 증가→노동자 임금·복지 수준 상승→구매력 증가→수요 증가'라는 보조 사이클이 가세한다. 기업은 증대된 이윤을 설비 등에 재투자해 생산 능력을 더 키우고, 경제가 완전고용에 도달한 상태에서 노동자들은 높은 수준의 임금과 복지를 누리며 저렴한 가격으로 상품을 구매하는 생활을 향유하는 사이클인 것이다. 그야말로 '모두가 풍요로운 사회'가 포드주의에 의해 마침내 가능해진 것으로 여겨졌다.

실제로 이 시기에 선진 자본주의 국가들에서는 고용 증가와 소득 수준 향상으로 중산층이 급격히 늘어났으며, 이들이 자동차·냉장고·세탁기·텔레비전·라디오·전화 등 대량생산 상품을 갖추고 대량생산 주택(mass housing)에서 거주하는 생활 양식이 보편화했다. 19세기부터 부르주아 계급이 그려왔던 '생산력 발전에 의한 유토피아'가 바야흐로 눈앞에 가까워진 듯했다.

•• 포드 자동차 신화는 1910년대의 일이지만, 포드주의라는 용어와 개념은 이탈리아 마르크스주의 정치운동가인 그람시가 그의 『옥중수고』(1929~35 저술, 1947년 초판 출간)에서 처음으로 사용했다. 이후 경제학과 사회학 분야에서 널리 사용되고 있다.

포드주의 유토피아

1950년대 서구 자본주의 국가들에서 포드주의 경제체제가 성립할 수 있었던 국제적 요인들로는, 1930년대부터 개발된 중동의 석유를 서구 열강들이 장악하면서 원유 가격이 낮은 수준으로 유지되었다는 점과 국제 무역량이 급증하여 국가 간 분업체제가 진전됨으로써 생산력이 더욱 커졌다는 점을 들 수 있다.

포드주의를 품은 또 하나의 배경은 1929년 대공황이 낳은 수정자본주의체제였다. 미국의 뉴딜 정책이 보여주듯이 정부가 시장에 적극적으로 개입하는 정책이 보편화했고, 전쟁을 치르면서 '모든 정책을 국가가 주도하는 체제'가 등장했다. 시장경제를 존속하면서 정부가 경제 정책을 이끄는 이 체제는 종래의 경제적 자유주의에 사회주의적 국가주의가 결합한 '수정된' 자본주의였다. 국가 주도의 경제 정책은 국민들에 대한 복지제도 확대로 표출되었다. 순조로운 경제 성장이 고용 증가·임금 상승과 복지제도 확대로 이어지면서 포드주의 이념이 완성되었고 이는 다시 복지자본주의 국가체제로 연결되었다. 생산성 증대의 성과를 노동자 계급에게 배분한다는 점에서 이는 19세기 말 유럽에서 태동한 사회민주주의의 이념이 성취된 것이라고 해도 좋을 만한 것이었다.

민주주의의 진전으로 노동자 계급의 정치적 영향력이 커진 것 역시 각국 정부가 사회민주주의적 복지제도를 강화하게 된 요인이었다. 영국 노동당은 전시 거국내각에 참여하여 주도적 역할을 했고, 프랑스 공산당은 반나치 기조 아래 레지스탕스 운동을 실질적으로 이끌며 대중에게 깊은 인상을 남겼다. 정치적 위상이 높아진 이들 정당은 전쟁 이후 제도권 정치에서 영향력을 발휘했다. 예컨대 영국 노동당은 기간산업의 국유화와 무상교육을 추진했으며, 프랑스 공산당은 선거에서 크게 세를 넓히며 1946년 정부 구성에 삼각 축의 하나로 참여했다. 미국에서는 노동자 계급이 독자적인 사회주의 정당을 만들지는 않았지만, 루스벨트의 민주당에 협력하여 상당한 정도의 노동조합 권리를 획득할 수 있었다.

패전국인 서독·이탈리아·일본에서는 권위적 지배체제로 복귀하려는 세력이 제거되고 공산주의 세력도 철저히 배제한 채, 미국이 이식한 민주화 과정을 통해 새로운 민주정부가 수립되었다. 비록 스페인·포르투갈에서 전체주의적 독재가 지속되었지만 서구 국가 대부분에서는 자유주의와 사회민주주의가 혼합된 형태의 민주주의체제가 강화되면서 노동자 계급에 대한 복지 정책이 추진되었다.

요컨대 이 시대는 미래에 대한 낙관으로 가득 차 있었다. 생산력 발전이 역사의 진보를 이끌며 사회 전체에 풍요를 가져다줄 것이라는 믿음이 만연했다. 아직 진보의 궤도에 올라타지 못한 국가들 역시 잠시 뒤처진 것일뿐, 앞서서 진보한 국가(선진국)를 뒤이어 진보(후진국)할 것이 약속되어 있는 셈이었다. 인간의 이성적 능력이 일구어낸 과학과 생산기술의 발전이 드디어 모두가 풍요로운 유토피아를 세운 듯 보였다. 풍요로운 시대였지만 공공 서비스 부족으로 상대적 불평등이 심해진 현실을 비판한 존 케네스 갤브레이스의 『풍요한 사회』(1958)는, 이제 적절치 않아진 주류 경제학과 경제 정책을 대신해 인류 역사가 성취해낸 풍요를 다룰 새로운 지혜가 필요하다고 역설한 '풍요 예찬'에 가까웠다. 이 세심한 예찬은 급기야 지배-피지배 계급의 대립이 소거되었음을 선언한 대니얼 벨의 『이데올로기의 종언』(1960)으로 이어졌다.

그러나 이들이 예찬한 '모든 이의 풍요'는 지속적인 생산성 향상을 전제로 그 성과의 일부를 배분한 결과였고, 이는 더 이상의 생산성 향상이 곤란해진다면 언제라도 철회될 것이었다. 그것은 '대중의 상품 수요는 무한한 것'임을 전제해야만 지속 가능한 '대량생산-대량소비' 체제인 포드주의 유토피아의 이면이었다. 그리고 그 풍요가 얼마 후 막을 내릴 것임을 예고하는 것이었다.

도시공간의 변용

1944년 패트릭 애버크롬비(1879~1957)의 제안으로 만들어진 대(大)런던계획은 전쟁으로 파괴된 도시를 재건하기 위한 것이기도 했지만, 무엇보다도 선진 자본주의 국가의 산업구조 변동과 이에 따른 도시공간의 수요 변화를 반영한 것이었다. 이 계획은 이후 서구 각국 도시계획의 모델이 되었다. 런던이 더 이상 평면적으로 확장하는 것을 멈추도록 하고 런던 밖에 신도시들을 개발하여 과밀하게 집중한 인구와 공장을 분산시키려는 것이 대런던계획의 골자였다. 이를 위해 런던 도심을 외곽 시가지와 교외로 둘러싸고• 그 바깥에 녹지 지역인 그린벨트를 계획하여 도시 팽창의 한계를 명확히 설정했다. 그리고 그린벨트 바깥 농촌 지역에 신도시들을 개발하여 런던 중심부의 인구를 수용하려고 했다. 애버크롬비의 계획이 정치적 지지를 받으며 1946년 신도시법이 제정되었고, 런던 근교에 스티버니지(1946~)를 필두로 하트필드(1946~), 할로(1947~) 등 여덟 개 신도시개발이 시작되었다. 이어 1950~60년대에도 컴버놀드(1955~96), 밀턴케인즈(1967~) 등의 신도시들이 개발되었다. 중앙정부가 투자하고 개발업자를 선정해 개발하는 방식으로 런던 근교에 들어

• 외곽 시가지 링(Inner Urban Ring)에서는 파괴된 건물을 재건축 하는 것 외의 새로운 주거지 개발이나 공장 설립을 제한했다. 교외 링(Suburban Ring)은 베드타운이 되지 않도록 주거와 경공업을 혼합 개발하도록 계획되었다.

선 신도시는 1950년대에만 14개에 달했고 1960년대에도 다섯 개가 추가되었다.

런던을 모델 삼아 다른 국가들에서도 대도시 주변에 공업 입지와 주거지 개발을 목적으로 한 신도시들이 들어섰다. 파리에서는 1965년부터 신도시 건설 정책이 시행되었다. 마른-라-발레(1969~), 세르지-퐁투아즈(1969~), 생-캉탱(1969~), 이브리(1969~), 믈룅-세나르(1970~) 등이 당시 건설이 시작된 대표적인 신도시들이다.

지방정부가 나서서 주거지와 신도시를 개발한 유럽과는 달리 미국에서는 민간기업이 상업적 목적으로 개발한 대규모 교외 주거지들이 조성되었다. 가족회사인 레빗 앤드 선즈가 제2차 세계대전 직후 제대 군인들의 주택 수요를 겨냥하여 맨해튼에서 40킬로미터 떨어진 롱아일랜드에 개발한 단독주택 주거지 레빗타운(1947~51)이 대표적이었다. 그들은 싼값에 매입한 농장 부지에 표준설계 주택을 하루 30채씩에 달하는 빠른 속도로 건축하고, 가전제품까지 패키지로 묶어 저렴한 가격에 판매하는 방식으로 1만 7천여 채의 주택을 팔며 대성공을 거두었다.•• 레빗의 주거지 개발사업은 펜실베이니아(1952~58), 뉴저지(1958~), 푸에르토리코(1963~), 메릴랜드(1964~)에서 반복되었다. 자동차와 가전제품 대량생산과 맞물리며 빠르게 개발된 미국 특유의 교외 주거 지역(suburbia)은, 비록 백인 중산층에 국한된 일이긴

•• 레빗타운의 성공은, 지하실을 없애고 미리 가공된 부재, 최적화한 보일러 사용 등으로 공사비를 최대한 낮춘 노력도 한몫했지만, 주택 공급을 서두르던 미국 정부의 적극적 지원에 힘입은 바 컸다. 정부는 각종 건축 관련 법규를 완화해주었으며 주택 구입자들에게 30년 상환 장기융자를 제공했다. 임대주택으로 시작했던 레빗의 사업이 분양주택사업으로 전환하며 지속적인 성공을 거둘 수 있었던 것은 이 때문이었다.

했지만, 앞으로 한동안 지속될 풍요의 시대를 체감하게 했다. 대규모 주거지 개발사업은 도시 스케일로도 이루어졌다. 워싱턴 D.C. 인근의 레스턴(1964~)과 컬럼비아(1967~) 등은 부동산 개발업자가 개발한 도시다. 이곳 거주민들이 도심에 있는 직장으로 출퇴근하기 용이하도록 도로망과 전철 노선이 확충되면서 이곳으로 이주하는 인구가 늘었고 주택 건축도 증가했다.

신도시 조성과 더불어 도시공간을 변화시킨 또 하나의 요인은 도시 재개발이었다. 도시 중심 지역 재개발 및 정비 사업은 오스망의 파리 개조가 예시하듯이 이미 19세기부터 진행되어왔다. 19세기 도시 재개발이 공업 발전으로 증가한 교통량을 소화하고 상징 가로를 조성하려는 것이었다면, 1940~70년대 도시 재개발은 산업구조 변동에 대응하려는 것이었다.

포드주의 경제의 성과가 축적되면서 상업·금융자본이 산업자본을 넘어서기 시작했다. 도소매업·금융업 등 3차 산업이 빠르게 성장했고 2차 산업, 즉 제조업 기업 역시 규모가 커지면서 경영·관리 업무 조직이 커졌다. 이제 도시는 공업이 아니라 상업·금융·경영관리의 중심지였다. 대도시 중심부 토지 수요와 건축 생산의 주체 역시 공업에서 서비스 업종으로 급속히 바뀌어갔다.

팽창하는 3차 산업의 막대한 개발 수요가 도심부로 집중되었다. 도심부의 적정한 밀도를 관리하기 곤란했을 뿐아니라, 전후 도시계획의 기본 방향이었던 도시 확장 억제와 지방 분산 기조를 유지할 수 없을 정도였다. 도시 중심부에는 대규모 상업시설과 사무실이 집중되었고, 여기에 종사하는 사무직 노동자들과 다시 이들의 일상적 소비활동을 서비스하는 하위 서비스산업 노동자들이 모여들었다. 주거지와

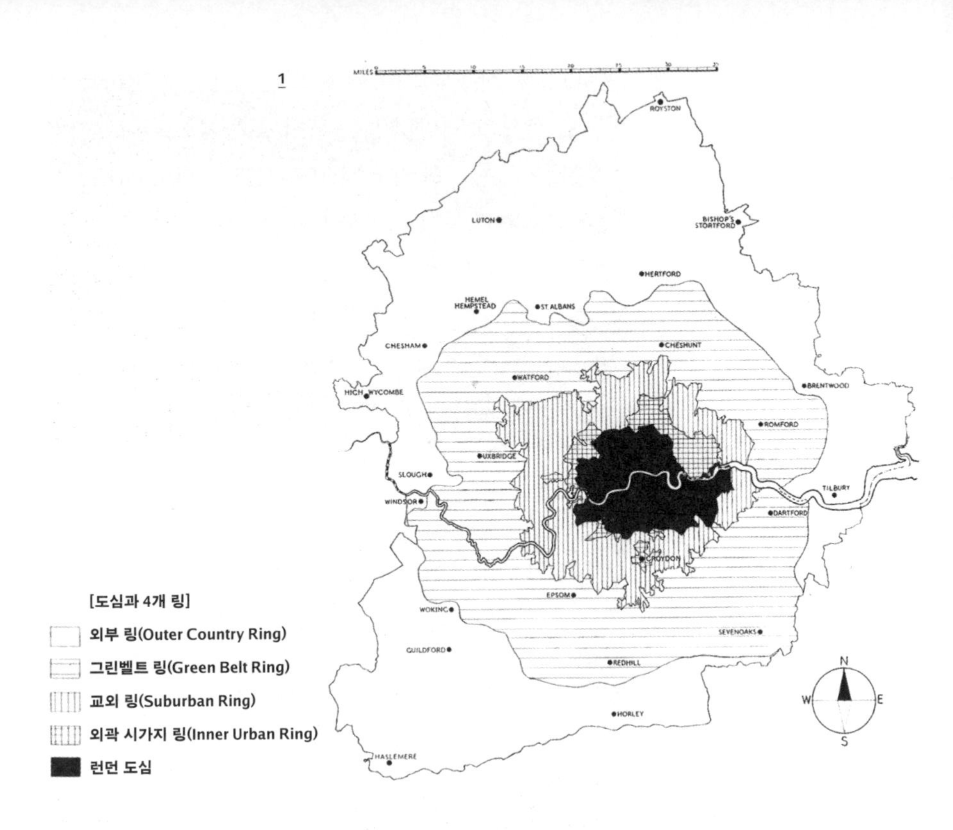

1 패트릭 애버크롬비, 대런던계획, 1944

주택에 대한 수요는 계속 불어났고 이는 기성 시가지 고밀화와 외연 확대로 이어졌다. 급기야 도시들이 이어지며 한 덩어리가 되는 메가폴리스(megapolis), 즉 광역도시권이 형성되면서 자본의 공간적 집적이 극대화했다.

도시 재개발의 주요 프로그램은 대규모 주거단지와 상업 중심지 건설이었다. 유럽 여러 도시에서 전쟁으로 파괴된 시설을 재건하는 사업과 맞물려 재개발이 순조롭게 진행되었다. 한편, 전쟁 피해가 없었던 미국 도시들에서는 기존 도심 지역 중 노후 지역을 철거하고 재개발하는 사업이 진행되었다. 뉴욕에서는 1930년대 뉴딜 정책 시기부터 강력하

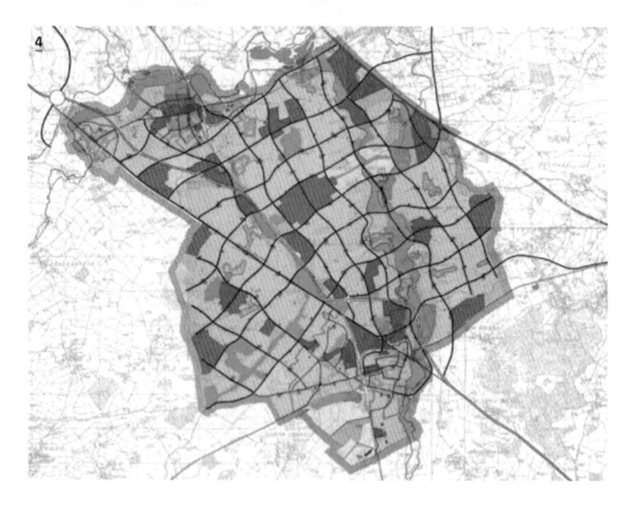

2 스티버니지 신도시 타운센터, 영국 스티버니지, 1946~

3 밀턴케인스 신도시, 항공사진

4 밀턴케인스 신도시 계획도, 영국 밀턴케인스, 1967~

5 마른-라-발레 신도시 누아지르그랑 지구, 프랑스 마른-라-발레, 1969~

6 세르지-퐁투아즈 신도시 주요 보행공간 체계도

7 레빗타운, 미국 펜실베이니아, 1958년 모습

8 레빗타운 주택, 미국 뉴욕(롱아일랜드), 1951

게 개발사업을 추진해온 행정관료 로버트 모지스가 1960년대까지 계속해서 영향력을 발휘했다. 대규모 공공아파트단지들, 교량 12개, 수많은 공원, 링컨 센터(1955~69)와 셰이 경기장(1961~64)을 위시한 대규모 문화시설이 건설되었다. 이들 대부분은 노동자 계급 등 하위 계층의 주거지였던 곳을 기업과 중간층의 공간으로 재편하는 과정에서 '전면 철거 후 재개발' 방식으로 만들어졌다. 1960년대에 들어서면서 반대와 저항이 적지 않았지만 전면 철거 재개발은 계속되었다.

런던에서는 피카딜리 서커스, 코벤트 가든, 리젠트가, 레스터 스퀘어 일대에 대규모 상업 건축물들이 들어서며 도시의 기능과 풍경을 일신했다. 파리에서는 빅토르 발타르가 19세기에 철 구조로 건축했던 중앙시장을 1971년에 해체하고 시작한 재개발사업이 대표적이었다. 퐁피두 센터(1971~77)와 포럼 데 알(1971~79)• 등이 이때 지어졌다.

포드주의 건축 생산과 국제주의 양식

도시는 공업·생산 중심지에서 상업·소비 중심지로 바뀌고 있었다. 상업·금융업이 창출하는 막대한 이윤은 부동산 개발 붐을 일으켰다. 상업용 건축 경쟁으로 형성된 땅값에 따라 생산할 건축물의 종류와 자리가 정해졌고 도시 형태가 만들어졌다.

엄청나게 증가한 건축 생산량과 이를 둘러싼 건축업체들의 치열한 경쟁 속에서 건축 생산기술과 생산조직 또한 고도화되었다. 초고층건물과 거대 구조물을 가능케 하는 새로

• 클로드 바스코니와 조르주 펜크레가 설계한 이 건축물은 "영혼이 없고 건축적으로 과장된 콘크리트 정글"이라는 비판에 시달렸다. 2007년 재건축 설계공모가 다시 열려 '파트리크 베르쥐 자크 앙주티 아키텍츠'의 안이 당선되어 2016년 준공되었다.

9 뉴욕 맨해튼 링컨 센터 건설 부지 철거, 1962

10 링컨 센터, 미국 뉴욕, 1955~69

11 셰이 경기장, 미국 뉴욕, 1961~64

12 셰이 경기장에서 열린 야구 경기

13
IMAX
IS BELIEVING
NOW
OPEN
IMAX
EMPIRE
CASINO

14
Carry the big
fresh flavour
THE MUSIC
LOVERS
WOMEN IN LOVE

13 레스터 스퀘어, 영국 런던, 2016

14 피카딜리 서커스, 영국 런던, 1972

15 렌초 피아노와 리처드 로저스, 퐁피두 센터, 프랑스 파리, 1971~77

16 클로드 바스코니와 조르주 펜크레, 포럼 데 알, 프랑스 파리, 1971~79
(2010~16년 재건축 전 모습)

운 공법과 시공관리체계가 발전했고 건축 생산은 새로운 국면을 맞았다.

미국의 대도시는 고밀도 고층 개발의 중심 무대였다. 대규모 사무실 건물과 고급 주거용 건물이 모더니즘 건축가들의 국제주의 양식으로 속속 건축되었다. 수익 목적의 이들 상업용 건축물이 필요로 하는 고밀도 토지 이용과 기능적인 공간구성이야말로 모더니즘 건축가들의 국제주의 양식이 지향하는 미학적 형태에 걸맞는 것이었다.

프랭크 로이드 라이트가 존슨 왁스 본부(1936~39)에 연계하여 증축한 연구동 건물(리서치 타워, 1944~50)이 고층 건축의 새로운 형태 미학을 보여준 작업이었다면, 유엔 사무국 빌딩(1947~52), 비누 제조기업 레버 브러더스사의 본사 건물인 레버 하우스(1950~52)는 고층건물에 커튼월 공법을 채용하여 모더니즘의 미학을 완성한 작업이었다. 부동산 개발업자가 미스 반 데어 로에에게 설계를 맡긴 고급 주거 건물인 860-880 레이크 쇼어 드라이브 아파트(1948~51)에서는 철골조 건물 외벽에 I형강으로 덧붙인 멀리언(mullion)을 놓고 건축 형태 표현의 진실성에 대한 시비가 일기도 했다. 구조적 역할이 없는 멀리언을 마치 구조재인 것처럼 I형강으로 표현한 것은 미스가 내세우는 '적을수록 많아진다'(less is more) 원칙, 나아가 구조·재료의 솔직한 표현과 장식의 배제라는 근대 건축 형태 원리에 위배된다는 평이 나왔다. 미스는 시그램 빌딩 등 다른 고층건물 설계에서도 같은 방식을 사용했다. 1960년 인터뷰에서 미스는 "나에게 구조는 논리다. 그것이 구조 논리를 표현하는 최선의 방법이다"라면서 I형강 멀리언이 자신의 미학을 위배한 것이 아니라고 강변했다. 주관적 형식주의 미학 담론 세계에서의 관심사가 무엇인지를 보여준 해프닝이었다.

17 프랭크 로이드 라이트, 존슨 왁스 리서치 타워, 미국 라신, 1944~50

18 오스카 니마이어와 르 코르뷔지에, 월리스 해리슨, 유엔 사무국 빌딩, 미국 뉴욕, 1947~52

19 SOM, 레버 하우스, 미국 뉴욕, 1950~52

20 미스 반 데어 로에, 860-880 레이크 쇼어 드라이브 아파트, 미국 시카고, 1948~51

21 860-880 레이크 쇼어 드라이브 아파트 외벽의 I형강 멀리언

미스가 설계한 시그램 빌딩(1956~58)은 모더니즘 건축 미학이 도시공간에 베푸는 배려를 예시했다. 미스는 대지 중앙부에 고층 타워를 배치해 도로 사선 제한을 피함으로써 고층 건축물의 미학을 완성적으로 보여주는 동시에 도심 한복판에 귀중한 오픈스페이스(개방공간)를 제공하는 효과를 연출했다.•

1960년대에도 경제성장은 계속되었고 고층 건축 붐은 더욱 거세졌다. 바야흐로 초고층 건축 전성시대였다. 부동산 개발회사가 미시간호수 변에 지은 70층 197미터 높이의 판매용 고급 주거시설 레이크 포인트 타워(1965~68), 보험회사의 수익사업용 주상복합건물로 100층 344미터 높이의 존 행콕 센터(1965~69), 뉴욕주와 뉴저지주 정부의 합작인 110층 415미터 높이의 세계무역센터 쌍둥이 빌딩(1966~72), 당시 세계 최대 백화점 기업이었던 시어스의 사옥인 108층 442미터 높이의 시어스 타워(1970~74) 등이 '최고 높이'를 경쟁하며 건축되었다.

미국만큼은 아니었지만 유럽에서도 고층 건축 붐이 일었다. 이탈리아에서는 타이어 회사 피렐리의 사옥인 그라타첼로 피렐리(1956~58, 32층 127미터), 영국에서는 최대 석유기업인 BP사의 런던 본사 건물인 브리태닉 하우스(1967, 36층 127미터, 2000년 개수 후 시티포인트로 개명)와 런던 개발업자가 올린 주상복합 건물 유스턴 타워(1969~70,

• 1916년 시행된 뉴욕의 지역 규제(zoning resolution)는 도로·대지 경계선에서 대지 중심선까지 거리의 2분의 1 영역 안에 배치하는 건축물에만 도로사선에 따른 높이 규제를 했다. 미스는 부지 중 높이 규제를 받는 앞부분은 광장으로 비우고 규제를 받지 않는 영역에서 정연한 형태로 고층타워를 설계했다. 시그램 빌딩의 영향으로 1961년 뉴욕시는 '사유 공공공간'(privately owned public spaces)을 설치하는 건축물에 혜택을 주는 것으로 규제 내용을 개정했다.

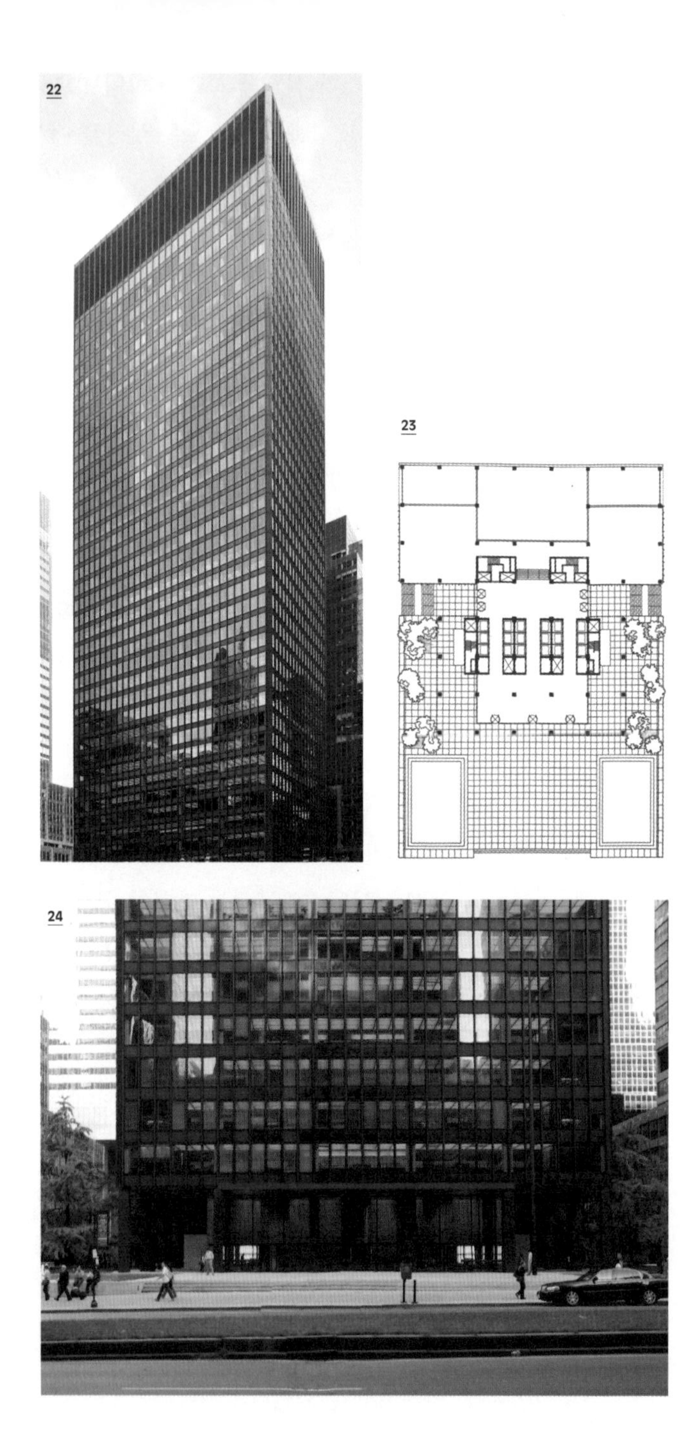

22 미스 반 데어 로에, 시그램 빌딩, 미국 뉴욕, 1956~58

23 시그램 빌딩 1층 평면도

24 시그램 빌딩 전면 광장과 입구

25 쉬포레이트 앤드 하인리히, 레이크 포인트 타워, 미국 시카고, 1965~68

26 SOM, 존 행콕 센터, 미국 시카고, 1965~69

27 미노루 야마사키, 세계무역센터 쌍둥이 빌딩, 미국 뉴욕, 1966~72

28 SOM, 시어스 타워, 미국 시카고, 1970~74

29 지오 폰티와 피에르 루이지 네르비, 그라타첼로 피렐리, 이탈리아 밀라노, 1956~58

30 셰퍼드 롭슨, 브리태닉 하우스, 영국 런던, 1967

31 카비네 소보 쥘리앙, 투어 몽파르나스, 프랑스 파리, 1969~73

32 롤란트 코른 외, 파크 인 베를린, 독일 베를린, 1967~70

36층 124미터), 독일에서는 동베를린 최고층 건물이자 호텔이었던 파크 인 베를린(1967~70, 41층 125미터), 프랑스에서는 파리 도심부 최고층으로 임대용 사무실 건물인 투어 몽파르나스(1969~73, 59층 210미터),• 그 이듬해에 파리 최고 높이 자리를 빼앗은 보험사 사옥 투어 위아페(1974, 52층 231미터) 등이 앞을 다투며 건축되었다.

공공임대주택 건축

제2차 세계대전 이후 민주주의가 정착됨에 따라 대중의 정치적 영향력이 커졌고, 이것이 경제성장과 맞물리면서 대중의 삶의 질을 높이기 위한 공공임대주택과 공공건물 건축 생산이 주요한 과제로 떠올랐다. 주거 건축은 땅값이 상대적으로 저렴한 대도시 주변 위성 신도시와 기존 도시 외곽지역에 대규모 단지를 조성해 아파트 등 대량생산 주택을 건설하는 방식으로 이루어졌다. 주로 저소득계층을 위한 공공임대주택으로 건축된 이들 아파트단지에서는 국가가 서둘러 추진한 주택공급 정책에 따라 프리캐스트 콘크리트(precast concrete) 등 공업화 공법이 널리 사용되었다. 또 토지 이용 효율을 높이면서도 오픈스페이스를 확보하기 위해 고층아파트 형식이 보편적으로 채용되었다. 1920~30년대에 유럽 모더니즘 건축가들의 이념이었던 '기계 미학-기계 생산, 합리적 비용, 건강한 오픈스페이스와 햇빛'이 결합된 '공원 속 고층 주거'가 그야말로 '국제주의'적인 해법으로 세계 각국에서 구현되었다.

르 코르뷔지에가 프랑스 정부 도시재건 정책의 일환으로 마르세유에 건축한 유니테 다비타시옹(1947~52)은 자신

• 투어 몽파르나스가 파리 도심 경관을 해친다는 비판이 커지면서 1975년 파리 도심 지역에 7층을 초과하는 건축을 금지하는 규제가 시작되었다.

33 르 코르뷔지에, 유니테 다비타시옹 마르세유 단위주거

34 르 코르뷔지에, 유니테 다비타시옹, 프랑스 마르세유, 1947~52

35 르 코르뷔지에, 유니테 다비타시옹, 프랑스 피르미니-베르, 1965

33

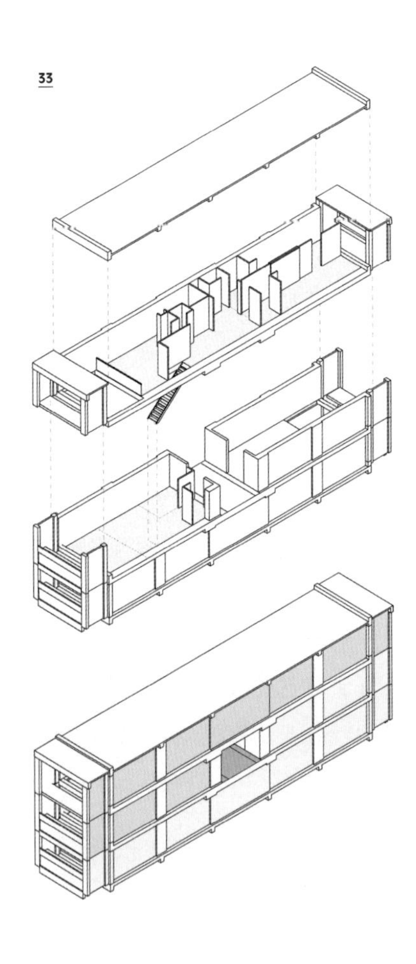

34

35

의 '빛나는 도시'에서 구상한 고층 주거를 구현해 보인 모델 프로젝트였다.• 건물 중간층에 상점가를 두고 옥상에는 미술학교·물놀이장·달리기 트랙을 두는 등 건물 하나가 곧 사회 기본 단위로서의 공동체를 이룬다는 구상이었다. 르 코르뷔지에는 마르세유 유니테 이후 여러 공적 주체의 의뢰로, 낭트-흐지, 베를린, 브리에-옹-포레, 피르미니-베르에도 유니테를 건축했다.•• 필로티로 들어 올려 땅으로부터 독립시킨 거의 동일한 설계로 여러 도시의 서로 다른 대지에 건축된 이들 유니테는 표준화-대량생산이라는 근대 건축의 이념을 직설적으로 보여준다.•••

파리의 경우 1950년쯤부터 신도시개발 정책이 본격화된 1960년대 말까지 대규모 공공임대아파트단지(그랑 앙상블) 건설에 박차를 가해 1964년까지 파리에만 1천 호 규모 임대아파트단지 95개가 건설되었다. 1969년쯤에는 파리와 그 주변 지역에 거주하는 인구의 6분의 1이 그랑 앙상블

• 프랑스 정부는 1945년 도시재건부를 설치하고 재건 프로젝트들을 기획하여 유수의 건축가들에게 설계를 의뢰했다. 페레에게 르아브르 도심 재건계획을, 르 코르뷔지에에게 모델 아파트로서 마르세유 주거블록, 즉 '유니테'(프랑스어 unité, 영어로 unit은 공동주택에서 단위 주거 세대를 말한다) 설계를 의뢰했다. 유니테는 당초 1946년 준공할 계획이었으나 예산 문제로 지연되어 1952년 준공했다.

•• 낭트 유니테(1952~55)는 시 건축가의 도시재건계획에 동조하지 않은 협동조합 주택 회사 대표가 르 코르뷔지에에게 사업을 별도로 발주함으로써 시작되었고, 베를린 유니테(1956~57)는 베를린시가 주택 부족 문제 해결책의 일환으로 유명 건축가들을 초치하여 개최한 국제건축전(1957 Interbau) 프로젝트로 설계되었다. 브리에 유니테(1959~61)는 도시재건계획에 포함된 주택지구 내 주거 건축을 시정부의 요청으로 수행한 것이며, 피르미니 유니테(1965~67)는 시정부 요청으로 세 개 동을 설계했으나 시민들의 반대로 한 개 동만 건축되었다.

••• 르 코르뷔지에는 마르세유 유니테 설계를 의뢰받은 1945년 프랑스 북동부의 도시 생디에데보주에서도 시정부의 요청으로 유니테 여덟 개 동 건축을 포함하는 도시재건계획안을 작성했다. 이 계획안은 시민들의 반대로 실현되지 못했다.

36 필립 파월과 히달고 모야, 처칠 가든스, 영국 런던, 1946~62

37 대규모 공공임대아파트단지(그랑 앙상블)들, 프랑스 사르셀, 1955~70

38

39

38 LCC, 올턴 주거지, 영국 런던, 1951~59

39 LCC, 캐나나 워터 주거지, 영국 런던, 1962~64

40 뉴욕 주택청, 패러것 단지, 미국 뉴욕, 1949~52

41 패러것 단지 타워형 주거동들

42 뉴욕 주택청, 이든월드 단지, 미국 뉴욕, 1951~53

43 뉴욕 주택청, 바루크 단지, 미국 뉴욕, 1954~59

에 살았다. 런던에서도 처칠 가든스(1946~62), 올턴 주거지(1951~59), 캐나다 워터 주거지(1962~64) 등 공공임대아파트단지가 속속 건설되었다.

부동산개발 기업에 의한 중산층용 주거지 개발사업이 성행한 미국에서도 뉴욕 등 대도시 지역에서는 지방정부가 저소득 계층을 위해 공급하는 공공임대아파트단지가 대량으로 건축되었다. 미국 뉴욕의 마시 단지(1945~49, 1705호), 패러것 단지(1949~52, 1390호), 앨프리드 E. 스미스 단지(1950~53, 1931호), 이든월드 단지(1951~53, 2034호), 바루크 단지(1954~59, 2193호), 풀턴 단지(1962~65, 945호) 등이 뉴욕 주택청에 의해 건축되었다. 이들 대규모 단지들은 기존 도로망과 블록체계를 무시하며 도시 블록 여러 개를 슈퍼블록으로 통합한 '공원 속 고층 주거'로 건설되었다. 예컨대 브루클린 중심지에 지어진 패러것 단지는 18개 블록, 341개 필지, 여덟 개 도로를 철거하고 세 개의 슈퍼블록으로 통합하여 13~14층 별 모양 타워형 아파트 열 개 동을 건축한 것이었다.

공공 건축 전성시대

경제적인 풍요로움 속에서 주거 건축 말고도 공공 건축 생산이 사상 유례가 없는 활황을 맞았다. 도시마다 시민들의 문화활동과 여가생활을 위한 문화센터·미술관·공연장·스포츠시설들이 앞다투어 건축되었다. '공공'의 목적에 너그러웠던 건축 예산에 기대어 모더니즘 건축의 형태 미학은 물론, 새로운 공간 형식과 구조 방식의 가능성을 모색하는 의욕적인 작업들이 속출했다.

1951년 완공된 런던의 로열 페스티벌 홀은 런던 만국박람회 100주년을 기념하고 제2차 세계대전으로부터의 완전한 회복을 자축하는 행사였던 영국 축제(Festival of

44 로버트 매슈 외, 로열 페스티벌 홀, 영국 런던, 1948~51

45 데니스 래스던, 국립 극장, 영국 런던, 1967~76

46 한스 샤로운, 베를린 필하모니, 독일 베를린, 1960~63

47 베를린 필하모니 내부

Britain)의 시설물 중 하나로 건축한 2900석 규모의 공연시설이었다. 베를린에서는 베를린 필하모니(1960~63)가, 뉴욕에서는 6만 6천 제곱미터 부지에 공연장·도서관·음악학교 등 30여 개 문화시설을 종합한 링컨 센터가 건축되었다. 런던은 1960년대에 로열 페스티벌 홀 주변에 부속 콘서트홀들과 미술관을 더하고, 다시 여기에 세 개의 극장으로 구성된 대공연장인 국립 극장(1967~76)을 추가했다. 미국 세인트루이스에서는 미국의 서부개척을 기념한다는 취지로 높이 192미터의 세계 최대 아치 구조물인 '서부로 가는 문'(1963~65)이라는 기념비가 치열한 설계공모(1947~48)를 통해 건축되기도 했다.• 이들처럼 대규모는 아니지만 나선형 계단으로 전시 공간을 구성한 프랭크 로이드 라이트의 구겐하임 미술관(1956~59)과 연속된 배럴볼트로 구성한 지붕에서 직사광을 미술관에 적합한 간접광으로 바꾸어낸 루이스 칸의 킴벨 미술관(1969~72)은 20세기 미술관 건축의 걸작이라 할 만하다.

공공청사 건축은 대부분 관료적 격식과 기념비적 형태 표현을 떨쳐버리지 못하는 가운데 민주적인 설계를 지향하는 작업들이 일부 진전했다. 지역의 재료를 쓰고 시민들이 쉽게 접근하고 이용할 수 있도록 고안된 알바 알토(1898~1976)의 세이나찰로 시민 센터(1949~52)는 이러한 면에서 주목을 받았던 작업이다. 노출콘크리트의 브루탈리스트적 형태로 호평과 악평을 동시에 받았던 보스턴 시청사

• 미시시피강 서쪽 지역은 17세기 프랑스인들이 탐험하며 '루이 14세의 땅'이라는 뜻으로 루이지애나(Louisiana)라고 불렸다. 18세기에 프랑스, 영국, 스페인으로 관할권이 바뀌다가 1800년에 다시 프랑스로 이양되었는데, 미국이 1803년 프랑스로부터 구입한 후 여러 주로 분할되었다. 이때 구입한 땅 중앙부에 위치하는 세인트루이스에 서부개척의 시작점이라는 상징을 부여한 것이다.

(1963~68)[••] 역시 저층부를 전면 광장과 연결하여 시민들의 공간으로 설계하는 등 권위적인 형태를 탈피하고 친시민적 공간을 지향한 작업이었다.

교회 건축은 현대 건축가들에게 하나의 시험대였다. 기계적이고 차가운 형태를 만들어낸다는 비판을 받아온 모더니즘이 사람들에게 신성함과 경건함을 일깨우는 공간과 형태를 만드는 과제에 도전하는 장이었다. 주목할 만한 성취로는 알바 알토 설계로 인구 2천 명인 핀란드의 작은 마을에 건축한 보크세니스카 교회(1957~58), 르 코르뷔지에가 프랑스 벨포르 인근 언덕바지에 설계한 롱샹 성당(1953~55)과 리옹 근처 소도시 이브의 어느 산기슭에 설계한 라 투레트 수도원(1956~60)이 있다.

이 밖에도 뉴욕 J.F. 케네디 국제공항의 공항 터미널과 호텔의 복합건물로 에로 사리넨이 설계한 TWA 터미널(1959~62), 역시 사리넨이 미국 뉴헤이븐에 거대한 고래를 연상케 하는 형상으로 설계한 아이스하키 경기장 잉갈스 링크(1953~58), 그리고 피에르 루이지 네르비(1891~1979)가 구조 설계를 맡아 1960년 로마 올림픽을 위해 지은 실내 경기장(1956~57)과 이보다 훨씬 규모가 커서 1만 1천 명 수용이 가능한 실내 경기장 노픽 스코프(1968~71) 등도 풍요로운 시대를 사는 사람들의 여행과 스포츠 관람에 흥을 돋우는 스펙터클을 제공하는 역작들이었다.

대학들도 건축 생산의 주요한 무대였다. 부동산 붐 속

•• 보스턴 시청사와 시청 광장은 1962년 설계경기를 통해 기존 도시조직을 철거하고 건축된 것이었다. 보스턴 시청사와 전면 광장 모두에 대해 극단의 찬반이 엇갈렸다. 건축계에서는 '최고의 건축'으로 극찬한 반면 언론계와 대중은 추하고 반도시적인 '최악의 건축'으로 철거해야 한다고 비판했다. 광장은 2019년 리모델링이 결정되어 2020년 공사가 시작되었다.

48 프랭크 로이드 라이트, 구겐하임 미술관, 미국 뉴욕, 1956~59

49 에로 사리넨, 서부로 가는 문, 미국 세인트루이스, 1963~65

50 루이스 칸, 킴벨 미술관, 미국 포트워스, 1969~72

51 알바 알토, 세이나찰로 시민 센터, 핀란드 유바스큘라, 1949~52

52 칼맨 매키널 앤드 놀스·캠벨, 올드리치 앤드 널티, 보스턴 시청사, 미국 보스턴, 1963~68

53 보스턴 시청사 출입 홀

51

52

53

54 알바 알토, 보크세니스카 교회, 핀란드 이마트라, 1957~58
55 르 코르뷔지에, 롱샹 성당, 프랑스 롱샹, 1953~55
56 르 코르뷔지에, 라 투레트 수도원, 프랑스 이브, 1956~60

54

55

56

57 에로 사리넨, TWA 터미널, 미국 뉴욕, 1959~62

58 피에르 루이지 네르비, 로마 올림픽 실내 경기장, 이탈리아 로마, 1956~57

59 피에르 루이지 네르비, 노퍽 스코프, 미국 노퍽, 1968~71

에서 지가 상승으로 재정적 이익을 거둔 대학들이 많았을 뿐 아니라 정부의 연구개발 예산과 기업들의 기부금이 대학에 쏟아졌고 그중 많은 부분이 건축 예산으로 배분되었다. 르 코르뷔지에의 하버드대학 카펜터 시각예술 센터(1961~63), 루이스 칸의 예일대학 아트갤러리(1951~53)와 영국예술센터(1969~74) 및 펜실베이니아대학 리처즈 의학 연구소(1957~60), 폴 루돌프(1918~97)의 예일대학 예술건축관(1961~63) 등은 사회의 진보를 견인하는 교육과 연구 활동에 모더니즘 건축이 쏟은 열의를 보여준 작업들이었다. 민간기업이 스스로 투자한 연구시설이었던 제너럴모터스 기술센터(1949~55)는 290만 제곱미터 부지에 38개 건물을 포함한 대규모 프로젝트로, 건축 잡지 『아키텍처럴 포럼』은 이를 두고 "산업의 베르사유궁"이라고 묘사한 바 있다. 루이스 칸이 11만 제곱미터 부지에 건축물 두 동을 대칭으로 길게 배치하여 바다를 향해 펼친 소크 생물학 연구소(1962~63) 역시 '연구자들의 궁전'이라 하기에 손색이 없는 대작이었다.

모더니즘 건축가들의 활동은 유럽과 미국 밖에서도 활발하게 펼쳐졌다. 르 코르뷔지에가 잔느레, 드루, 프라이와 함께 인도 찬디가르에 설계한 고등법원(1951~56)과 정부청사(1952~58) 및 의사당(1952~61), 오스카르 니에메예르(1907~2012)의 브라질 국회의사당(1957~60), 루이스 칸이 다카에 설계한 방글라데시 국회의사당(1961~82)이 대표적인 예다. 이 거대한 프로젝트들은 제3세계 국가들이 서구 선진국의 자본주의-국민국가 체제를 뒤좇아야 한다는 강박을 드러내는 작업이기도 했다.

공공 건축에 대한 투자를 가장 극적으로 표출한 것은 예른 웃손(1918~2008)의 시드니 오페라하우스(1959~73)일 것이다. 1957년 국제설계공모에서 웃손이 당선된 후

60 르 코르뷔지에, 하버드대학 카펜터 센터, 미국 케임브리지, 1961~63

61 루이스 칸, 예일대학 영국예술 센터, 미국 뉴헤이븐, 1969~74

62

63

62 폴 루돌프, 예일대학 예술건축관, 미국 뉴헤이븐, 1961~63

63 루이스 칸, 소크 생물학 연구소, 미국 샌디에이고, 1962~63

64 르 코르뷔지에 외, 찬디가르 고등법원, 인도 찬디가르, 1951~56

64

65 르 코르뷔지에 외, 찬디가르 정부 청사, 인도 찬디가르, 1952~58

66 르 코르뷔지에 외, 찬디가르 의사당, 인도 찬디가르, 1952~61

67 오스카르 니에메예르, 브라질 국회의사당, 브라질 브라질리아, 1957~60

68 루이스 칸, 방글라데시 국회의사당, 방글라데시 다카, 1961~82

69 예른 웃손, 시드니 오페라하우스, 오스트레일리아 시드니, 1959~73

70 시드니 오페라하우스 콘서트홀

1959년 공사가 시작되었다. 오스트레일리아 정부는 공사 진행을 서둘렀지만 주요한 부위의 설계가 아직 해결되지 않고 있었다. 여섯 개의 각기 다른 곡률의 셸 구조로 이루어진 지붕 설치 비용이 문제였다. 현장타설 공법을 위한 거푸집 제작 비용이 매우 높았고 지붕을 미리 제작해 운반하는 프리캐스트 공법은 더욱 비싸서 현실적으로 가능한 다른 방법을 찾아야만 했다. 설계팀은 1961년 말에야 실행 가능한 구조설계 해법을 찾아냈지만, 미리 시공에 들어간 포디움의 기둥들이 조정된 상부 구조물을 지탱하기에 부족한 것으로 판명되면서 재시공 끝에 1963년에야 포디움 공사가 끝나는 등 어려움이 계속되었다. 1965년 새로 들어선 오스트레일리아 정부가 이 프로젝트를 비실용적이라고 비판하면서 갈등하던 웃손이 1966년 프로젝트를 포기하고 사임했다. 웃손과 협력하며 일하던 오스트레일리아 건축가들이 일을 맡았고, 주 공연장 객석을 2천 석에서 3천 석으로 늘리는 등 적지 않은 설계 변경이 진행되었다. 시드니 오페라하우스는 우여곡절 끝에 1973년 완공되었다. 소요된 총공사비는 1억 2백만 달러였다. 설계를 시작한 1957년에는 예산 7백만 달러에 1963년 준공 예정이었으니 당초 계획보다 기간은 10년 더 걸리고 비용은 14배 이상 소요된 것이다.

제2차 세계대전 이후 반세기 동안은 선진 자본주의 국가들이 풍요한 경제성장을 구가한 황금시대였으며 모더니즘 건축이 만개한 시기였다. 만국의 양식이 된 모더니즘 건축이 자신의 주특기인 막강한 생산 능력을 발휘하면서 장밋빛 미래를 선취하는 듯했다.

모더니즘 예술에서 아방가르드의 소멸

고급예술 세계를 장악한 모더니즘 예술은 이제 더 이상 유럽만의 것이 아니었다. 국제주의 양식 건축의 주 무대는 미국이었고 회화·조각·그래픽디자인 등 조형예술의 중심 역시 파리에서 뉴욕으로 넘어왔다. 건축이 구가한 활황은 다른 고급예술 분야에서도 마찬가지였다. 예술에 대한 정부의 재정 지원이 증가했을 뿐 아니라 부자들의 예술품 수집과 미술관 건축이 늘면서 예술품 거래 시장의 규모가 커졌다. 1950년대부터 호황을 지속한 미술품 시장은 모더니즘 화가들의 그림 가격을 폭등시키면서 자산가들의 유력한 투자 시장으로 떠올랐다.

그러나 예술품 시장의 활황이 후기인상파·아르누보·입체파 등 수십 년 전인 20세기 초 일부 아방가르드와 모더니즘 화가들의 작품을 중심으로 이루어졌다는 사실이 시사하듯, 정작 당대 모더니즘 예술가들의 창조적 활동은 전 시대에 비해 이렇다 할 진전을 보이지 못하고 있었다. 고전음악 분야에서도 전 시대 거장들의 작품을 연주하는 공연이 늘어났을 뿐 새로운 작품이 주목받고 새로운 거장이 출현하는 변동은 일어나지 않았다. 문학과 영화 분야에서 라틴아메리카 소설가와 일본의 영화감독 등이 주목을 받으며 모더니즘의 외연이 확장되기는 했지만, 이 역시 개인 예술가 중심의 조형예술품 시장과는 달리, 대자본 기업이 주도하며 막대한 시장을 키우고 있던 서구 선진국 문화산업이 보내온 주변적 관심이었을 뿐이었다.

고급예술 분야가 이러한 '풍요 속 빈곤'을 겪게 된 데에는, 경제성장으로 팽창한 중하위 계층이 대상인 대중예술 시장이 고급예술 시장을 압도하는 규모로 커지면서 개인과 사회의 창조력을 흡수해버린 것이 가장 큰 요인으로 작용했다. 예술에 재능이 있는 인재들은 규범화된 틀 속에서 교육·훈련을 받고 기득권 예술계의 인정과 평판을 얻어야 하는 고전적인 고급예술 분야보다는, 개인의 재능과 노력이 보다 빠르게 예술적 성취와 경제적 성공으로 연결되는 대중예술 분야에 모여들었다. 클래식음악보다는 대중가요나 영화음악으로, 순수회화보다는 산업디자인으로, 문학보다는 텔레비전 드라마나 영화로 집중되었다.

대중예술산업이 커져갈수록 고급예술 분야는 상대적으로 더욱 소수 집단이 생산하고 소비하는 것이 되어갔다. 더욱이 산업기술이 모든 분야를 압도하며 고도화한 사회에서는, 19세기 후반이나 20세기 초 모더니즘이 그랬던 것과는 달리, 예술이 진보를 이끄는 역할은 더 이상 가능하지도 않았다. 이러한 상황 속에서 모더니즘 예술가들은 전통적으로 고급예술에 부여되었던 사회적 위신을 빌미로 '엘리트 예술가'를 자처했다. 그리고 마치 '대중의 이해 불가'가 진지한 예술의 표상인 양 난해한 개념의 향연을 '그들만의 리그'로 지켜나갔다. 20세기 초 추상주의가 '인류 역사의 진보'를 이끌어야 하는 예술가들의 소명을 내건 엘리트주의였다면, 50~60년대 추상표현주의나 미니멀리즘은 진보의 노정을 달리고 있는 사회가 물질적 욕망에 묻혀 잃어버린 지 오래인 '정신적 가치의 본질과 정수'를 일깨우려는 듯한 엘리트주의였다. 전 시대의 엘리트주의 예술은 비록 난해했지만 역사와 사회의 향방에 대한 의식이 뚜렷했던 반면에 이 시대의 엘리트주의 예술은 표현 형식 속으로 침잠해 들어가는 형식주의가 더 강화되었다. 비록 풍부한 정부 재정 지원과 정신적 가치에 목마른 중상위 계층 시민들의 수요로 상업적 곤란을 겪지는 않았지만, 고급예술은 이제 사회 변혁을 리드하는 아방가르드로서의 역할이 사라진 '박제된 고급 상품'일 뿐이었다.•

대중음악·텔레비전 드라마·영화·산업디자인 등 대중예술은 빠르게 사람들 사이로 퍼져나갔다. 생산방식이 대량생산-대량소비 사회의 대량 문화소비에 적응했을 뿐 아니라, 표현 대상과 내용이 산업사회 대중의 세속적 욕망과 기호였으며 그 형식 또한 그들의 수용 능력에 맞춘 것이었기 때문이다. 대중예술이 고급예술과 다른 점은 예술 생산의 동기가 예술가 개인에게 있기보다는 대부분 기업의 이윤 증식에 있다는 것이다. 즉, 대중예술은 기업이 산업적으로 생산하는 문화 상품이었다. 이러한 사회에서 대중과 유리된 채 순수예술 형식에 침잠해 있던 예술가 개인이 할 수 있었던 작업은 '산업사회 대중의 욕망과 기호'를 개인적 감성으로 표현하는 팝아트 정도였다.

1950년대 중반부터 고급예술 진영에서 모더니즘에 대한 반발로 등장한 팝아트는 대중주의와 반엘리트주의가 결합한 형태로 표출되었다. 기술의 발전으로 대량생산 상품의 품질은 이제 장인이 주문을 받아 제작한 물건의 품질을 능가하기 시작했다. '대중이 소비하는 물품의 형식 수준'이 엘리트들의 그것에 못지않게 되자, 경멸해 마지않던 '대중의 기호'를 창조적 힘을 갖는 것으로 인정하는 엘리트 예술가들이 나타났다. 상품과 상업 이미지들로 채워진, 리처드 해밀턴(1922~2011), 앤디 워홀(1928~87), 로이 릭턴스타인(1923~97) 등 팝아트 예술가들의 회화는 상업 이미지가 예술을 압도하게 된 현실을 비판한 것이라기보다는, 대량생산 상품이 이룬 성취를 부정할 수 없게 된 세상에서 예술이 탐구해야 할 대상이 바뀌었음을 선언한 것이었다.

비록 팝아트 예술가들이 고급예술의 규범과 엘리트주

• 제2차 세계대전 이후의 모더니즘을 후기모더니즘으로 규정하는 프레드릭 제임슨의 『단일한 근대성』(2013)에 따르면, 후기모더니즘은 1920년대 모더니즘 실험을 유효성이 검증된 기법의 저장고로 바꿔버린 채 더 이상 미학적 총체성을, 혹은 형태에 대한 체계적이고 유토피아적인 변형 작업을 추구하지 않았다.

71 로이 릭턴스타인, 「익사하는 여자」, 1963

72 뉴욕 현대미술관에 전시된 앤디워홀의 「캠벨수프 캔」

71

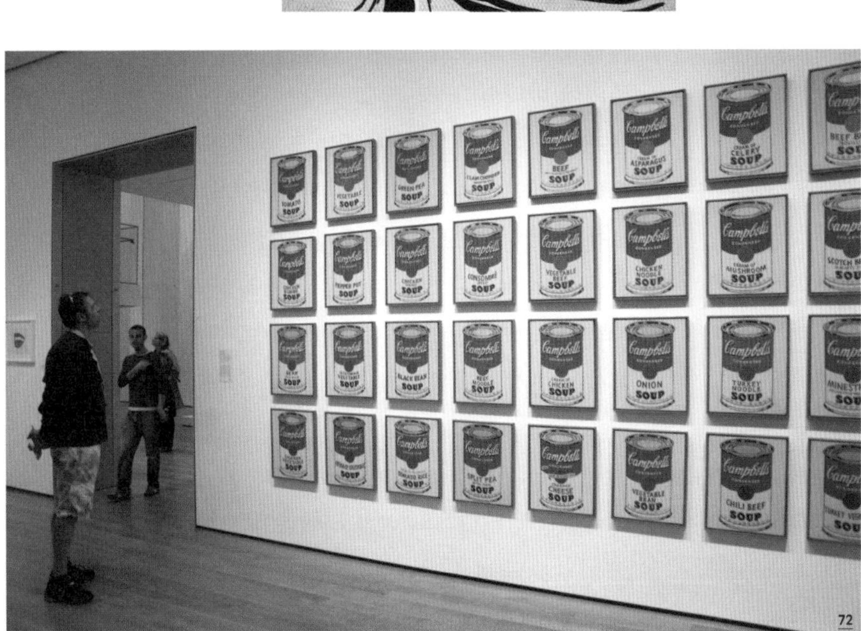

72

의를 거부했지만 그들의 예술 역시 또 다른 형태의 고급예술이었다. 전통적 회화예술의 창작 규범을 거부하고 원본의 중요성을 부정하며 통조림·햄버거·만화 등 시중에 넘치는 상품 이미지들을 복제한 그들의 '회화'는 전통적 회화와 마찬가지로 고급예술의 요람인 미술관에 전시되어 감상되고 고가의 소장품으로 거래되었다. 표현의 소재와 형식이 바뀌었을 뿐 예술의 수용 형식과 수용 계층은 여전히 상류 계층에 국한된 '게토화한 고급예술'이었던 것이다.

어쨌든 팝아트는 고급예술조차 진지함과 엄숙함을 버리고 대중적인 소재와 내용으로 채워질 수 있음을 보여주었다. 한편 1950~60년대 보리스 비앙, 피트 시거, 밥 딜런 등의 사회저항 음악이 확산하면서, 대중예술이 사회 개혁적 지향에서도 고급예술보다 영향력이 있음을 보여주었다. 1950년대 말부터 1960년대까지를 풍미한 프랑스의 새로운 영화 운동 누벨바그(Nouvelle Vague) 역시 정해진 서사 구조에 관객들을 순응시키는 전통적 영화 규범과 관념적 보편주의에 반대했다. 장-뤼크 고다르 감독의 「네 멋대로 해라」(1959)가 예시하듯이, 누벨바그 영화인들은 지금-여기 존재하는 개인의 자유와 인간성 해방을 지향했고 이를 적절히 표현할 만한 새로운 형식을 탐구했다. 그리고 예술에서 이 모든 새로운 태도가 대중성을 표방하며 등장했다는 사실은 '예술이 담고 있는 가치'보다 '대중의 선호'가 더 중요한 것이라는 인식을 키웠다.

모더니즘 예술과 건축의 딜레마

19세기 후반 인상주의 회화와 미술공예 운동으로 시작된 아방가르드 모더니즘은 인간 이성의 표상인 과학과 기술에 의해 진보하는 새로운 사회에 대한 미학적 표현을 탐구하는 예술 운동이었다. 그리고 구체제적 예술을 포함하여 그 진보의 행군을 제약하는 구습을 철폐하려는 사회 변혁 운동이기도 했다. 구체제의 속성을 간직한 19세기 부르주아 문화예술에 대한 거부였고, 이미 확실한 성취를 보여준 생산기술과 생산력 발전이 불러올 새로운 사회를, 그리고 이에 적합한 새로운 문화예술을 모색하고 구축하려는 실천적 노력이었다. 모더니즘 건축은 그 첨병이었다. 과학적 계산과 합리적 계획의 결과로서, 생산력 발전에 따라 도래할 유토피아에 적합하다는 믿음 아래 유토피아를 앞당길 수단을 자처했다. 모더니즘 예술의 이러한 믿음과 이에 대한 미학 담론은 산업주의가 지배하는 정치경제체제와 사회 현실의 정당성을 홍보하는 기능을 수행하는 것이기도 했다.

서구 정치경제체제에 구체제 귀족 계급이 잔존하던 제1차 세계대전 이전까지는 모더니즘 예술의 이러한 담론이, 사회 변혁적 의미에서든 체제 홍보 이데올로기로서든 유효했다. 공업 생산기술과 생산력을 계속 발전시키면 물질적으로 더 풍요로운 상태에 도달할 수 있다는 유토피아 담론이 산업주의 세력, 즉 부르주아 자유주의 세력 및 사회주의 세력이 구체제 세력을 퇴진시키려는 노력과 맞물려 있었기 때문이다. 모더니즘 예술이 주류 예술의 자리에 오른 제1차 세계대전 이후에도 이 같은 유토피아 담론은, 유럽의 자유주의적 사회민주주의체제에서든 소련의 사회주의체제에서든, 형식과 내용이 통합된 미학 담론이자 이데올로기로서 유효성을 유지했다.

그러나 제2차 세계대전 이후의 세계에서는 모더니즘 예술의 미학적 통합성과 체제 이데올로기로서의 역할이 더 이상 유효하지 않았다. 소련을 중심으로 한 사회주의체제에서는 1930년대 중반 이래 모더니즘 예술 형식이 정치적으로 숙청되었다. 스탈린식 사회주의체제에서 산업주의는 더욱

73 '빛나는 도시'(1930) 모형을 손보고 있는 르 코르뷔지에

강화되었지만 그들이 채택한 사회주의적 사실주의(Socialist Realism) 예술의 형식과 이데올로기는 인민의 통합과 체제 순응을 겨냥한 것으로서 모더니즘 예술 전통과는 아무런 연결고리가 없다.

서구에서는 포드주의가 사회를 지배하면서 예술의 상황이 크게 변화했다. 한편으로는 대중예술산업의 성장으로 고급예술 분야의 창조적 동력이 제한되었으며, 다른 한편으로는 생산기술 발전이 고도화하면서 진보하는 세계의 미래를 예술이 선취하기는커녕 따라가기에 급급한 지경이 되어버렸다. 예술 담론의 주요한 원천인 좌파 진영 지적 세계 역시 사정이 여의치 않았다. 제2차 세계대전 이후 소련 스탈린 체제가 장악한 사회주의 교리를 서구 경제-사회 상황에 부합하지 않는 것으로 거부하는 태도가 강해졌고, 정치적 실천보다는 대학 안에서 이론 연구에 몰두하는 분위기가 주류였다. 새로운 사회 변혁 논리에 대한 모색이 없지 않았지만 자본주의 경제가 풍요를 구가하는 현실 속에서 이들이 설 자리는 그리 넓지 않았다.• 현실 사회와 연결고리(그것이 진보의 선취이든 현실 비판이든 간에)를 잃어버린 모더니즘 예술은, 19세기 이래 탐구 주제의 한 부분이었던 세상과 사물의 본질을 파악하고 이를 표현해낼 형식을 찾는 일에 침잠해 들어갔다. 한편에서는 상업세계와 손잡은 모더니즘 예술가들이 만들어내는 형태 언어가 광고디자인과 상품디자인에 활

• 제2차 세계대전 이후 서독에서 독일공산당이 공식적으로 금지되는 등 서구 각국에서 급진 사회주의 세력이 위축되는 가운데, 공산당 세력이 상대적으로 활발했던 프랑스와 이탈리아가 좌파 담론계의 명맥을 이어갔다. 1950년 미국에서 서독으로 돌아온 프랑크푸르트학파의 사회연구소는 정치경제적 현실보다는 자본주의 사회의 문화 현상에 대한 이론 작업에 주력하였다. 이탈리아에서 안토니오 그람시의 『옥중수고』 출간(1947), 프랑스에서 사르트르, 알튀세르의 담론 작업 정도가 정치활동과 연결된 것들이었다.

발하게 채용되었고, 다른 한편에서는 상품화로부터 예술 정신을 지키려는 예술가들이 더욱 난해하고 소통 불가능한 관념적 미학 세계의 깊이를 더해갔다. 왕성하게 성장하던 시장은 그 난해함마저도 고급예술 상품으로 유통시키면서 자폐적이고 관념적인 예술 생산을 자극했다.

건축 생산 역시 같은 국면에 처해 있었다. 1930년대까지의 모더니즘 건축이 다른 조형예술 장르와 달리 건축 생산을 통해 새로운 사회를 실제로 '건설'하는 예술이었다는 점에서, 그리고 그로 인해 형태와 진보적인 이데올로기를 가장 통합적으로 구현하는 예술 장르임을 스스로 표방했다는 점에서, 건축이 맞닥뜨린 변화는 보다 더 본질적이고 심각한 것이었다.

모더니즘 건축에 가장 치명적인 변화는 이제까지 시장 원리에 맡겨졌던 경제 문제가 수정자본주의 복지국가체제 하에서 정부의 계획에 맡겨지면서 도시계획의 주도권이 국가로 넘어갔다는 점이었다. 즉, 도시공간을 계획하는 일이 건축의 영역에서 완전히 벗어나버렸다.•

사실, 도시계획이 건축의 영역을 벗어나는 과정은 19세기에 이미 시작되었다. 오스망의 파리 개조계획(1853~65)을 필두로 대규모 도시계획은 정부 관료체제 안에서 이루어지는 의사결정에 따르는 일이 되고 있었다. 건축이 할 수 있는 일이라고는 르 코르뷔지에의 프로젝트 '빛나는 도시'에

• 이탈리아 건축 역사학자 만프레도 타푸리의 「건축 이데올로기의 비판을 향하여」(1969)에 따르면, 계획(plan)이 유토피아적(즉, 관념적) 층위로부터 내려와 실제로 작동하는 메커니즘이 되는 순간, 계획 이데올로기로서의 건축은 계획의 현실에 자리를 내어주고 말았다. 건축이 자신의 역할이라고 믿어온 이데올로기를 건축의 배후인 거대 산업자본이 스스로의 것으로 만들면서 현대 건축은 위기에 빠졌다.

서처럼 미래 도시상의 비전을 그려 보이는 것뿐이었다. 이러한 상황은 복지국가체제에서 국가의 역할 비중이 커지면서 더욱 견고해졌다.

건축으로서는 엎친 데 덮친 격이었다. 산업세계의 변화를 따라가기에 급급할 뿐 진보를 이끄는 일은 언감생심이 되어버린 상황에 더해 계획의 영역도 잃어버린 것이다. 모더니즘 건축 담론은 이제 형태 미학으로조차 진보를 선취하는 이데올로기 역할을 할 수 없게 되었을 뿐 아니라, 계획 이데올로기로서의 역할도 불가능해져버렸다.••

건축 담론의 진전: 건축 형태에서 도시공간 형태로

계획의 영역, 즉 도시계획적 구상력을 박탈당한 건축에 남은 길은 팽창하는 시장 속에서 부동산개발의 수단이 되거나, 다른 예술 장르처럼 난해한 관념적 미학 담론으로 무장하며 고급예술 상품으로 통용되는 것이었다.••• 미스 반 데어 로에의

•• 이와 관련해 이종우는 「프랑스 68세대 건축가들에 의한 근대운동 재해석의 배경과 의미」(2011)에서 전후 1960년대까지 프랑스의 상황을 예시하고 있다. 활황 속에 있던 실무 건축계에서는 이러한 딜레마 상황에 무감한 채 '건축적 창조의 순수성'을 강조하는 분위기가 지배적이었다. 건축적 창조성 훼손을 막기 위해 도시의 현실을 무시해야 한다는 주장까지 나오기도 했다. 이러한 입장은 건축 교육에서도 그대로 나타나는데, 1960년대 중반까지 보자르 교육의 건축설계 프로그램에서 구체적인 획지(site)가 주어지지 않았음은 도시 문제의 특수성에 대한 무관심을 명백하게 보여준다.

••• 또 다른 길이 있다면, 건축물의 기능적 요구를 직접 건축물의 형태로 전환하는 설계 방법을 찾으려는 움직임을 들 수 있다. 과학적 생산-경영관리 기법의 원리를 디자인 분야에까지 적용하려 한 것으로, 건축에서 재현이나 해석의 차원을 소거하고 기능-프로그램을 원천으로 한 건축 원리를 찾으려는 시도였다. 이러한 움직임은 1960년쯤 산업디자인 분야에서 시작되었는데, 건축에서는 '분석-종합'이라는 귀납-실증적 방법으로 마을 설계를 시도한 크리스토퍼 알렉산더의 『형태의 종합에 관한 노트』(1964)가 이에 관한 저작의 대표적인 사례다. 그는 이후 이러한 접근 방법을 포기하고 현실 속에서 공간과 건물 제작 패턴을 직관적으로 포착하는 방법으로 전환하며 『패턴 랭귀지』(1977)를 저술하였다.

'적을수록 많아진다'(less is more, 1947)라는 경구는 두 가지 길이 동시에 섭렵될 수 있음을 보여주었다. 그의 작업은 상업 세계와 미학 담론 세계 양쪽에서 큰 성공을 거두었다. 그가 시카고의 부동산 개발업자 허버트 그린월드의 의뢰로 설계한 860-880 레이크쇼어 드라이브 아파트 및 일련의 고급 주거 건축들은 그의 건축 미학과 부동산개발의 순조로운 결합을 예증하는 것이었다.•

어쨌든 모더니즘 건축은 포드주의 경제의 팽창과 함께 폭증하는 도시개발 수요 속에서 활황을 구가했다. 그리고 비록 유토피아를 향해 세상을 리드하는 일은 무색해졌지만, 건축을 통해 만들어지는 생활공간의 형태를 둘러싼 갈등 속에서 '민주주의의 진전'이라는 목표를 내걸 만한 개별적 노력들이 새로운 건축 실천 담론의 씨앗을 키워가고 있었다. 예컨대 상업 건축에서는 시그램 빌딩 사례에서 볼 수 있듯 '기업의 이윤 추구'와 '시민의 공공환경 향상' 사이의 갈등을, 공공 건축에서는 세이나찰로 시민 센터나 보스턴 시청사 등에서 나타난 '지배 권력의 표상으로서의 건축'과 '시민의 접근과 사용을 우선하는 민주적 건축' 사이의 갈등을, 그리고 주거 건축에서는 '공급 효율 우선'과 '대중의 거주환경 향상' 사이의 갈등을 중재하려는 탐구들이 진행되었다.

한편에서는 도시공간 형태의 설계(design)—계획(planning)이 아니라—문제가 불거졌다. 사실 19세기 이래

• 그린월드는 설계를 유명 건축가에게 맡기려 했으나 라이트, 르 코르뷔지에, 사리넨, 그로피우스와 손을 잡는 데에는 실패하고 그로피우스의 주선으로 미스와 만났다. 미스는 그의 의뢰로 시카고에 프로몬토리(1949), 알곤퀸(1949~51), 900-910 노스 레이크 쇼어 드라이브(1953~56), 커먼웰스 플라자(1953~56) 등의 아파트를 설계했고 디트로이트에도 라파예트 파크(1955~63)를 설계했다. 미스는 이 밖에도 그린월드가 실현하지 못한 여러 개발 사업과, 그의 형 모리스 그린월드와 사업 파트너 로버트 매코믹을 위한 주택들도 설계했다.

74 미스 반 데어 로에, 프로몬토리 아파트, 미국 시카고, 1949

75 미스 반 데어 로에, 알곤퀸 아파트, 미국 시카고, 1949~51

76 미스 반 데어 로에, 900-910 노스 레이크 쇼어 드라이브 콘도미니엄, 미국 시카고, 1953~56

77 미스 반 데어 로에, 커먼웰스 플라자, 미국 시카고, 1953~56

78 미스 반 데어 로에, 라파예트 파크, 미국 디트로이트, 1955~63

77

78

79 미스 반 데어 로에, 매코믹 주택, 미국 엘름허스트, 1952

80 미스 반 데어 로에, 그린윌드 주택, 미국 웨스턴, 1963

도시공간의 형태를 결정하는 이가 누구여야 하는지 불분명했다. 이전에는 건축 직능에 맡겨졌던 도시계획이 19세기 후반부터 점차 국가 주도 계획 시스템으로 넘어왔다. 국가가 관심을 두는 계획은 '토지 자원과 개발 밀도의 배분, 그리고 개발 절차'에 관한 것이었다. 새로운 전문가 집단이 된 도시계획 직능은 여기에 집중했다. '형태'는 그것이 도시의 형태든 건축의 형태든 설계의 영역인데, 건축 직능이 도시계획을 놓치고 순전히 건축물만을 다루는 업역으로 축소되면서 '도시의 형태를 결정하는' 영역은 공백 상태에 놓였다.

포드주의 경제가 모더니즘 건축에 가져다준 활황은 도시공간 형태에 대한 관장 주체가 없는 자유방임적 상태에서의 활황이었다. 이러한 상황이 계속되면서 도시공간 형태의 무질서에 대한 논란과 비판이 커져갔다. 무엇보다도 이제껏 계획의 문제로만 치부해왔던 경제적 가치 창출에서도 도시공간 형태, 즉 설계에 대한 고려가 중요하다는 인식이 커져갔다.

포드주의는 "수요는 무한정 존재한다"라는 전제 위에서 대량생산 효율에 진력하는 생산체제였다. 토지를 용도에 따라 분리(zoning)하고 기능에 따른 건축 형태를 설계하는 근대 도시계획-건축설계체제는 포드주의 생산체제의 공간적 반영이었다. 이 모든 상황은 상품 판매와 소비활동이 양적으로 팽창하고 질적으로 변화하면서 달라지기 시작했다. 상품판매 경쟁이 치열해지고 소비자의 구매 욕구를 자극하는 판매공간에 대한 관심이 커지면서 매력 있는 상업 건축이나 가로를 조성하는 사례들이 늘어났다. 이러한 판매공간이 늘어나는 만큼 질 높은 설계에 대한 수요도 커져갔다. 공원·미술관·도서관 등 도시의 기본적 인프라가 양적으로 충족됨에 따라 질적 수준과 매력에 대한 대중의 요구가 높아졌다.

도시공간의 형태를 '설계'할 필요성이 대두된 것이다.

프레더릭 기버드(1908~84)의 『타운 디자인』(1953), 케빈 린치(1918~84)의 『도시의 이미지』(1960), 고든 컬런(1914~94)의 『타운스케이프』(1961) 등 도시를 계획이 아니라 '설계' 대상으로 접근하고 도시의 기능이 아니라 형태를 분석적으로 고찰하는 작업들이 등장했다. 도시공간 형태의 형성 및 변용 과정에 내재하는 구조적 특징이나 원리를 연구 대상으로 삼는 도시형태학(urban morphology)이 지리학의 유망한 분과로 출현한 것도 이 시기였다.• 1959년 미국 하버드대학에 도시설계(urban design) 교육 과정이 개설되었으며, 독일의 지구계획(B-plan, 1960), 프랑스의 토지이용계획(POS, 1967), 미국의 특별지구제(special zoning, 1967), 영국의 지구계획(local-plan, 1968) 등 서구 각국에서 도시설계가 제도화되었다. 비록 계획의 영역과는 일정 부분 분리된 '도시공간 형태'를 설계하는 것이긴 했지만 도시공간이 다시금 건축 실천의 장으로 들어왔다는 점에서 그 의미는 각별한 것이었다.

복지국가와 개인 기반 시민사회

1950~60년대 서구 선진 자본주의국가의 포드주의 경제체제는 경제 총량을 급속히 증가시키는 만큼이나 빠른 속도로 사회구조도 변화시키고 있었다. 공업은 여전히 주요한 산업이었지만 그 내용은 바뀌었다. 예컨대 탄광업이나 제철·섬유·의류·제화산업 등 노동력 의존도가 큰 업종은 선진 자본주의국가에서 급격히 축소되고 제3세계로 이전되었으며,

• 지리학자인 미하엘 로베르트 권터 콘젠(1907~2000)의 영국 도시 안윅에 대한 형태학적 연구(1960)가 그 본격적 시작으로 평가된다. 1994년 지리학자-역사학자-계획가들을 주축으로 구성된 '도시 형태에 관한 국제 세미나'(ISUF)가 결성되면서 관련 연구와 논의가 계속되고 있다.

그 대신에 전자·정밀기계·고분자합성·원자력·우주기술 등 부가가치가 높은 첨단기술산업들의 비중이 커져갔다. 한편에서는 금융업·서비스업을 필두로 하는 3차 산업의 비중이 점점 커져 화이트칼라, 즉 사무직 노동력 수요가 늘어났고 이에 따라 중고등교육을 받은 인구가 급격히 증가했다. 노동자 계층의 구성도 산업혁명 이래 육체 노동자가 대부분을 점하던 것에서 사무직 노동자의 비중이 커지는 것으로 바뀌어 갔다.

그 이전 사회가 대학교육을 받은 소수 지식인 계층이 고위 공무원·전문직·기업 경영자·고위 관리직을 차지하며 사회를 이끄는 구조였다면, 이제 대폭 늘어난 대학 졸업자들[••]이 하급관리직·사무직 노동자 계층을 형성했다. '역사와 사회에 대한 식견을 갖추었으나 사회 지도층 지위에 오르지 못한 보통 중산층 시민'의 수가 증가한 것이다. 경제 팽창이 불러온 산업 및 계층구조의 질적 변화는 사회 구성원들이 자신들의 사회와 역사를 대하는 태도의 변화로 이어졌다.

이러한 변화는 이 시기에 시민사회의 성격이 개인 중심으로 바뀌었다는 관점에서 살펴볼 필요가 있다. 다음 시기 시민사회의 주인공은 개인이고, 개인의 다양성과 자율성이 정치-경제-문화의 주요한 동력이 될 것이기 때문이다.

포드주의와 수정자본주의가 결합한 복지자본주의 국가 체제(1945~72)가 낳은 두드러진 특징 중 하나는 중산 계층의 증가였다. 프롤레타리아, 즉 무산 계급에 속하던 사람들 중 상당수가 중산 계층의 일원으로 변화했다. '노동자 계급 혹은 대중'으로서 때로는 억압받고 착취당하고 때로는 투쟁

•• 일례로, 프랑스의 경우 대학 진학률이 1950년 4퍼센트에서 1970년 15.5퍼센트로 증가했다.

하여 권리를 얻어내던 '집단적 주체'가 이제 각 개인이 국가 복지정책을 소비하는 '개인 주체'가 된 것이다. 한편으로는 주체가 분열하고 약화된 것이지만 다른 한편으로는 개인이라는 새로운 주체들이 성립한 것이기도 했다. 여성, 흑인 등 사회적 소수자 인권 운동이 시작된 것은 이러한 토양에서였다. 19세기 자유주의 자본주의 국가체제가 새로운 지배 계급으로 성장한 부르주아를 중심으로 '부르주아와 노동자·농민'이 대립하는 계급 질서를 만들어냈다면, 1945년 이후 복지자본주의 국가체제는 노동자와 농민을 국가가 제공하는 복지의 혜택을 받는 개별 시민으로 해체했다.•

1960년대까지 이러한 복지국가체제 속에서 개인화가 진행되었다. 생활세계는 개인화되어갔지만 사회체계, 즉 법률·정책 등은 개인을 아직 '집단에 속한 여럿 중 하나'로만 인식하는 패러다임을 벗어나지 않은 상태였다. 근대 건축 역시 집단 중심 패러다임에 기초한 제도(institution)였다. 근대 건축은 모두의 진보와 유토피아를 지향하는 집단적이고 보편적인 주체의 표상이었다. 개혁성은 사상된 채 낙관적 진보 이데올로기만 뒤집어쓰고 있었지만 말이다.

점차 분화되고 다양해지는 개인의 요구를 사회체계가 감지하지 못하면서 기존에는 부각되지 않았던 사회적 갈등이 표출되기 시작했다. 개개인은 기성 질서를 의심하며 사회와 역사에 대한 새로운 관점을 키워갔다. 1968년 프랑스에서 촉발된 68혁명은 이 '새로운 관점'이 불러올 변화를 예증

• 이러한 변화의 흐름을, 프레더릭 제임슨이 지적했듯이, 후기자본주의 사회로의 이행으로 이해할 수도 있다. 1950년대쯤부터 자본주의는 이전 생산양식들의 잔재들, 즉 공동체주의나 가족주의 등을 거의 청산하고 사적 개인들의 경쟁과 상품화 논리만이 작동하는 가장 순수한 자본주의사회가 되었다는 것이다. 이에 대한 논의는 13장에서 이어진다.

하는 것이었다.

근대 체계의 동요

18세기 계몽주의 이래 20세기 포드주의 유토피아주의까지 굳건히 유지되고 강화되어왔던 '인간 이성능력에 의해 과학기술이 발전하고 사회가 진보한다'는 보편적 인간관과 단선적 진보관은 새로운 사고체계에 의해 흔들리기 시작했다. 18세기 후반 계몽주의로 시작해서 19세기 초반 칸트-헤겔로 일단락되었던 '이성적이고 자율적인 인간 주체' 개념은 이미 19세기 후반에 마르크스(1818~83), 니체(1844~1900), 프로이트(1856~1939) 등에 의해 '정치경제적 권력 관계나 무의식이라는 외적 요인에 좌우되는 존재'이기도 하다는 인식으로 확장되어 있었다. 이러한 인식은 20세기 중반에 이르러 한편으로는 현실 속 존재로서의 주체가 갖는 자율성을 탐구하는 실존주의로, 다른 한편으로는 사회적 관계 속에서 주체 형성에 영향을 미치는 구조를 찾는 구조주의로 진전되었다.

실존주의는 1950~60년대 프랑스를 풍미한 장-폴 사르트르(1905~80)의 '현실 세계에 대응하는 창조적 주체로서의 대자(對自)', 모리스 메를로-퐁티(1908~61)의 '실존재로서의 몸' 등의 개념으로 대표된다. 마르틴 하이데거(1889~1976)의 '현존재'(Dasein) 혹은 '세계 내 존재'라는 현상학적 존재론을 이어받은 것이다. 외부 세계와의 관계가 존재의 전제인 '실존' 개념은 현실 사회의 향방에 대한 관심과 실천적 참여로 연결되었다. 사르트르, 메를로-퐁티 등 실존주의자들이 1950~60년대 정치 담론에 적극 참여한 것은 이러한 맥락에서 이해될 수 있다.

사회와 역사에 대한 보다 새로운 태도로서 좀 더 다채롭게 전개된 것은 구조주의였다. 1950~60년대 프랑스에서 성립한 구조주의의 원류는 페르디낭 드 소쉬르(1857~1913)의 언어학이었다. 소쉬르 언어학의 핵심은 '언어는 그 자체로 내재적 의미를 갖지 않는 기호체계일 뿐이며, 그것이 지시하는 의미는 사회체계 속에서 언어를 구성하는 요소들의 관계 구조에 의해 만들어진다'는 것이었다. 이러한 생각은 '한 사회에 속한 사람들이 사고하는 개념과 인식 범위는 그들이 사용하는 언어만큼'이며, 이는 곧 '인간의 인식은 그가 속한 사회에서 사용하는 언어의 체계와 범위에 의해 구조 지어진다'는 명제로 귀결되었다. 20세기 초 찻잔 속 태풍에 그쳤던 소쉬르의 언어학은 1950년대에 들어 서구 인식론을 뒤흔드는 구조주의로 전개된다. 프랑스의 인류학자 클로드 레비스트로스(1908~2009)는 『슬픈 열대』(1955)와 『야생의 사고』(1962)에서 인류학적 조사를 통해 미개 사회에도 무의식적 사회질서(근친상간 금지)와 사고질서(자연 관찰에 기초한 야생의 사고)가 있음을 밝히고, 이는 서구 문명 사회를 포함한 모든 인간 사회에 공통된 심층구조라고 주장했다. 그의 주장은 한편으로는 "미개 사회의 '비과학적' 관습이나 문명 사회의 '과학적' 문화 모두 같은 심층구조에 기초한 것으로 서양이 다른 사회보다 우월하다 할 근거가 없다"는 생각으로, 다른 한편으로는 "인간은 자율적 주체가 아니라 사회에 내재하는 구조적 질서에 의해 형성되는 존재"라는 생각으로 이어졌다.

미국의 과학사학자 토머스 쿤(1922~96)은 『과학혁명의 구조』(1962)에서 과학의 발전이 절대 진리를 향해 과학적 지식을 연속적으로 축적하는 과정이 아니라 정상과학(normal science)이 지배하는 진리체계이자 사고체계인 패러다임(paradigm)이 시대별로 단속적으로 바뀌는 과정으로 진행되었음을 논했다. 이는 각 시대와 사회에 따라 과학적 지식체계, 즉 진리체계가 달라질 수 있다는 말이었다. 그에 따르면, 심지어 지금 우리가 진리라고 믿고 있는 것조차도 현재의 패러다임에 따른 것일 뿐 미래에는 진리가 아닌 것으로 바뀔 수 있다.

'영원한 진리'인 과학적 지식을 잣대로 엘리트 지도층과 일반 민중을 가르고 선진 사회와 후진 사회를 가르던 근대 가치체계 자체를 흔드는 일이 벌어진 것이다. 미셸 푸코(1926~84)가 정상과 비정상의 구분 자체를 문제시하고(『광기의 역사』, 1961) 시대마다 인식의 틀은 달라지기 때문에 지금 우리의 인식틀은 여러 다른 인식틀 중의 하나일 뿐이며, 따라서 우리의 인식틀을 완전하게 만드는 일보다는 우리가 왜 이러한 인식틀을 갖게 되었는지 따져봐야 한다고 논파한 것(『말과 사물』, 1966) 역시 진리의 상대성과 다원성이라는 패러다임을 전제로 하고 있다.

정신분석학에 구조주의를 접목하여 "무의식은 언어처럼 구조화되어 있다(개인은 사회적으로 구조화된 무의식에 의해 기존 질서로 편입된다)"고 주장한 자크 라캉(1902~81)의 담론이나, "모든 개인은 지배체제의 생산관계(착취관계)를 재생산하는 이데올로기적 국가기구들(교육·종교·가족·정치·노동조합·커뮤니케이션·문화기구 등) 속에서 주체로 구성된다"는 루이 알튀세르(1918~90)의 명제는 모두 이러한 새로운 사고를 기반으로 한다. 인간의 사회적 관계·행동 양식·가치체계는 사회의 체계와 구조에 의해 형성된다는 것, 요컨대 인간은 사회체계에 의해 구조 지어지는 존재라는 것이다. 인간을 '자신의 의지로 이성 능력을 발휘하고 발전시키는 자율적인 주체'로 간주하고 그중 서양인에게 이성 능력의 우월적 지위를 부여해온 서구세계의 보편적 관념을 뒤엎은 것이었다.

이것들과 나란히 달린 또 하나의 새로운 틀은 비판이론(critical theory)이었다.• 좌파 사회학자들이 제기한 비판이론의 핵심은 '자본주의 사회에서 이성적 합리성이 반동적으로 발휘되고 있다'는 것이었다. 예컨대 포드주의 자본제 사회를 지배하는 합리주의를 '도구적 이성'일 뿐이라고 비판했으며, '사회 변혁과 진보의 선취' 역할을 상실한 채 대량생산 경제 속에 상품화되어버린 문화와 예술을 '문화산업'이라고 비판했다. 이들의 비판은 이제까지 '계급 착취로부터의 해방'에 집중해온 좌파의 자본주의 사회 비판과 변혁 이론을 '모든 억압으로부터의 해방'이라는 테제로 확대하면서 문학·예술 등으로 사회비판 운동의 전선을 다변화하는 데에 영향을 미쳤다.

사회를 대하는 새로운 태도와 사고방식은 1960년대 중반 베트남전쟁을 비판하는 반전·평화 운동을 비롯하여 여성 운동, 환경 운동 등 현실 사회의 다양한 문제를 변혁 대상으로 겨냥하는 신사회 운동(new social movements)을 이끌었다. 하버마스가 『의사소통행위 이론』(1981)에서 적절히 정의했듯이 신사회 운동은 자본주의의 정치권력-화폐

• 1950~60년대 마르크스주의 연구집단인 프랑크푸르트 사회연구소(1923년 프랑크푸르트에 설립되었으나 나치의 압박으로 1933년 제네바로 옮겼다가 1935년 뉴욕 컬럼비아대학과 연계하여 뉴욕으로 이전했다. 제2차 세계대전 이후 1950~53년 다시 서독으로 자리를 옮겼다) 학자들에 의해 제기된 자본주의 사회 비판이론이다. 자본주의 사회의 모든 문제를 계급 모순으로 환원하는 스탈린식 마르크스주의를 비판하며, 예술·철학·문학 비평 등 여러 측면에서 자본주의 사회의 문제를 지적하고 비판했다. 이들의 사회 비판이 1968년 학생 운동에 큰 영향을 미친 것으로 평가되지만 정작 이들은 68혁명에 직접 가담하지 않았다. 막스 호르크하이머와 테오도어 아도르노의 『계몽의 변증법』(1947), 헤르베르트 마르쿠제의 『일차원적 인간』(1964) 등은 모두 도구적 합리성이 지배하며 문화예술마저 상품화한 사회와 이러한 현실에 순응하며 비판과 선택 능력을 상실한 인간에 대한 비판서이다. 위르겐 하버마스(1929~)가 2세대 비판이론가의 대표적 인물로 평가된다.

경제 '체계'(system)가 '생활세계'(Lebenswelt)를 식민화함으로써 야기되는 문제들을 생활세계의 맥락에서 저항한 움직임이었다. 특히 베트남전쟁(1955~75)에 미국이 참전한 1964년부터 미국에서 시작한 반전운동은, 미군이 수세에 몰리고 희생자가 늘어나는 1968년부터 격화하고 전 세계로 확산되면서 정치체제에 대한 불만과 사회 변혁 운동의 기운을 키우는 역할을 하였다.

이러한 불만과 저항은 1968년 5월 파리에서 대학생과 노동자 계층이 봉기한 68혁명으로 폭발했다. 대규모 시위와 파업으로 권위적이고 보수적이었던 샤를 드골(재임 1959~69) 정부를 붕괴 직전까지 몰아붙였던 저항의 에너지는 유럽·미국을 비롯한 전 세계 주요 도시 수십 곳으로 확산되었다. 당시 『르 몽드』 신문은 1968년에만 세계 50여 개국에서 1681건의 학생 시위가 일어났다고 보도했다. 68혁명의 핵심은 체제에 대한 불만과 저항이었다. 당시가 서구 자본주의 경제의 황금시대였다는 사정을 고려한다면 이들의 불만은 경제 문제보다는 문화적인 것이었고 이를 떠받치는 정치에 대한 것이었다. 표준화된 대량생산-대량소비체제와 보편적 풍요를 지향하는 포드주의 아래 무시되고 억압되어온 개인적·개별적 가치를 향한 대중의 욕망이 분출한 것이었다. 이는 경제적 성공에 고무되어 사회 역시 조화롭게 진보할 것이라고 확신한 기성세대의 신념을 뒤흔든 사건이었다. 그리고 개인의 구체적 삶의 현실과 유리된 관념적·추상적 가치체계에 대한 거부였으며 이를 통해 성립되고 지탱되어온 정치-경제-사회체계의 종언을 촉구하는 것이었다.

그러나 포드주의 축적체제와 물신주의에 저항하며 출현한 새로운 움직임은 비록 세를 불리고는 있었지만 아직 소수파였다. 이들이 주류가 되는 '새로운 패러다임으로의 전환'은 1970년대와 함께 시작될 경제 불황의 시기를 기다려야 했다.

새로운 건축·도시 담론들

건축과 도시 분야에서도 모더니즘 건축과 도시계획을 비판하고 저항하는 담론들이 등장했다. 현실과 직접 연결되지 않는 요원하고 관념적인 지향만을 좇는 유토피아 담론 대신에 개인의 삶을 둘러싼 현실세계에서 건축과 도시의 쟁점을 찾는 목소리가 터져 나왔다. 구체적인 매일의 삶 속에서 부딪는 도시적 사실들(urban facts)을 재발견하려는 탐구들이었다.

CIAM의 마지막 11차 회의(1959)를 주도한 건축가들의 모임인 팀 텐•은 이미 CIAM 9차 회의(1953)에서부터 선배 건축가들과는 다른 가치를 공식적으로 표명하고 있었다. 그들은 도시 상황이 변화했으며, 모더니즘 건축의 기존 개념들과는 부합하지 않게 되었다고 지적했다. 지금까지 주택군(house-groupings)·가로·광장·녹지 등의 도시·건축 형태가 전제해온 사람들의 생활양식과 사회적 현실은 더 이상 존재하지 않으며, 따라서 이제 건축은 인간의 이동성을 증진시키고 복잡한 인간의 관계 및 모임에 대응해야 한다는 주장이었다. 여러 레벨에서 관계와 모임을 연결하고 결속시키는 공중가로로 구성된 다층적 도시공간을 제안한 스미스슨 부부의 골든 레인 주거지 계획안(1952, 설계경기 낙선작)은 이러한 개념을 예시한 것이었다. 하지만 팀 텐의 성립과 활동

• CIAM에 참여하던 소장파 건축가들이 1960년 결성한 그룹이다. 앨리슨과 피터 스미스슨 부부(1928~93, 1923~2003), 야프 바케마(1914~81), 알도 반 에이크(1918~99), 조르주 칸딜리스(1913~95), 샤드라크 우즈(1923~73) 등이 주요 인물이다. 모임을 주도한 인물 중 하나인 바케마가 1981년 사망하면서 활동이 중단되었다.

은 모더니즘 건축이 새로운 건축 패러다임으로 대체되었음을 알리는 사건이었다기보다는 변화한(진보한) 사회 상황에 적응하려는 모더니즘 건축의 세대 교체라고 하는 편이 적절하다. 그들이 이동능력(mobility)과 새로운 소통(communication) 수단을 말하고는 있지만 그들의 도시·건축 작업의 목표는 여전히 명료하고 이해 가능한(comprehensible) 전체 사회상을 전제로 했으며•• 이는 여전히 보편적인 인간 개념과 사회 진보관에 기초한 것이었다.

1961년 영국에서 결성된 아키그램은 이미 변해버린 세계에 대응하지 못하고 관행적 교리를 반복하는 모더니즘 건축에 자극을 주려는 시도였다. 또한 빠르게 발전하는 기술에 대한 건축적 대응을 촉구하는 운동이기도 했다. 플러그인 시티(1964), 걷는 도시(1964), 인스턴트 시티(1969) 등 그들의 작업은 펑키한 표현과 비현실적인 공상으로 가득했다. 그러나 여전히 '기술 발전으로 진보할 미래'라는 초경험적 전제에 기초한다는 점에서 팀 텐과 마찬가지로 모더니즘 건축의 줄기들 중 하나일 뿐이었다. 1960년 도쿄 세계디자인회의를 기점으로 일본에서 성립하여 구로카와 기쇼의 캡슐 타워(1972) 등의 작업을 낳은 유기체 건축 운동인 메타볼리즘 역시 아키그램과 유사하게 기술 발전에 대한 신뢰가 저변에 깔린 모더니즘적 미래 건축 담론이었다.

미국 사회운동가 제인 제이콥스(1916~2006)의 담론과 활동은 미래보다는 도시적 현실에 직접 맞닿은 것이었고 그만큼 더 강하고 넓은 영향력을 발휘했다. 일찍이 모더니즘적 도시계획에 반대해왔던••• 제이콥스는 1956년 하버드대

•• 팀 텐 선언문(Team 10 Primer)에서는 도시설계의 목표를 "이해 가능성, 즉 조직(organisation)의 명료성"으로 설정했다.

81 앨리슨과 피터 스미스슨, 골든 레인 주거지 계획안, 영국 런던, 1952

82 골든레인 주거지 계획안

83 골든 레인 주거지 개념도

84 챔벌린, 파월 앤드 본, 골든 레인 주거지 설계경기 당선안

81

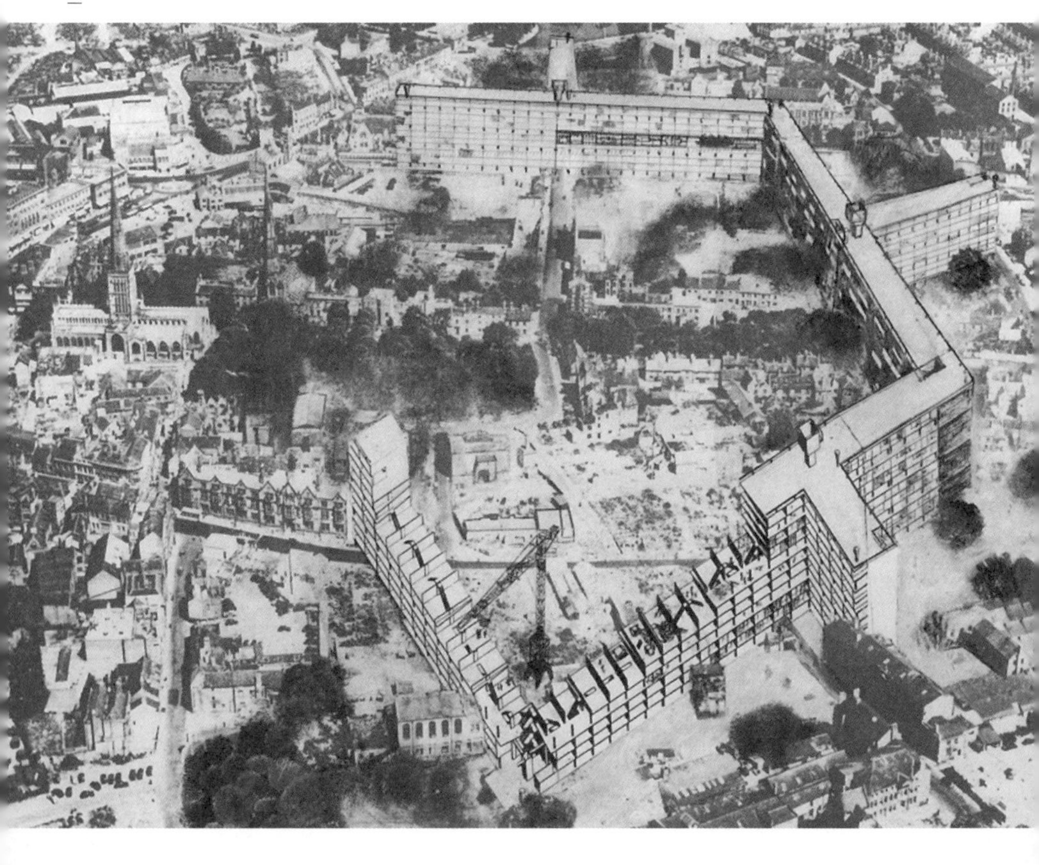

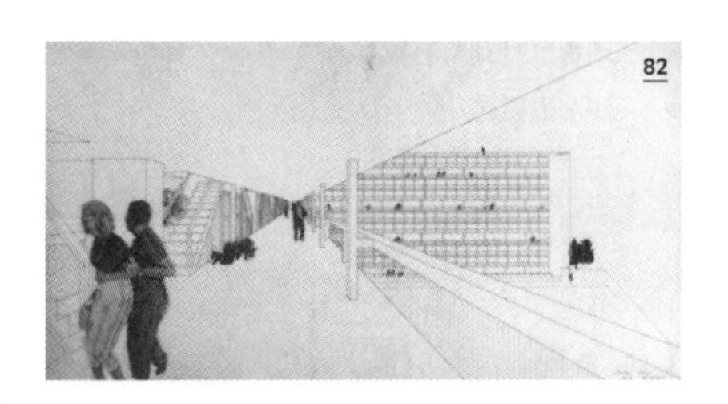
82

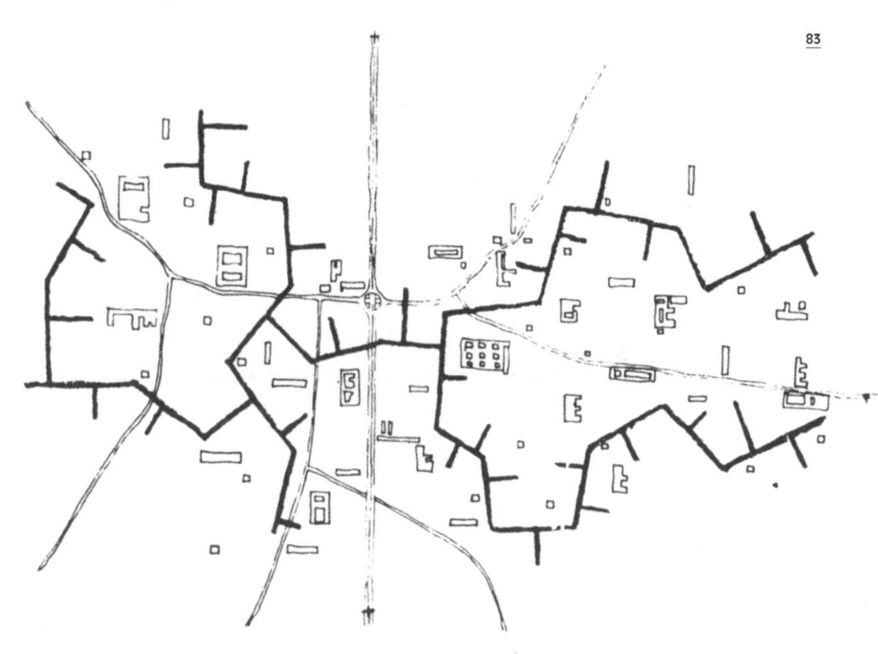
83

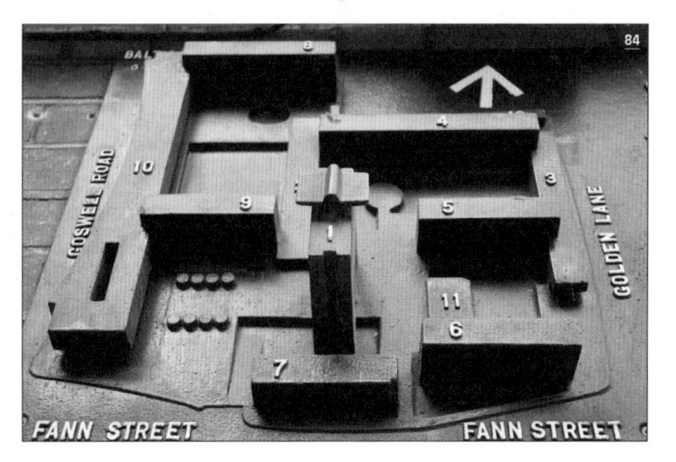
84
GOSWELL ROAD
GOLDEN LANE
FANN STREET
FANN STREET

85 아키그램, 걷는 도시, 1964

86 아키그램, 인스턴트 시티, 1969

학에서의 강연과 1958년 『포춘』의 요청으로 기고한 글 「도심은 대중을 위해 있는 것이다」로 주목을 받았으며, 록펠러 재단 후원을 받아 수행한 연구 결과물로서 미국 도시계획 분야에서 가장 중요한 저작 중의 하나인 『미국 대도시의 죽음과 삶』(1961)을 출간했다. 그가 여기에서 제안한 '사회적 자본', '복합 용도', '거리의 눈' 등 도시공간에서 살아가는 사람들의 구체적인 삶의 모습에 바탕을 둔 새로운 개념들은 곧 도시설계, 사회학 등에서 주요한 연구 주제로 채택되었다. 이후에도 제이콥스는 베트남전쟁 반대 운동 투사로서, 자신이 거주하던 뉴욕 그리니치빌리지를 관통하는 고속도로 건설에 반대하는 주민 운동의 리더로서 활발하게 활동했다.• 여론의 주목을 받으며 유명해진 그는 당시 지배적이었던 모더니즘 도시계획과 건축에 반하는 새로운 건축·도시 담론이 확산되는 데에 큰 영향력을 발휘했다.

건축·도시설계 이론가인 크리스토퍼 알렉산더(1936~2022)가 1965년에 쓴 짧은 논문 「도시는 나무가 아니다」•• 역시 건축·도시 분야의 패러다임 변화에 큰 영향을 미친 날카로운 작업이었다. 그의 요지는 '나무의 뿌리-줄기-잎 구조처럼 위계적 구조로 공간을 조직하는 모더니즘 건축과 도시계획은 현대 사회의 실제 삶의 내용과 맞지 않는다'라는 것

••• 제이콥스는 건축잡지 『아키텍처럴 포럼』에서 일하던 1954년, 에드먼드 베이컨(1910~2005)의 필라델피아 도시설계안에 대해 가난한 주민들을 몰아내는 계획이라고 비판하는 기사를 썼다.

• 제이콥스는 도시계획 공청회를 방해한 죄로 체포되고 재판받은 후 두 아들의 베트남전 징병을 피해 1968년 캐나다로 이주했다. 캐나다 토론토에 정착한 그녀는 이곳에서도 근대주의적인 도시개발계획에 대한 반대활동을 계속했다.

•• 『아키텍처럴 포럼』 1965년 4월 호와 5월 호에 나누어 게재되었으며 이후 다른 형태로 수차례 출판되다가 2015년 여러 건축가와 학자의 해설이 포함된 동명의 단행본으로 출간되었다.

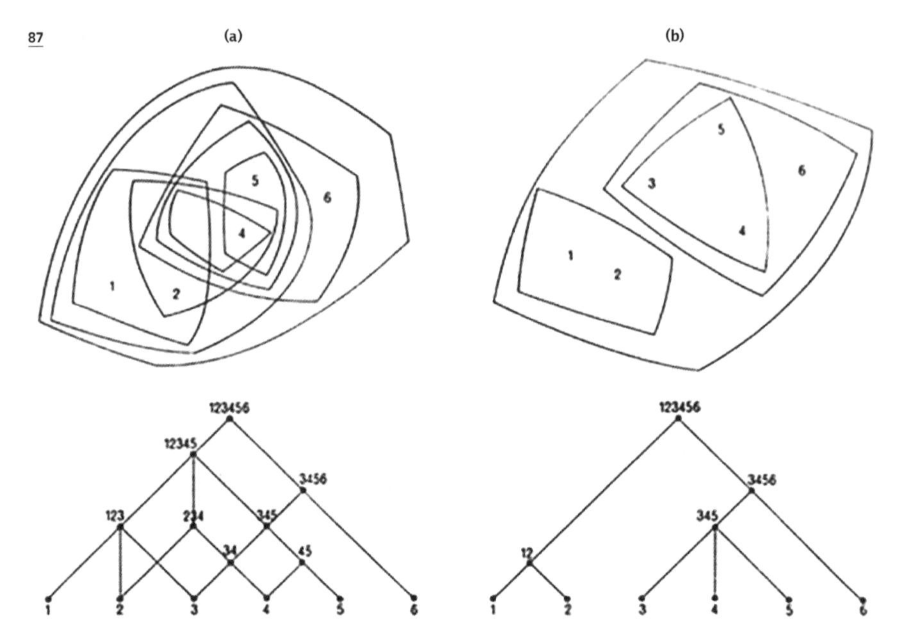

87 크리스토퍼 알렉산더, 「도시는 나무가 아니다」에 수록된 다이어그램, 1965

이었다. 현대 사회와 도시는 이미 개인들과 그들이 살아가는 장소들이 서로 복합적이고 중첩적으로 연결되는 관계망 속에서 작동하고 있기 때문이다. 비록 인간 사고 능력의 한계 때문에 복잡한 대상을 정리·분석하는 데에는 나무구조가 가장 손쉬운 방법이지만, 도시공간구조를 나무구조로 설계해서는 안 된다고 주장했다. 그는 "위계적(나무구조의) 공간구조의 도시는 '면도날로 가득 찬 사발접시'와 마찬가지여서 사람들의 삶을 조각내버릴 것"이라고 언명했다. 모더니즘 건축 개념이 현대 사회에 더 이상 적절하지 않을 뿐 아니라 지극히 유해하다고 명쾌하게 지적한 그의 논문은 모더니즘 건축과 도시계획에는 만회가 불가능한 치명적 공격이었다.

모더니즘 건축에 대한 포퓰리즘적인 공세들도 거세졌

다. 로버트 벤투리(1925~2018)의 『건축에서의 복잡성과 모순』(1966)은 '고귀한 순수주의'를 추구했던 모더니즘 건축의 교리와는 정반대로 건축은 도시적 경험에 가득 찬 모순과 복잡성을 수용해야 한다고 주장했다. 그는 모더니즘 건축이 강요하는 '적을수록 많아진다' 유의 단순화가 현실의 복잡한 사실들을 무시하는 과잉 단순화에 빠졌다고 비판하면서, 알고 보면 진리는 역설(paradox)과 복잡다단함(complexity) 속에서 나오는 것이라고 말했다. 벤투리가 '건축에서의 복잡성과 모순'을 말하는 방식은, 역사적 건축물들 속에는 모더니즘의 교리처럼 단순화된 원칙, 즉 '기능과 형태의 합치' 원칙과 상반되는 형태로 구성된 사례들이 너무도 많다는 것을 예시하는 것이었다. 이러한 '풍부한' 형태들과 달리 미스의 시그램 빌딩 같은 모더니즘 건축의 형태는 모순과 복잡성의 개입을 거부하는, 즉 기능-형태의 합치만을 고집하는 정확한 입방체여서 지루하다고 주장했다. 그는 단순성(simplicity) 중에서도 "그리스 도리스식 신전의 단순성은 왜곡된 기하학과 내적인 긴장이라는 모순과 복잡성을 담고 있어서 근대 건축의 지루한 단순성과는 다른 조화로운 단순성이다"라는 식의 주관적인 사변도 곁들였다. 그러나 이것만으로도 이미 사회 현실과 유리된 채 온갖 관념적 형태 담론에 함몰되어 있던 모더니즘 미학을 "적을수록 지루하다"(less is a bore)라고 조롱하고, 차라리 "라스베이거스로부터 배우라"고 도발하기에 충분했다. 생산주의 진보 이데올로기라는 사회적 근거를 상실하고 허위적인 엘리트 고급예술 담론으로 버텨온 모더니즘 건축의 허약한 형태 담론은 아무리 하찮더라도 '실제'를 근거로 한 비판들 앞에서는 그저 건드리는 것만으로도 부서져버릴 만큼 위태로웠다.

카를로 아이모니노(1926~2010), 알도 로시 등 일단의

88 카를로 아이모니노와 알도 로시, 스칸디치 시청사 설계경기 응모안, 1698

89 1973년 밀라노 트리에날레: 텐덴차(Tendenza)를 제목으로 한 이탈리아 신합리주의 전시

90 카를로 아이모니노와 알도 로시, 몬테 아미아타 주거지, 이탈리아 밀라노, 1967~74

88

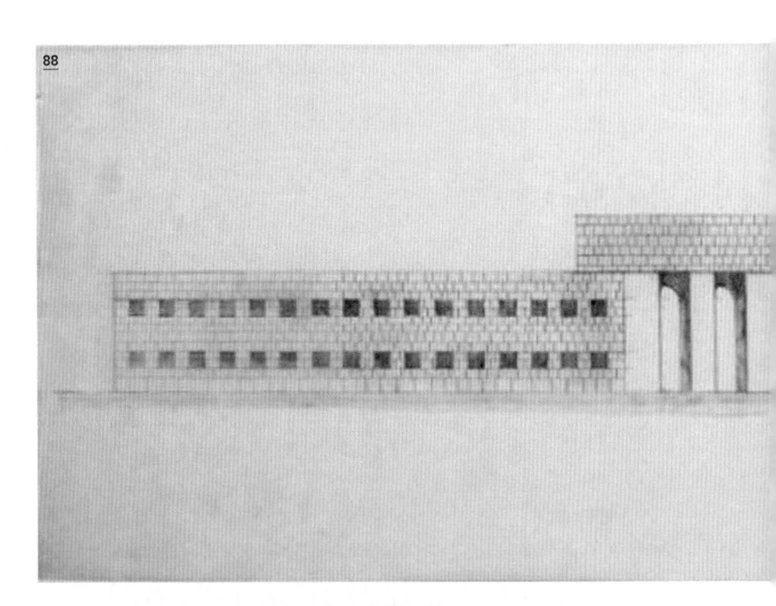

89

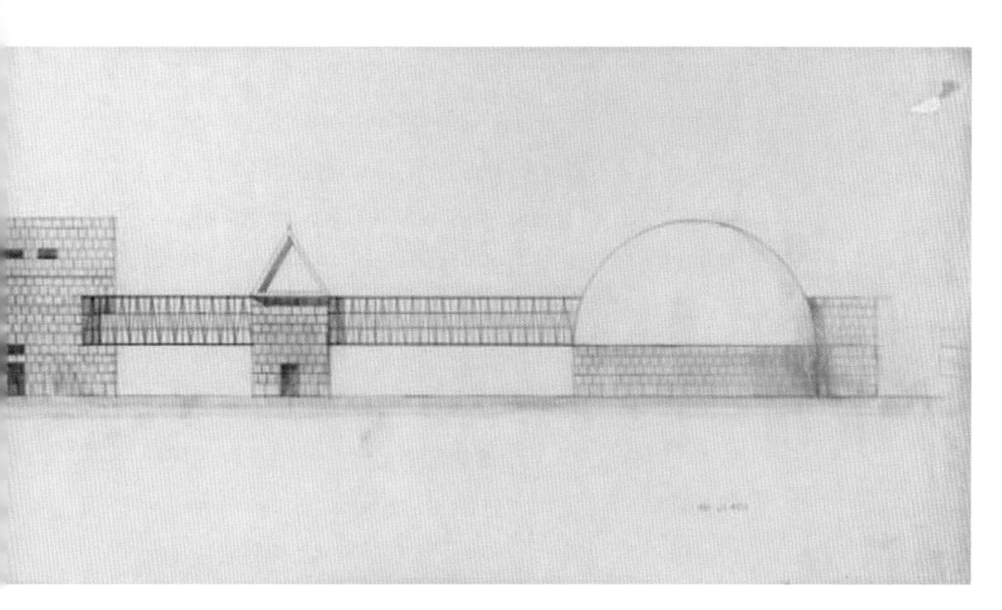

90

이탈리아 건축가들이 1960년대 중반에 시작한 신합리주의 건축 운동은 모더니즘 건축에 대한 대안 모색인 동시에 미국을 중심으로 일고 있던 벤투리류의 대중주의적 건축 담론에 대한 거부이기도 했다.• 그들은 모더니즘 건축이 초기의 순수성을 잃고 상품화되어 버렸으며, 역사적 맥락과 전통을 무시한 채 맹목적 기능주의와 관행적 전문주의에 빠져버렸다고 비판했다. 그 모더니즘 건축으로 인해 잊어버린 공통의 도시언어와 건축언어를 재구축해야 하며 이는 역사적 공통 언어들이 축적되어 있는 도시적 사실들에 기반을 둔 작업이어야 한다고 주장했다. 특히 오랜 시간 동안 변화하고 존속해온 건축물과 장소 들이 있는 유럽의 도시들은 모더니즘 건축이 무시해버렸던 건축의 장소성과 역사적 연속성을 동시에 복원시킬 무궁무진한 보고였다. "라스베이거스로부터 배울 것은 아무것도 없다"는 모리스 퀼로과 레온 크리에의 짜증 섞인 비판은, 모더니즘을 넘어선답시고 전통의 지혜를 무효화하고 하찮은 키치들을 남발하는 상업주의자들에 대한 비판이기도 하지만, 더 나은 미래를 위해 분투해온 전통을 간직한(간직하고 있다고 그들이 믿는) 유럽 도시들에 대한 자긍심의 표현이기도 했다. 알도 로시 등은 이탈리아 도시들 속에서 지속적·반복적으로 형성되어온 건축과 도시공간의 형태적 유형들을 발굴하고 원형화하는 유형학(typology)에 천착했다. 도시공간 조직 속에 켜켜이 쌓여 있는 건축과 도시공간의 원형을 찾아내고 이를 재구성하는 방식을 통해 장소성과 역사적 지속성을 담보하는 건축언어를 구축하려는

• 알도 로시가 큐레이터를 맡은 1973년 제15회 밀라노 트리에날레 주제가 '텐덴차'(Tendenza)였기에 이탈리아 신합리주의 건축 운동을 '텐덴차'라고 칭하기도 한다.

시도였다.

이탈리아 건축가들의 이러한 시도는 유럽 각지에서 도시의 역사적 자율성을 강조하는 지역주의로 확산되었다. 웅거스(독일), 크리에(룩셈부르크), 퀼로(벨기에) 등이 로시 등의 접근 방법에 공감하며 건축유형학에 동조했다. 그런데 그 결과는 대부분 고전주의적 건축 및 전통적 도시공간 형태의 복고였다. 건축비평가 만프레도 타푸리는 역사를 초월한 의미를 갖는 건축과 도시공간 형태들을 찾음으로써 건축 기율을 재건하려고 했던 로시의 시도가 오히려 기율의 해체로 나아갔으며, 건축의 근원적 존재를 찾으려고 했던 그의 탐구는 현실 존재의 한계만을 드러냈을 뿐이라고 지적했다.

퇴행적 유토피아

이 밖에도 이 시대에 쏟아진 여러 담론과 '새로운 접근'은 모더니즘 건축 교리를 거부하거나 최소한 교정하려고 했다. 그것들은 모더니즘 건축의 '관념적 이상주의' 또는 '현실이 거세된 형식 미학'을 거부하고, 현실세계의 '사실' 속에서 건축의 계기를 찾으려 한다는 공통점을 갖고 있었다. 이들 중 제이콥스, 알렉산더 등 몇몇은 유의미한 '사실'들에 기초해 공동체적 사회를 고민하는 다음 세대에게 유용하게 받아들여진 개념을 제시하기도 했다. 그러나 대부분의 경우에는 이러한 '사실'을 직설적인 형태 표현 소재로 삼는 유치함••, 기껏해야 고전주의 형태 요소로 돌아가는 복고주의, 혹은 도시의 공간구조를 결정하는 체계와는 유리된 채 획지(site) 안에서 새로운 가치가 '생성'되는 건축공간을 창안하려는••• 자폐적 자기기만을 보여줄 뿐이었다.

•• 유기체나 세포를 형상화하는 아키그램과 메타볼리즘의 건축들이 전형적 사례다.

이러한 점에서 타푸리가 모더니즘 건축에 가했던 통렬한 비평은 1960년대 모더니즘을 비판하며 등장한 새로운 담론들에도 똑같이 적용되는 것이었다. 그는 모더니즘 건축이 지향한 유토피아를 "형태로만 남은 퇴행적 유토피아"(Form as regressive utopia)라고 단언했다.• 모더니즘 건축의 시작이라 할 수 있는 18세기 계몽주의 건축의 유토피아주의에서부터 "형태적인 차원에서 도시 개혁을 지지하는 사회적인 유토피아를 전혀 찾아볼 수 없다"고도 했다. 즉, 모더니즘 건축의 유토피아 지향은 그 출발에서부터 생산기술의 진보에 의한 유토피아 도래를 건물의 형태로 상징하는 것일 뿐 모순적인 도시 현실의 재편(유토피아 구현을 위한)을 주장하는 데까지는 나아가지 않았음을 지적한 것이다. 그에 따르면, 모더니즘은 '보편적 이성'이라는 이름 아래 '개인적 주체'를 제거함으로써 현실의 모순이 초래하는(개인이 겪는) 고뇌를 제거하고 자본주의 사회와 도시의 문제적 상황을 합리화한다. 기계 미학, 추상, 객관적 본질 탐구 같은 모더니즘 예술 개념들은 '자기완결적 형태 미학'과 '유토피아를 향한 진보 사관'의 통합을 구현해냈으나, 이는 현실을 초월한 관념적인 것으로서, 기술의 진보와 유토피아의 구현을 형태로만 상

••• 예컨대 스미스슨 부부가 설계한 로빈 후드 가든(1972)을 들 수 있다. 그들이 골든 레인 주거지 설계경기에서 제시했던 개념을 실제로 구현했다는 프로젝트로서, 세 개 층마다 '공중가로'형 복도를 갖는 아파트 두 개 동으로 설계되었다. 그러나 이 공중가로는 '다층적으로 연결된 도시공간' 개념으로는 지극히 불충분한 것이었다. 더구나 이 개념이 펼쳐진 곳은 콘크리트 담장으로 주변 도시와 격리된 단지 안에서였다.

• 만프레도 타푸리가 1969년 발표한 「건축 이데올로기 비판을 향하여」에서 한 말이다. 1973년 『프로젝트와 유토피아』(*Progetto e Utopia*)라는 제목으로 이탈리아에서 증보 출판되었으며, 1976년 『건축과 유토피아』(*Architecture and Utopia*)로 영어판이 출간되었다. 한국에는 1980년쯤 영어판이 유입되어 읽히기 시작했다.

징하는 건축을 생산했을 뿐이라는 것이다. 그럼으로써 모더니즘은 부조리한 현실을 은폐하는 이데올로기가 되어 부조리한 현실이 주는 충격을 무마하는 역할을 수행했고, 따라서 진보적(progressive)이기는커녕 퇴행적(regresive)이라는 주장이었다.

타푸리가 내리는 결론은 보다 근본주의적이다. "(결국 우리는) 순수한 건축, 유토피아 없는 형태, 숭고한 무용성으로 돌아갈 수밖에 없는 건축을 보게 될 것이다. 나는 건축에 이데올로기의 옷을 입히려는 기만적 시도들보다는 그 조용하고 진부한 '순수성'(purity)을 말할 수 있는 용기를 지닌 사람들의 진정성을 언제나 더 좋아할 것이다." 롤랑 바르트가 『글쓰기의 영도』(1953)에서 제시했던 부르주아 지배 질서에 포섭되지 않는 글쓰기 방법, 즉 '아무런 스타일도 없는 중립적이고 비활성적인 무색의 글쓰기'의 건축적 판본이라 할 만하다. 이는 건축이 현실 사회의 변혁을 위해 할 수 있는 일이 없다는 결론이며, 사회 개혁 실천에 관한 한 사실상 '건축의 죽음'을 선언한 것이었다. 경제적 하부구조가 삶의 모든 영역에서 결정적이며 무엇보다 우선한다는 입장에 서 있는 타푸리로서는 불가피한 결론이었다.••

1960년대 만발한 모더니즘 비판들이 건축계에서 모더니즘 건축 담론의 종언을 고하는 것이라면 1972년 프루이트 아이고 공공임대아파트단지 폭파 철거는 대중적 차원에서 이를 공식화한 사건이었다. 1951~55년 미국 세인트루이스에 11층 아파트 33개 동(총 2870호)으로 건설된 대단위 공공임대아파트단지인 프루이트 아이고는 모더니즘 건축 개념

•• 이러한 입장에서는 경제적 하부구조의 변혁 없이는 어떠한 변혁의 이론이나 방법도 소용없어진다. 그리고 사회·문화·예술적 차원에서의 어떠한 현실 비판적 작업도 사실상 현실체제를 공고히 할 뿐인 이데올로기에 불과하다.

91 앨리슨과 피터 스미스슨, 로빈 후드 가든, 영국 런던, 1972

92 로빈 후드 가든 공중가로형 복도

93 미노루 야마사키, 프루이트 아이고, 미국 세인트루이스, 1951~55

94 프루이트 아이고 철거, 1972

91

92

93

94

을 모범적으로 구현한 설계로서, "가장 훌륭한 고층아파트", "가난한 사람들을 위해 구축된 수직의 동네"라는 찬사를 받았던 프로젝트였다. 그러나 입주민들이 저소득 아프리카계 미국인들로 제한되었고 얼마 지나지 않아서부터 빈곤·범죄·인종차별의 온상이 되어 비판에 시달렸다. 결국 1971년에 철거가 결정되고 1972년 두 개 동 폭파 철거를 시작으로 1976년까지 모두 철거되었다. 이 사건은 많은 모더니즘 건축 비판자들에 의해 '모더니즘 건축의 죽음'을 상징하는 사건으로 회자되었다.

그러나 아직 실물경제의 황금시대는 끝나지 않은 상태였다. 비록 1960년대 말부터 금융 팽창에 따른 세계 통화 안정성 약화, 생산성 향상의 한계와 국가 재정 불안 등 경제 침체의 조짐이 보이기는 했지만 세계 시장의 확대 기조는 유지되고 있었다. 건축 생산 역시 호황을 지속했고 온갖 비평과 비판에도 불구하고 모더니즘 건축이 주류의 지위를 유지했다. 건축 담론에서 시작된 변화가 건축 생산의 판도 변화로까지 이어지는 것은 실물경제가 가라앉는 1973년 이후의 일이었다.

13

1973년 이후의 건축 생산

황금시대의 종언과 신자유주의

제2차 세계대전 이후 선진 자본주의 국가 진영의 장기 호황이 가능했던 것은 기업의 생산성 증대와 대중의 소득 상승의 균형, 즉 생산량의 증가와 소비자 구매 능력의 향상이 균형을 이루었기 때문이다. 컨베이어벨트로 대변되는 포드주의 대량생산체제에 케인스주의 복지국가 정책이 맞물려 작동한 결과였다. 서구 경제 질서를 안정적으로 지속시킨 또 하나의 요인은 최강국이 된 미국의 압도적인 군사·정치·경제 지배력이었다. 미국은 한편으로는 사회주의 국가 진영과의 냉전을 통해서, 다른 한편으로는 달러화를 기축통화로 하는 자본주의 국가 진영의 금융 질서를 통제함으로써 각국의 정치경제적 안정을 보장해주었다.

이러한 호황과 안정은 1960년대에 들어서면서 흔들리기 시작했다. 대량생산체제를 유지하기 위해 생산설비 고도화를 위한 자본 투자가 증가했고 이에 따라 평균이윤율이 하락했다. 이윤율 하락을 만회하려고 노동생산성을 높이는 조치가 취해졌다. 즉, 노동 투입량을 감축했다. 이에 따라 실업이 늘어나고 이것이 구매력 감소를 초래하며 대량소비 기반이 약화했다. 전체적으로는 여전히 성장세를 유지했지만 '완전고용-지속적 물가 상승-지속적 임금 인상'이 맞물리는 승승장구 기조는 끝난 상태였다.

무엇보다 미국의 경제가 동요하고 있었다. 유럽 국가들과 일본에 비해 상대적으로 경제성장률이 낮았고 베트남전쟁 등 군비 지출이 더해지면서 미국의 무역수지 적자가 막대한 규모로 불어났다. 급기야 1971년 미국이 달러의 금태환을 정지하면서 국제 금융 질서가 크게 흔들렸고• 1973년 원유 가격 급등••으로 서구 국가들이 고물가와 불경기가 겹치는 스태그플레이션에 빠져들며 세계경제가 급속히 얼어붙었다.

이런 사태를 설명하고 해결할 새로운 경제 이론과 정책에 대한 논의가 활발해졌다.••• 불황과 위기의 원인으로 과도한 국가 개입을 지목하는 주장이 득세하기 시작했다. 국가가 시장에 개입하고 통제하는 계획경제의 비효율성을 비판하고 기업의 자율성 및 시장의 효과를 신뢰하는 신자유주의 경제이론에 근거한 주장이었다. 1940년대 프리드리히 하이에크(1899~1992)의 철학에서 출발하여 1960년대 밀턴 프

• 1944년 미국 달러화를 기축통화로 금 1온스를 35달러로 고정하고, 다른 나라들 통화는 달러에 고정시키는 국제 통화정책인 브레튼우즈 협정으로 미국 주도의 세계경제 질서가 본격화했다. 그러나 1950년대 말부터 유럽 국가들의 경제성장에 비해 미국 경제가 정체하고 국제수지 적자가 누적되면서 미국 달러 지위가 동요하기 시작했다. 1960년대 말 베트남전쟁 비용 조달을 위해 미국이 화폐 발행을 늘려 달러 가치가 급락하자 일부 국가들이 금태환(은행권을 금으로 바꾸는 일)을 요구했고, 결국 1971년 8월 미국이 금태환 정지를 선언하며 브레튼우즈 체제가 붕괴했다. 이후 국제 통화체제의 불안정성이 커지고 세계무역이 축소하는 속에서 1973년 오일쇼크가 발생한다.

•• 1973년 10월 제4차 중동전쟁 발발 이후 페르시아만 여섯 개 산유국이 원유 가격 인상과 감산에 돌입, 배럴당 2.9달러였던 원유 가격이 1974년 1월 11.6달러로 폭등했다. 이로 인해 주요 선진국들은 1974년 두 자릿수 물가 상승과 마이너스 성장이 겹치는 전형적인 스태그플레이션을 겪었다.

••• 불황 초기였던 1974년 영국 총선에서 노동당이 승리하고, 1976년 미국 대선에서 민주당 후보 지미 카터가 승리하는 등 각국에서 집권한 좌파 및 자유주의 정부는 케인스주의 이론에 따라 정부의 시장 개입을 강화했다. 그러나 케인스주의 경제 이론에 따르면 물가 상승과 불경기가 동시에 진행되는 스태그플레이션은 일어날 수 없는 현상이었다. 스태그플레이션의 발생은 케인스주의 경제이론에 대한 치명적 공격으로 이어졌다.

리드먼(1912~2006) 등의 시카고학파를 중심으로 이론화된 신자유주의는 케인스주의 복지국가 모델이 파국에 빠진 상황에서 자연스럽게 대안으로 부각되었다.[••••] 국가의 역할이 큰 체제에서는 개인의 자유와 다양성의 가치가 침해될 수밖에 없다는 이들의 주장도 68혁명 이후 개인의 자율성을 중시하는 정치·사회 담론들과 연결되면서 신자유주의의 확산에 일조했다. 1979년 영국 총선에서는 마거릿 대처(재임 1979~90)의 보수당이, 1980년 미국 대선에서는 공화당의 로널드 레이건(재임 1980~88)이 신자유주의적 정책을 내걸고 승리했다. 대중적 동의를 얻어낸 신자유주의 이념은 이제 국가 경제정책으로 실행되기 시작했다.

신자유주의 정책의 골간은 기업 활성화와 공공 부문 지출 축소였다. 기업의 경제활동을 제약하는 규제 철폐, 국영기업 및 공공 부문 사업의 매각(민영화), 기업과 투자자에 대한 세금 인하와 사회복지제도 폐지 및 축소 등의 정책이 잇따랐다. 정부가 기업활동에 유리한 여건을 조성하는 가운데 기업들의 전략은 노동 생산성을 높이고 위축된 수요를 증가시키며 이윤율을 다시 높이는 데에 집중되었다. 노동 투입량을 줄이고 노동자 고용과 해고 자유도를 높이기 위해 비정규직의 비중을 늘렸고, 다양한 기호에 대응하고 수요를 자극하기 위해 1950~60년대의 '표준화-대량생산'체제에서 '다품종 소량생산'체제로 생산 방향을 전환했다.

영미를 중심으로 추진된 신자유주의 경제정책은 인플레이션을 진정시키고 경기를 회복시키는 성과를 거두었다.[•••••] 그러나 그 성장은 1950~60년대의 성장과는 질적으

•••• 신자유주의 경제이론의 주창자인 하이에크는 1974년에, 이를 이론화한 시카고학파의 대표적 이론가인 프리드먼은 1976년에 각각 노벨 경제학상을 수상했다.

로 다른 것이었다. 비정규직 증가, 사회보장제도 축소 및 공공 지출 감소 등으로 소득의 양극화가 심해지고 빈부격차가 확대되었다. 규제 철폐, 조세 감축으로 인한 혜택은 대기업과 금융업 및 정보산업에 편중되었고 중소기업과 자영업자의 어려움은 계속되는 등 생산 영역의 격차 또한 점점 더 벌어졌다.

세계화와 정보화

세계 시장을 차지하려는 각국 자본의 경쟁이 격화하고 국제적인 차원에서 산업구조가 재편되었다. 미국과 유럽을 중심으로 발전했던 중화학공업이 1980년대에 중국·한국·인도·멕시코·베네수엘라·브라질·아르헨티나 등 신흥공업국들로 이전했고, 서구 선진 자본주의 국가들의 산업은 금융업과 정보기술산업을 중심으로 재편되었다. 국가 간 분업 구조가 형성된다는 것은 세계가 단일한 시장체세로 통합된다는 뜻이다. 실제로 1990년대에는 여러 국가에서 활동하는 대규모 다국적기업이 증가했고 세계 주요 국가들은 지구화 혹은 세계화라고 불리는 세계 단일시장체제로 진입했다.• 1970년대까지 세계 시장의 확대 현상을 '국제화'(internationalization)라고 불렀다. 국제화가 국가를 단위로 하는 주체들 사이에 거래와 교류활동이 증가한다는 의미였다면, '세계화'(globalization)는 세계 전체가 하나로 통합된 사회이자 시장이라는 뜻이다. 국가 단위 시장체제로는 소화할 수 없는 규모로 커진 생산 능력으로 인한 과잉생산을

••••• 영국의 경우 1980년 -2퍼센트였던 GDP 성장률이 1988년 5.8퍼센트로 호전되었으며, 미국 역시 같은 기간에 -0.3퍼센트에서 4.2퍼센트로 상승했다.

• 자본의 국제화 이동 지표(주식과 채무에서 초국적으로 경영되는 재화량이 GDP에 대해 갖는 비율)가 1980년 10퍼센트 미만이었으나 1992년에는 72.2퍼센트(일본), 122.2퍼센트(프랑스), 109.3퍼센트(미국)에 달했다.

해소하기 위해 세계를 단일한 소비시장으로 개척한 것이다.

정보기술 발전은 세계화 시장을 가능케 한 기술적 기반이었다. 1970년대 개발된 개인용 컴퓨터와 인터넷 기술이 1991년 월드와이드웹(www)으로 진전하면서 국가 간 경계를 넘는 상품 생산과 거래활동이 자유로워졌다. 특히 생산 단계에서 확대된 국제분업은 괄목할 만한 것이었다. 이전까지 산업별·업종별 분업이 중심이었다면, 이제는 부품 단위로 가장 조건이 유리한 국가에서 생산하는 분업이 보편화되었다. 정보기술 발전은 국제적 분업 구조를 완전히 새로운 국면으로 이끌면서 세계를 단일한 시장으로 통합한 일등 공신이었다.

한편 1990년 독일 통일과 1991년 소비에트 연방 해체로 귀결된 사회주의 국가의 몰락으로 세계 시장 통합을 제약하던 이데올로기적 요인이 제거되었다. 사회주의 국가의 몰락은 무엇보다 국가 주도 경제체제의 실패를 의미했다. 이와 대조적으로 신자유주의 정책으로 다시금 경제성장을 이룬 국가들의 성공은 자유주의 시장경제가 국가 주도 계획경제보다 우월하다는 증명으로 받아들여졌다. 소련이 해체되면서 단일 패권국으로 올라선 미국을 중심으로 세계 시장은 더욱 가파른 속도로 통합되어갔다.

신자유주의 경제정책과 세계 시장 통합, 국제적 분업 구조가 확대되면서 신흥 공업국들에서도 세계 시장 경쟁에 참여하는 국제적 기업자본이 성장했다. 고용 불안정, 소득 양극화, 기업 간·산업 간 격차 증대와 더불어 금융업이 팽창하고 시장 불안정성이 커지는 상황 역시 지구적 경향이 되어갔다.

그러다 1990년대 초 금융위기로 경기가 후퇴했다. 이는 소득 양극화와 산업 양극화의 폐해에 대해 커져가던 비판과 맞물리면서 각국에서 정권이 교체되는 계기로 작용했다. 미국에서는 1980년 이래 12년간 계속되던 공화당 집권이 끝나고 1993년 민주당의 빌 클린턴이 대통령에 당선되었다. 영국에서는 1997년에 18년간의 보수당 집권이 끝나고 노동당이 집권했다.• 그러나 좌파 정권이 집권했음에도 과거의 사회민주주의적이고 국가 주도적인 경제체제로의 복귀는 이미 불가능한 상황이었다. 정보 네트워크로 연결되어 통합되어버린 세계 시장체제를 지역 시장들로 되돌릴 수는 없었다. 각국 정부는 기업활동을 지원하는 신자유주의 경제정책을 지속했다. 대표적인 것이 영국에서 사회학자 앤서니 기든스(1938~)가 제창하고 토니 블레어(재임 1997~2007) 노동당 정부가 채택한 '제3의 길'이었다. 사회민주주의와 경제적 자유주의를 혼합한 '좌파 신자유주의'라 할 만한 길이었다.

세계 시장의 단일화는 서구 선진국들이 신자유주의 경제정책을 더욱 강화하도록 했을 뿐 아니라 이 정책이 비서구 국가들로 확산되는 여건으로 작용했다. 특히 1997년, 한국을 포함한 동아시아 국가들에 닥친 외환위기는 이들 국가가 국가 주도 계획경제를 포기하고 신자유주의 경제체제를 도입하도록 자극했다.

1980~90년대의 신자유주의가 제조업 분야에서 노동생산성 향상과 기업 이윤율 상승을 중심으로 진행되었다면 1990년대 말부터는 신용 확대를 통한 금융 상품과 자산 팽창을 중심으로 진행되었다. 금융 파생 상품 형태로 구현되는 '신용 확대'는 실물 자산을 담보로 신용 화폐, 즉 증권이

• 프랑스에서도 1995년 사회당(프랑수아 미테랑 대통령)에서 공화국연합(자크 시라크 대통령)으로 정권이 바뀌었고, 독일에서는 1998년 기독교민주연합(헬무트 콜 수상)에서 사회민주당(게르하르트 슈뢰더 수상)으로 바뀌었다.

나 채권을 발행할 뿐 아니라 이들 증권·채권 등을 담보로 또 다시 증권·채권을 발행하는 금융활동을 통해서 금융상품의 양, 즉 명목 화폐량을 증가시킨다. 채권자가 빚에 대한 권리를 담보로 다시 빚을 얻고 그 빚을 빌려준 또 다른 채권자가 다시 그 빚의 권리를 담보로 또 빚을 얻는 일을 반복하는 셈이다. 결과적으로 실제 실물 자산 가치보다 훨씬 큰 명목 화폐량이 시장에 유통되면서 부의 총량은 계속 증가했고 경제활동 총량 역시 계속 커졌다. 정보기술의 혁명적 발전은 이러한 상황의 견인차이자 산물이었다. 정보기술은 상거래의 속도를 높이고 범위를 넓히는 데에 결정적인 역할을 했고, 자연히 더 성능이 좋은 정보기술을 위한 투자가 경쟁적으로 이루어지며 정보산업-상거래활동 규모가 급성장했다. 그러나 이로 인한 과실 대부분을 일부 계층이 전유하는 경향이 심해져갔다. 사회 내부적으로 계급 불평등 및 양극화가 심각해지고 대중의 구매력이 감소하면서, 2008년의 세계적인 금융 위기 사태가 파국적인 양상으로 예시했던, 시장의 불안정성이 점점 커져갔다.

포스트포드주의와 탈산업사회

1973년 이후 경기 침체로 '대량생산-대량소비'를 근간으로 하는 포드주의 경제체제가 더 이상 작동할 수 없게 되자 포드주의에 근간한 진보 이념도 무너졌다. 사회가 '생산기술 발전-대량생산-대량소비'라는 물질적 생산-소비 시스템을 기반으로 풍요 사회를 향해 진보하고 있다는 이데올로기에 대한 회의와 비판은 1960년대부터 있었지만 일부 식자층에 국한된 것이었다. 그러나 실물경제가 동요하고 후퇴하자 '대량생산-대량소비'에 대한 회의와 비판은 빠르게 그리고 널리 퍼져나갔다. '지구의 유한성'을 주제로 『성장의 한계』(1972)를 발표한 로마 클럽•이 기업 경영자가 주도한 모임이었다는 사실은 이러한 사태를 상징적으로 보여준다.

실물경제 침체 속에서 기업들로서는 과잉 투자로 낮아진 이윤율을 회복하고 정체된 상품 수요를 다시 촉발하는 일이 시급했다. '상품 수요는 항상 존재한다'는 전제 아래 표준화와 자동화에 기초하여 합리적이고 효율적인 대량생산에 진력하는 시장 전략은 더 이상 유효하지 않았다. 1980년대 영국과 미국의 보수 우파 정권의 신자유주의 경제정책과 더불어 본격화한 기업들의 새로운 시장 전략은 '수요 창출'을 목표로 한 '다품종 소량생산'이었다. 표준모델을 대량생산하던 생산라인은 다양한 모델에 대응할 수 있는 모듈생산 방식••으로 전환되었다. 인건비 절감을 위해 자동화 설비를 확충했고 '고용 유연화'라는 이름 아래 비정규고용 형태를 빠르게 늘려나갔다. 포드주의체제로 반세기 이상을 성장해온 선진 자본주의 국가들의 자본주의 경제 운용체제가 이제 포스트포드주의(Post-Fordism)라 할 만한 전혀 새로운 운용체제로 재편된 것이다.

'다품종 소량생산'은 소비자들의 기호를 자극하여 수요를 촉발하기 위해 상품 모델을 다양화하는 전략이다. 기존 소비 기호를 진부한 것으로 만들어버리고 계속해서 새로운 유행을 창출하는 한편, 소비자들의 기호 차이를 섬세하게 분석하여 대응하는 마케팅 전략이 추진되었다. 사람들의 개성

• 로마 클럽은 1968년 이탈리아 사업가 아우렐리오 페체이의 제창으로 유럽의 경영자, 과학자, 교육자 등이 로마에 모여 회의를 가진 데서 붙여진 명칭이다. 천연자원의 고갈, 환경오염 등 인류의 위기에 대해 경고·조언하고 이를 타개할 방안을 모색하는 것을 목적으로 했다.

•• 부품보다 큰 모듈(부품이 조립된 부분 완제품) 단위를 조립하여 최종 완제품을 만들어내는 생산 방식이다. 모듈 생산을 외주화함으로써 생산 효율을 높일 수 있고, 모듈의 형상과 성능을 다르게 해 어떻게 조합하느냐에 따라 완제품의 다양성을 큰 폭으로 늘릴 수 있다.

과 지역에 따른 문화 차이가 주요한 마케팅 요소로 부각되었다. 1960년대 이후, 보편 진리와 본질을 탐구하는 계몽주의 근대철학-모더니즘 예술에서 벗어나 진리의 상대성과 다원성을 인정하고 개체의 차이를 존중하는 사고체계로 전환하던 철학 및 예술 담론은 이러한 상품 전략과 어우러지면서 대중의 관심을 받았다. 국제주의 양식에 맞서 지역적 전통과 특성을 주장하고, 공간(space)보다는 장소(place)에 대한 고려를 우선하는 문화예술과 건축의 경향 역시 이러한 변화와 맞물려 있었다.

다국적 자본의 비중이 커지고 세계화가 급속히 진행되었지만 그 속에서 지역적 여건과 특성의 차이를 존중하는 것이 핵심적 시장 전략으로 채택되었다. 일견 서로 대립하는 현상으로 볼 수 있는 세계화와 지역화가 동시에 지향되는 소위 '세계지역화'(glocalization)라는 개념이 통용되었다. 정보기술은 세계화를 촉진하는 유력한 기술 기반이자 개인과 지역의 수요가 독자적으로 목소리를 낼 수 있도록 해주는 기제이기도 했다. 정보기술은 시간적·공간적 압축을 통해 시장이 개별 수요에 대응할 수 있도록 했을 뿐 아니라, 사회적으로는 구성원 간 직접 소통을 늘리고 공적 영역과 개인이 맺는 관계를 더욱 수평적으로 변화시키리라는 기대를 불러일으켰다. 그리고 종국에는 개인들의 확대된 자율성에 의해 사회체제의 변동도 가능해지리라는 전망을 키우는 원천이기도 했다.

자본주의 사회의 진로에 관한 담론에서도 세계화와 지역화라는 상반된 제안과 예측이 병존했다. 성장 제일주의를 우려하며 지역의 노동과 자원에 기반한 작은 노동 단위의 경제 구조로 전환할 것을 제안한 에른스트 프리드리히 슈마허(1911~77)의 『작은 것이 아름답다』(1973)는 서구 자본주의 국가들이 '나아가야 할 길'을 제안한 환경주의 경제학자의 고언이었다. 이에 비해 이미 세계는 정보화사회로 접어들었다고 진단하며 정보기술 발전이 빚어낼 새로운 산업의 구도를 예시한 대니얼 벨의 『탈산업사회의 도래』(1973)와 앨빈 토플러(1928~2016)의 『제3의 물결』(1980)은 포드주의 이후 서구 자본주의 사회가 밟아갈 또 다른 성장 시나리오를 써 내린 예언서였다. 비록 이들의 장밋빛 전망보다는 마누엘 카스텔스(1942~)가 『네트워크사회의 도래』(1996)에서 전하는 정보 사회의 경제·사회·문화 현상에 대한 비판적 분석과 전망이, 즉 자본의 논리로 연결되고 생산되는 네트워크가 사회를 파편화하고 개인화함으로써 불평등과 빈곤을 심화시키게 되리라는 전망이 좀 더 설득력 있는 현실이 되어가고 있지만 말이다.

후기구조주의와 신사회 운동

근대 사회의 본질주의와 진보사관을 회의하고 거부하는 새로운 사고와 담론은 한편으로는 진리의 상대성과 개인 및 지역의 차이를 수용하는 다원주의적 세계관으로, 다른 한편으로는 새로운 사회 변혁 실천 전략에 대한 모색으로 이어졌다. 푸코가 『감시와 처벌』(1975)로 말하고자 했던 생체권력 개념은, 비록 권력에 의해 만들어지는 주체라는 구조주의의 틀에 머물러 있긴 하지만, 개인이 스스로 자신을 체제 순응적 존재로 훈육하도록 만드는 자본주의 사회의 억압 기제를 새롭게 규명함으로써 이에 대한 저항-극복의 지점이 개인-개별적 장이어야 한다는 새로운 문제틀을 제시했다. 질 들뢰즈(1925~95)의 『차이와 반복』(1968)은 근대 사회가 본질을 추구하는 추상 개념을 좇으며 무시해온 현실세계 개체들의 억압되고 감추어진 차이들이 다른 존재로서 현행화할 수 있다는 사실을 드러내고 인식하려는 시도였다. 들뢰즈에 따르면, 현실세계는 서로 다른 차이를 갖는 고유한 존재인 개체들의 관계의 반복이다. 그 관계의 반복, 즉 차이의 반복에서 새로운 차이가 생성되고 새로운 배치(기존 사회체제 질서와는 다른 관계)의 잠재력이 생성된다는 것이다. 펠릭스 가타리와 함께 쓴 『천 개의 고원』(1980)은 자본주의체제가 주조하는 동일성의 억압을 뚫고 다른 삶을 일구고 다른 사회체제를 꿈꾸기 위한 새로운 인식 도구들에 대한 설명서였다. 자크 데리다(1930~2004)가 『그라마톨로지』(1967)에서 말하는 텍스트의 해체 역시 다르지 않았다. 모든 현전(presence)은 문자언어로 매개되어(텍스트화하여) 재현될 수밖에 없다. 즉, 모든 현상과 존재는(텍스트가 읽는 사람과 상황에 따라 의미가 달라질 수밖에 없듯이) 상황 종속적이고 차이가 있을 수밖에 없다. 이성과 본질이라는 이름 아래 절대적 과학-보편적 가치를 주입하는 의미체계를 해체하고, 소위 '보편적 의미체계'라는 것들이 배제하는 현실세계의 무수한 차이들을 해방하려는 기획이었다. 즉, 근대 이성은 개인마다 사회마다 서로 다른 고유한 여건과 필요의 차이를 사상하고 단일한 질서체계를 강요해왔으며 이제 그것에서 벗어나야 한다고 설파했다.

실존하는 개체들이 갖는 고유한 속성과 그들이 부딪히는 상황의 차이에 주목하는 이러한 사고와 태도는, 사회의 구조적 속성과 틀이 개인의 사고와 실천을 결정하는 것으로 보는 구조주의와도 다른 것이었다. 사회의 구조적 요인 못지않게 개별성과 우발성(contingency)이 하나하나의 상황을, 그리고 역사를 야기하는 중요한 요인으로 주목받았다.* 흔히 후기구조주의라 부르는 이러한 사고가 개인들이 각자 처한 상황에서 발휘하는 자율적 실천 능력에 대한 기대로 연결되는 것 역시 자연스러운 일이었다. 스피노자의 역능** 개념에 대한 새삼스러운 천착, 앤서니 기든스의 구조화 이론•••, 피에르 부르디외(1930~2002)의 아비투스(habitus)와 장(場, champ) 이론•••• 등은 모두 구조적 억압 기제가 상황마다 다른 양상으로 전개된다는 사실, 그리고 그 상황 속에 실존하는 개인의 자율적 실천 능력에 대한 기대를 토대로 개진된

• 미국 자유주의 사상을 대표하는 철학자 리처드 로티(1931~2007)는 『우연성, 아이러니, 연대』를 통해 이러한 견해를 강하게 피력했다. 로티가 말하는 요지는 본래적 본성이나 불변의 본질이라는 것은 없다는 것이다. 모든 것이, 그것이 언어이든 자아이든 공동체든 혹은 다른 무엇이든 간에, 역사적 과정 속에서 우연의 중첩을 통해 이루어진다는 것이다.

•• 스피노자가 『에티카』(1677)에서 제시한 개념으로, 들뢰즈와 가타리가 재해석해 주목받았다. 스피노자에 따르면, 인간을 포함한 모든 사물은 자신의 존재를 지속하려는 성향, 즉 코나투스(conatus)를 갖고 있으며, 이를 바탕으로 자신의 활동력, 즉 역능(potentia)을 증대시키는 방향으로 나아가야 한다. 인간은 자신의 힘만으로는 자신을 보존할 수는 없는 유한사이므로, 즉 다른 것을 먹고 다른 것의 도움을 받아야 삶을 영위할 수 있는 존재이므로 인간의 코나투스나 역능은 타자와의 관계를 향한 것이 되어야 한다는 것이다.

••• 기든스가 『사회구성론』(1984)에서 제시한 이론이다. 개인 행위자는 사회구조에 영향을 받지만 바로 그 사회구조 역시 개인들의 장기 지속적인 행위에 의해 끊임없이 재구조화된다는 것이다. 행위자가 '다르게' 행동할 개연성을 강조하며 "우리가 마주하고 있는 세계는 (어떤 방향으로 재구조화할지 모르는) 열린 가능성의 세계"라고 말한다.

•••• 부르디외가 제시한 '아비투스'는 계층·문화 등 구조적 조건에 의해 형성되는 개인의 습관적 행동이나 사고양식을 가리키는 개념이다. 개인은 구조에 종속적인 아비투스에 영향을 받지만 이 제약 속에서 자율적 실천 능력을 가지며 이러한 개인들의 실천이 아비투스의 변화를, 그리고 사회 구조의 변화를 다시 주조해낸다는 것이다. 윈스터 처칠이 제2차 세계대전 당시 폭격을 맞아 무너진 영국 국회의사당 재건 약속 연설에서 말한 "우리는 건축을 만들고 건축은 다시 우리를 만든다"로 요약할 수 있는 건축공간과 행동의 상호 규정성과 연결해 생각할 때, 아비투스는 '건축공간을 통한 사회적 실천'에 주요한 함의를 갖는 개념으로 다가온다. 한편 부르디외에 따르면, 사회는 개인이나 집단의 무질서한 집합체이거나 위계화된 계급 피라미드이기보다는 서로 영향을 주고받으며 연결된 수많은 '장'이 접합된 다차원의 위치공간이다. 그리고 이러한 장 안에서 개인들은 자신이 점유한 위치에 따라 서로 다른 행동 전략을 펼친다.

담론들이었다.

이러한 사고는 1960년대 후반에 등장해 68혁명으로 폭발한 신사회 운동과 연결되며 확산되었다. 이는 이제껏 마르크스-레닌-스탈린을 교본으로 삼고 경제 문제와 계급 투쟁을 의제로 삼아왔던 자본주의 사회 비판과 체제 변혁 운동 진영의 패러다임이 변화했음을 뜻한다. 선진 자본주의 국가들의 포드주의 복지국가체제 속에서 노동자 계급의 생활 수준이 향상됨에 따라 노동 착취 문제를 고리로 한 운동 동력이 약화되었다는 점, 그리고 소련과 동구권 사회주의 국가들의 관료주의적 폐해에 대한 비판이 확산되었다는 점도 변화에 한몫했다. 1980년대에는 신사회 운동을 변혁의 동력으로 인정하면서 사회 각 부문의 모순을 둘러싼 헤게모니 투쟁이 중요하다는 소위 포스트마르크스주의 이론이 출현했다.•••••

더욱이 1989년 폴란드 공산주의 정권 붕괴로 시작한 사회주의 국가 진영의 몰락은 정통 좌파 세력을 결정적으로 약화시켰다. 공산주의에 대한 자본주의의 승리를 선언한 프랜시스 후쿠야마(1952~)의 『역사의 종언』(1992)은 진보 과정으로서의 역사가 자유시장 자본주의체제라는 종점에 도달했음을, 나아가 자본주의체제가 영속할 것임을 언명한 선언서였다. 실제로 1990년 이후 자본주의를 대체할 대안적 사회체제에 대한 전망 자체가 부재하는 상황이 지속되었다. 계급 투쟁의 주역으로 간주되었던 노동자 계급의 역할에 대한 회의도 깊어졌다. 정보기술의 발전 흐름 속에 '노동의 종말'•

••••• 예컨대 에르네스토 라클라우와 샹탈 무페의 『헤게모니와 사회주의 전략』(1985)을 대표적인 포스트마르크스주의 선언서로 꼽을 수 있다. 1980년대부터 안토니오 그람시의 시민사회에서의 헤게모니론을 부각하는 신그람시주의가 새삼스럽게 부각되고 알튀세의 중층결정론이 재평가된 것도 신사회 운동을 계기로 사회 변혁을 위한 실천 전선의 다변화를 지향한 포스트마르크스주의와 연관이 있다.

이 운위되는 상황까지 전개되었다.

대안적 사회체제의 전망이 불투명한 상태에서 사회 변혁 운동 세력들 사이에서는 현실체제에 대한 개인들의 연대와 저항·탈주 담론이 횡행했다. 진보와 유토피아에 대해서도 새로운 태도와 관념이 자라났다. 리처드 로티에 따르면, "유토피아의 실현은, 그리고 더 나은 유토피아들을 그리는 것은 끝없는 과정이라고, 즉 이미 존재하는 '진리'를 향한 수렴의 과정이 아니라 '자유'의 실현이 끝없이 증식되는 과정이라고 간주"하는 것이었다. 이러한 가운데 신사회 운동이라 일컬어지는 여성 운동·환경 운동·소수자 권리 운동 등 소위 '생활 정치'(life politics)[••]가 사회 비판과 변혁 운동의 주류가 되어갔다. "사회에서 수많은 권력의 소재지를 발견할 수 있다"라며 개인의 주체성에 기반한 저항의 가능성을 제기하는 독일 사회학자 울리히 벡(1944~2015)의 견해 역시 이러한 조류에 속하는 것이다.

포스트모더니즘: 포스트포드주의 시대의 예술과 문화

19세기 모더니즘은 팽창하는 공업 생산력으로 인류 역사가 유토피아를 향해 진보할 것이라는 믿음을 토대로 하는 담론이었다. 과거의 형태 언어와 형식으로는 표현할 수 없는 것

• 미국의 경제학자 제러미 리프킨은 자동화기술 진전에 따른 고용 감소로 노동이 사라지는 사회가 도래할 것을 예견하며, 사회적 경제의 확장을 통한 노동력 재배치를 대안으로 제시했다. 좌파 일각에서는 고용 감소가 구매력 감소로 이어지며 자본주의 시장의 파국이 시작될 것을 기대하기도 한다. 그러나 자본주의는 기술 발전에 따라 새로운 상품과 새로운 일자리를 계속 창출해왔으며 앞으로도 그럴 것이므로 이러한 파국 전망은 유효하지 않다는 반론도 제기되고 있다.

•• 앤서니 기든스가 『현대성과 자아 정체성』(1991)에서 제시한 개념이다. 기든스는 착취·불평등·억압을 축소하거나 제거하는 데에 관심을 갖는 '해방정치'와 이에 대한 대응 개념이자 매개로서 '생활정치'를 제안한다. 생활 양식 및 정치적 결정의 자유를 지향하는 생활정치는 개인의 생활에 연원하지만, 줄곧 정의·평등·참여 등 해방정치가 지향하는 의제들과 연결된다.

이었으므로 모더니즘에는 완전히 새로운 '양식'이 필요했다. 또한 더 나은 세상을 위해서는 여전히 과거의 체제에 얽매인 현실의 근본적인 변혁 역시 마땅히 완수해야 할 역사적 과제였다. 영국의 마르크스주의 역사학자 에릭 홉스봄이 말하듯이 19세기 말 미술공예 운동과 20세기 초 러시아 구축주의와 바우하우스 중심의 구성주의 예술 운동은 이 둘이 일치했던, 즉 '현실(의 본질)을 표현하는 형식에 대한 추구'와 '(진보를 위한) 현실의 근본적 변혁에 대한 추구'가 일치했던 담론이자 실천이었다. 그러나 1930년대 이후 파시즘에 쫓기고 포드주의 자본주의에 순응하면서 모더니즘은 설득력 없는 엘리트적 형식주의와 시장 순응적 고급 상품으로만 남았다.

포스트모더니즘은 모더니즘이 설득력을 잃으며 퇴조하는 1970년대 이후의 건축·회화·문학·철학 등 문화예술 분야에서 등장한 담론을 총칭하는 개념이다. 모더니즘을 비난하며 등장한 포스트모더니즘은 하나의 가치와 표현 형식으로 이해하기에는 곤란한 복잡한 양상으로 전개되었다. 회화에서는 팝아트로 구상예술이 복권되었지만 그렇다고 추상예술이 사라진 것도 아니었다. 추상표현주의·미니멀 아트·행위예술 등 지향하는 가치의 방향조차 종잡을 수 없는 새로운 형식(혹은 형식 파괴)에 대한 탐구들이 이어졌다. 모더니즘의 미학적·도덕적 규칙에 대한 거부 자체가 미덕인 양 통용되었고 어떠한 판단이나 가치 기준도 거부하는 상대주의와 다원주의 자체가 모더니즘에 대한 대안으로 제시되었다.

이러한 경향의 근저에는 '객관적 현실'이라는 것 자체가 존재하지 않는다는 생각, 아니면 적어도 '객관적 현실에 대한 합의된 이해는 불가능하다'는 생각이 자리 잡고 있었다. 혹은 프레드릭 제임슨(1934~)이 『마르크스주의와 형식』

(1971)에서 말한 대로, "탈산업 독점자본주의가 발전하면서 언론매체나 광고·선전이 계급 구조를 점점 더 심하게 은폐하는 사회에서 우리의 경험이 이제 전체성을 상실"했기 때문이기도 했다. "개인적 삶의 관심사와 사회체제의 구조적 결과물 사이의 연관을 피부로 느끼지 못하게 된" 상황에서 사회와 세계의 향방과 본질적 가치를 문제시하고 논하는 일은 추상적이고 관념적인 차원에서 이루어질 수밖에 없었다. "중대한 형이상학적 관심사들, 즉 존재라든가 삶의 의미 같은 근본적인 문제들이 현실과는 전혀 상관없는 무의미한 이야기처럼 여겨진 경우는 (지금 시대 말고는) 과거의 그 어떤 문명에서도 없었던 일"이었다. 변화는 예술 분야에서 가장 첨예하게 표출되었다. 예술과 문화 활동을 현실과 미래를 고민하는 '진지한 일'로 간주하는 것 자체를 거부하는 태도가 확산되었다.

온갖 기호와 경향이 얽힌 것이 현실임을 인정하는 태도는 새로운 유행 창출과 상품 기획에 집중하는 포스트포드주의 시장에 쉽사리 연결되었다. 새로운 상품시장의 필요가 문화예술 생산 담론을 이끌어내는 듯한 양상마저 전개되었다. 일원적 체계를 거부하는 포스트모더니즘의 다원주의가 사실은 모든 것을 교환가치로 환원하는 시장의 첨병, 혹은 부산물일 뿐이라는 비판이 제기되는 이유다. 후기구조주의 담론 역시 근저에 다원주의를 깔고 있기는 마찬가지였다. 이들이 자못 진지하게 매달리는 '개인의 차이와 자율성을 억압하는 구조'에 대한 비판과 그로부터의 탈주 논리 역시, 그 탈주의 지향이 다원적으로 분산될 것이라는 점에서 그저 상품세계 논리에 곁들인 수사이거나 사회적으로는 성취하기 어려운 개인적·자기만족적 윤리일 뿐이라는 비판에서 자유롭지 못했다.

포스트모더니즘과 '더 나은 사회'

포스트모더니즘이나 후기구조주의를 모더니즘의 극복, 혹은 모더니즘의 대안적 담론으로 인정하지 않고 기껏해야 모더니즘의 퇴행적 변주쯤으로 격하하며, 정작 필요한 일은 모더니즘이 기획했던 사회 변혁을 완성하는 것이라는 목소리도 힘을 얻었다. 대표적인 사례로 푸코·들뢰즈·데리다 등을 '젊은 보수주의자'라고 비판한 위르겐 하버마스를 꼽을 수 있다. 1980년 포스트모더니즘 건축을 주제로 기획된 베네치아 건축 비엔날레에 대한 실망을 토로하는 것으로 시작하는 글 「모더니티: 미완성의 기획」에서 하버마스는 세 유형의 보수주의를 비판했다.• 반근대주의를 취하는 젊은 보수주의, 전근대로의 회귀를 주장하는 늙은 보수주의, 그리고 학문·정치·예술을 생활세계와 분리시켜 자율적 영역으로 가두려는 신보수주의가 그것이다. 이들의 공통점은 모더니즘의 이성주의 자체를, 혹은 생활세계의 모순 인식에 기초한 변혁의 기획을 거부한다는 것이었다. 이 중 '젊은 보수주의'는 몰이성적·반이성적인 영역을 인정할 뿐 아니라 이것이 인간적 삶에 오히려 더 중요하다는 니체적 태도에 기초하고 있는데, 비이성을 근거로 이성적인 행위(비판)를 시도한다는 것

• 하버마스에게 모더니티는 종교와 형이상학이 지향하고 근거했던 가치를 진리-정의-아름다움, 즉 진-선-미의 문제로 분리하고 이를 과학-윤리-예술이라는 독자적 영역들로써 실현하려는 기획이다. 그럼으로써 이성과 정의의 원칙에 따라 운영되고 사회적 소수자도 자율적 합의의 주체가 되는 자유민주주의를 구현하려는 기획이다. 그러나 이 영역들은 일부 엘리트와 전문가의 활동 무대일 뿐 대다수 사람이 배제된 채 공공의 영역으로 통합되지 못하고 있다. 그래서 모더니티는 미완의 기획이다. 하버마스는 포스트모더니즘이 이성에 대한 불신과 적대감으로 '진리'와 '아름다움'이라는 범주를 파괴하고 '정의'의 윤리를 후퇴시킨다고 비판한다. 그럼으로써 모더니티의 기획을 더욱 가망 없게 만들고 있다는 것이다. 이러한 생각을 갖고 있는 그가 '과거의 현전'(The Presence of the Past)을 제목으로 내건 포스트모더니즘 건축전이었던 1980년 베네치아 건축 비엔날레에 대해 실망을 토로한 것은 당연한 일이었다.

에서부터 자기모순일 수밖에 없다는 것이다. 이성의 힘으로 더 나은 세상을 만들어내려 했던 모더니티의 기획이 좌절됐다고 볼 것이 아니라 그 기획이 범한 오류들로부터 배우고 이를 해결해나가야 한다는 것이 하버마스의 생각이었다. 모더니티가 봉착한 문제는 여전히 이성과 합리성으로 풀어나가야 할 문제라는 것이다.

하버마스의 보수주의 비판에서 주목할 만한 것은 포스트모더니즘 일반을 겨냥한 '신보수주의 비판'이다. 신보수주의와 그들의 포스트모던 담론은 학문·정치·예술 등을 생활세계와는 격리된 자율적 영역을 갖는 것으로 다루려는, 그럼으로써 현실 문제를 개혁하고 변혁하려는 실천에는 직접적으로 연루되지 않는 것으로 만들려는 시도라고 비판된다.• 모더니즘이 현실 문제에 치열하게 개입했던 것에 비해 포스트모더니즘은 그 시작부터가 현실 문제와 격리된 담론이라는 지적이다.

제임슨의 문화 비판은 보다 근본주의적이다. 하버마스가 포스트모더니즘을 현실세계와 격리된 자율성 담론으로 비판했다면, 제임슨은 한 걸음 더 나아가 그 모든 것이 현실세계의 작동 기제인 자본주의체제의 모순에 대한 외면과 그 모순을 해결하고 '더 나은 사회'를 만드는 실천에 대한 불철저한 의식에서 비롯하는 것이라고 지적한다. 이러한 외면과 불철저한 의식 속에 생산되는 문학과 예술의 이면에는 모순적인 현실을 무마하려는 '정치적 무의식'(political unconscious)이 작동하고 있다는 것이다.

• 한편 '늙은 보수주의'는 형식적 합리성만 남은 모더니즘을 불신하며 생태주의 등을 도구로 우주론적 윤리를 확립하려는 주장들로서 관념적 이상세계를 꿈꾸는 자들이라고 비판한다.

제임슨은 『단일한 근대성』(2013)에서, 문학과 예술을 포함한 모든 사회적 담론은 자신들을 근본적으로 규정하는 토대인 생산양식을 바탕으로 삼아야 한다고 주장한다. 근대는 자본주의와 분리할 수 없다. 따라서 자본주의 생산양식을 빼놓고 근대성을 논의하는 것 자체가 옳지 않다. 문학이건 예술이건 모든 사회적 담론은 이미 전 세계를 장악한 자본주의 생산양식과의 관련성 속에서 사유되어야 한다. 포스트모더니즘 역시 자본주의 사회의 담론이기는 마찬가지다. 제임슨은 포스트모더니즘이란 자본주의 생산양식의 후기 단계, 즉 이전 자본주의 단계들(시장자본주의와 독점자본주의)보다 더 순수한 자본주의 사회가 된 시대의 문화적 논리라고 규정했다. 과거 사회의 습속과 전통, 예컨대 강제적 노동 등 불법적 착취는 물론이고 공동체주의나 가족주의 등 전(前)자본주의시대의 문화적-생활 양식적 잔재가 사라지고 상품화와 시장체제를 통해 모든 사회적 집단을 원자화한 사적 개인들로 용해해버린, 보다 순수한 자본주의가 1950년대쯤부터 전개된 오늘날 자본주의의 속성이라는 것이다. 그리고 포스트모더니즘은 단순히 특정한 양식이나 사조가 아니라 이러한 오늘날의 시대 속성을 특징짓는 개념으로 이해되어야 한다는 것이다.

이러한 관점은 후기구조주의 철학자들과 신좌파 사회학자들에 대한 비판에서도 드러난다. 예컨대 오늘날 반향을 얻고 있는 조르조 아감벤(1942~)이나 자크 랑시에르(1940~)의 이론들이, 정치적인 것을 전체 사회와 분리시켜 자율적인 영역으로 만들고 마치 정치가 삶의 전부인 것처럼 믿게 만들고 있다는 것이다. 제임슨은 권력이라는 정치적 현상을 따로 떼어내 고찰하는 푸코의 이론에 대해서도 우려를 표명한다. 변증법적 시각에서 보자면 어떤 것을 전체에서 분리하는 것은, 전체를 매개로 하면서 다시 전체와 통합되는 것이 아니라면, 그 분리된 것 자체를 전체로 만들게 되기 마련인 것이다. 기든스가 주장하는 '제3의 길'이나 하버마스가 말하는 '미완의 근대성'은 결국 근대성 속에서 길을 찾고 근대성을 완성하자는 주장이다. 근대는 자본주의이니 결국 자본주의 속에서 길을 찾고 자본주의를 완성시키자는 주장인 셈이다. 제임슨은 자본주의체제 자체를 극복하는 문제를 논하지 않는 근대성 담론을 비판하며, "근대성 담론을 재발명하려는 쓸모없는 시도는 폐기해야 한다"고 일갈한다. 그는 근대, 곧 자본주의를 넘어서는 데 필요한 '더 나은 사회'에 대한 상상력을 요청한다. "우리에게 진정으로 필요한 것은 유토피아라고 불리는 욕망으로 근대성이라는 주제를 전면적으로 대체하는 일"이라는 것이다.

도시공간 생산으로서의 건축 생산

1973년 서구경제를 덮친 불황은 고도 성장기에 부풀어 올랐던 부동산 시장 거품의 붕괴이기도 했다. 불황이 길어지면서 신도시개발, 도시재개발 등 대규모 개발 프로젝트가 줄어들었다. 예컨대 1940년대 중반에 시작한 영국의 대규모 신도시개발은 밀턴킨스(1967~) 등 60년대 말의 계획들을 끝으로 중단되었고, 미국 뉴욕시는 1970년대 중반 재정 파탄 위기에 빠져서 배터리 파크 시티 개발계획 등 대부분의 대규모 개발사업을 보류했다.

프랑스도 비슷했다. 1960년대 건설된 대규모 공공임대아파트단지 그랑 앙상블이 비인간적인 환경을 만들어낸다는 비판이 고조되면서, 프랑스 정부는 주거 건축의 혁신을 위해 특별 기구를 설치하고 1972년 신건축 프로그램(Programme Architecture Nouvele)을 실행했다. 주거 건축의 '질적 개선'이 목표였던 이 프로그램은 1973년 석유파동

이후 대규모 개발사업이 급격히 줄어들자 '중규모 도시의 주거'를 주제로 기존 도심의 재생과 집합주거계획의 연계를 꾀하는 방향으로 전환되었다.

기성 시가지 안에서 이루어지는 중소규모 개발 프로젝트들이 채택되면서 자연히 기존 도시공간 맥락에 적응하는 개발이 중요해졌고, 이 흐름을 타고 1960년대에 등장한 '도시적 사실을 건축설계나 도시공간설계의 준거로 삼으려는 태도'가 확산되었다. 1960년대 제도화를 통해 도시공간 형태를 설계하는 일이 보편화하고 있었다는 점도 '도시공간을 의식하는 건축'이 자연스럽게 확산하는 요인이 되었다.

뉴욕 도시개발공사가 새로운 임대주택 모델 프로젝트의 일환으로 기성 시가지 아홉 개 블록에 625호를 건축한 마커스 가비 빌리지(1970~73)는 작은 골목과 공용마당 들로 엮인 저층고밀 주거 형식으로, 이제까지의 '전면 철거 재개발' 또는 '고층개발' 방식에서 기존 도시조직에 적응하는 충전(infill) 개발 방식으로의 전환을 선언한 작업이었다.• 뿐만 아니라 주택별 전용마당(혹은 테라스), 골목, 가로에서 직접 출입하는 단위주거 등 개별 주거의 독자성과 긴밀한 소통에 주목하면서 주거계획에 대한 새로운 접근을 보여주었다. 맨해튼의 시티콥 센터(1974~76)는 인접 부지에 있던 기존 교회의 장소성을 유지하기 위해 건물 하부를 거대한 기둥으로 들어 올려 스펙터클한 공공공간을 창출해내면서 초고층 건

• 뉴욕 도시개발공사가 도시건축연구소(IAUS)와 협력하여 계획 및 설계를 진행했다. 컬럼비아대학의 케네스 프램튼이 설계를 담당했으며, 그 계획·설계 내용을 1973년 뉴욕 현대미술관에서 전시했다. 프램튼은 2008년 인터뷰에서 "저층고밀 주거지는 교외주거와 고층주거의 절충안이지만, 토지 이용과 사회 서비스 공급의 경제적인 해결책일 뿐 아니라 땅과 자연과의 긴밀한 접촉을 가능케 해주는 방법이다"라고 말했다. 마커스 가비 빌리지는 2014년 사회적 기업에 양도되어 리모델링된 후 준(準)공공임대주택으로 운영되고 있다.

1

2

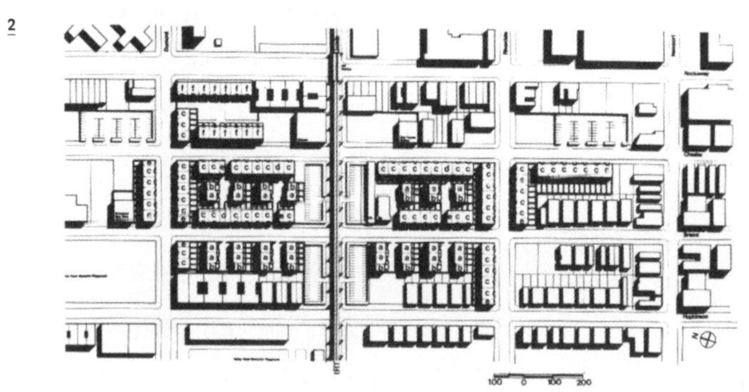

3

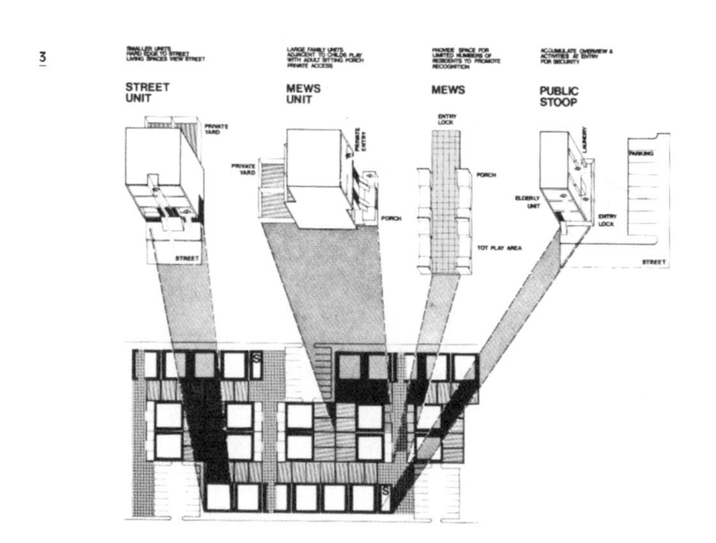

1 케네스 프램튼, 마커스 가비 빌리지, 미국 뉴욕, 1970~73

2 마커스 가비 빌리지 배치계획도

3 마커스 가비 빌리지 주거 유형과 가로계획 개념도

4　휴 스터빈스 외, 시티콥 센터, 미국 뉴욕, 1974~76

5　기존 교회의 장소를 유지하기 위해 저층부를 비운 시티콥 센터

축 프로젝트가 기존 도시의 조건을 수용하는 방식을 보여주었다.•

이러한 사례들은 1970년대를 경유하면서 진행되었던 건축과 건축가에 대한 이해와 태도의 변화를 예증했다. 즉, 모더니즘 건축이 표방했던 '새로운 도시와 생활공간의 창조로서의 건축'이 아니라 '기존 도시로부터 부여된 조건들의 수용과 반응으로서의 건축', '창조적 주체로서의 건축가'보다는 '객관적 체계를 수용-해석하고 이것에 반응하는 주체로서의 건축가'가 적절하다는 것이었다. 모더니즘 건축이 이미 잃어버린 '계획의 영역'(도시)을 '창조'하려는 순진함 속에 관념뿐인 도시론의 세계를 벗어나지 못했다면, 이 새로운 태도는 어차피 잃어버린 계획의 영역에서 결정되는 도시를 '객관적 체계', 혹은 '주어진 조건'으로 수용하면서 이를 세심하게 해석하고 이에 반응하는 건축을 지향했다.

예컨대 프랑스에서는 크리스티앙 드 포잠박(1944~), 앙투안 그륌바크(1942~), 롤랑 카스트로(1940~), 이브 리옹(1945~), 페르난도 몬테스(1939~) 등이 '상황 종속적'인 건축가라 할 만한 작업 방식을 진전시켰다. 1970년대 후반에 시작되어 1980년대에 본격화된 이들의 건축 경향은 독창적이고 개인적인 형태 언어를 일관되게 구사하는 영웅적인 근대 건축에 반하여, 혼성적이고 상황 종속적인 건축을 실험하는 것이었다. 즉, 보편적인 규범을 표방하거나 따르기보다는 건축주와 대지의 상황에 따라 '건축적 대상'의 성격을 정의하고 처리 방법을 결정하려는 태도였다. 포잠박이 오

• 시티콥 센터 신축 부지의 북서쪽에 인접해 있던 세인트 피터 교회는 동일한 위치에 독립 건물로 새로운 교회를 신축해줄 것을 조건으로 교회 건물 철거에 동의했다. 시티콥 센터 설계자들은 거대한 기둥으로 건물 하부를 비웠고, 교회는 지하에 극장이 더해진 독립된 건축물로 원래의 자리에 다시 지어졌다.

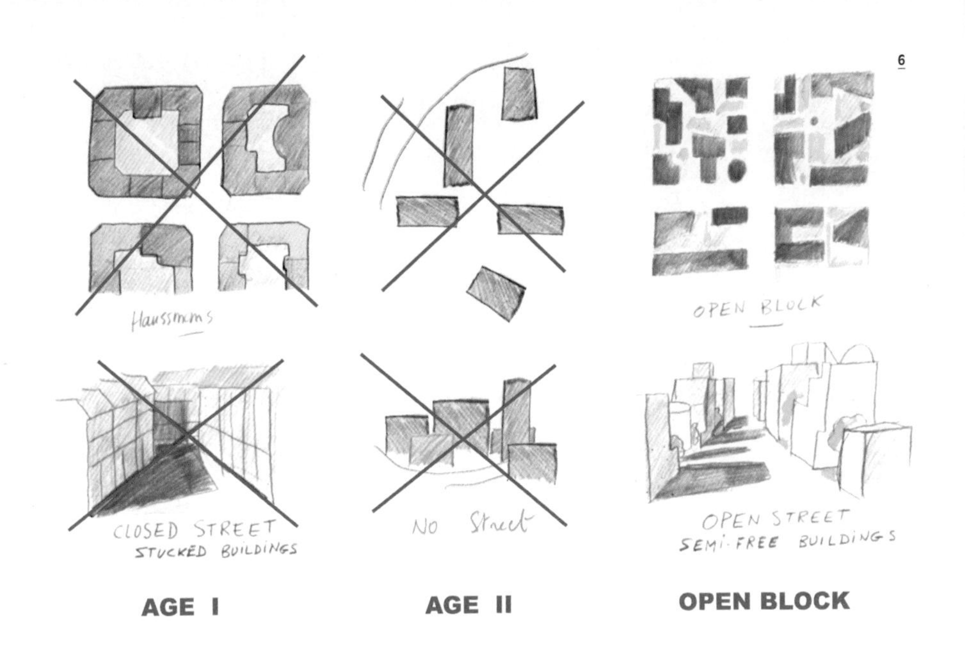

6 크리스티앙 드 포잠박, 개방 블록 개념 스케치

트포름 집합주거(1975~79)에서부터 마세나 지구 재생계획(1995~2012)까지 지속적으로 전개한 '개방 블록' 개념, 카스트로가 쇠퇴 산업시설 재생 프로젝트로 설계한 앙굴렘 만화영상 단지(1985~90) 등이 대표적 사례다.

1980년 이후 영국과 미국을 중심으로 신자유주의 정책이 추진되고 선진 자본주의 국가들의 경제성장이 재개되면서 도시개발 프로젝트도 활기를 띠기 시작했다. 그러나 이 시기 도시개발은 1950~60년대와 달리 공공 주도 개발이 감소하고 대부분 민간자본에 의해, 혹은 민관 협력으로 진행되었다. 막대한 인프라 투자가 필요한 도시 외곽 지역개발보다는 신규 인프라 투자 규모가 작고 경제활동 중심지와 가까운 기성 도시공간과 구산업 쇠퇴지역 등에 개발이 집중되었다. 대처 정부가 야심 차게 추진했던 런던 도크랜드 개발

(1981~98)은 화물선이 대형화하면서 기능을 상실한 템스강 도크랜드 지역을 상업·금융·업무 중심지역으로 재개발하는 사업이었으며, 프랑스의 유러릴 프로젝트(1994~)는 섬유공업과 탄광산업 도시였던 릴의 쇠퇴한 도심부 역세권 개발사업이었다.

뉴욕 맨해튼 허드슨강변 매립지 개발사업인 배터리 파크 시티 개발도 재개되었다. 배터리 파크 시티 개발 과정은, 1970년대를 전후하여 진행된 도시공간에 대한 태도 변화 과정을 잘 보여준다. 뉴욕시 계획안(1963), 뉴욕주 계획안(1966) 등 당초의 개발계획들은 모더니즘적인 '공원 속 고층 주거' 개념에 입각한 것들이었다. 이에 대한 세간의 부정적 반응을 반영하여 1969년에는 중고층 혼합개발 개념으로 수정된 기본계획이 확정되었으나, 1970년대 부동산 경기 침체와 뉴욕시 재정 위기로 사업을 시작하지 못했다. 1979년 도시 가로공간에 적극적으로 대응하는 중고층 가구형(街區形, perimeter block) 건축물들을 중심으로 새롭게 마련된 계획안에 따라 1980년부터 개발이 본격적으로 진행되었다.

1984~87년 '비판적 재건축'(Critical Reconstruction)과 '신중한 도시재개발'(Careful Urban Renewal)을 주제로 베를린에서 진행된 국제건축전(IBA)•은 기존 도시공간의 생활적·형태적 맥락을 존중하는 도시재개발 패러다임을 수십 개 건축 프로젝트로 실현해 보인 경연장이었다.•• 1978년 전시회 기획 단계에서, 이제까지의 베를린시 재개발 방식에 대한 비판 및 새로운 재개발 방식을 둘러싼 갈등과 논란이 '도시재개발의 12개 원칙'으로 정리되어 1983년 베를린 의회에서 공식적인 지침으로 채택되었다. 12개 원칙은 '현재 거주자들과 상인들의 동의 아래 계획할 것', '지역의 특성을 보존할 것', '주택의 개축(renovation)은 점진적으로 진행할

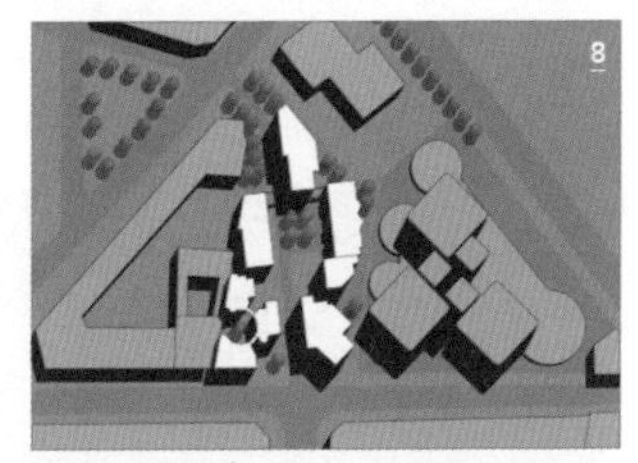

7 크리스티앙 드 포잠박, 오트포름 집합주거, 프랑스 파리, 1975~79

8 오트포름 집합주거 배치계획

9 롤랑 카스트로, 국제 만화 영상 단지, 프랑스 앙굴렘, 1985~90

• 독일에서 도시계획과 도시건축(Städtebau)을 주제로 비정기적으로 개최하는 국제전시회. 1901년 다름슈타트 전시회를 시작으로 라이프치히(1913), 슈투트가르트 바이센호프(1927), 서베를린 인터바우(1957)가 있었으며, 1984~87년 베를린 전시회에 이어 엠셔파크(1989~99), 작센-안할트(2003~10), 함부르크(2006~13), 바젤 2020(2010~20) 등이 개최되었다.

•• 마리오 보타, 피터 아이젠만, 앙투안 그륑바크, 자하 하디드, 헤르만 헤르츠베르거, 한스 홀라인, 이소자키 아라타, 렘 콜하스, 롭 크리어, 찰스 무어, 파올로 포르토게시, 알도 로시, 알바로 시자, 로버트 A. M. 스턴, 제임스 스털링, 스탠리 타이거맨, 오스발트 마티아스 웅거스 등이 참여했다. 『타임』은 이 전시회를 "현 세대 세계 건축의 가장 야심 찬 시연장"이라고 보도했다.

10 런던 도크랜드 개발, 1981~98

11 도크랜드 카나리 워프 지구

12 OMA, 유러릴 프로젝트 도시 마스터플랜, 1992

13 유러릴 프로젝트, 1994~

14 배터리 파크 시티, 1963년 뉴욕시 계획안

15 배터리 파크 시티, 1966년 뉴욕주 제시안

16 배터리 파크 시티, 1969년 수정 기본계획(중고층 혼합 개발)

17 배터리 파크 시티, 기본계획안(알렉산더 쿠퍼와 스탠튼 엑스터트), 1979

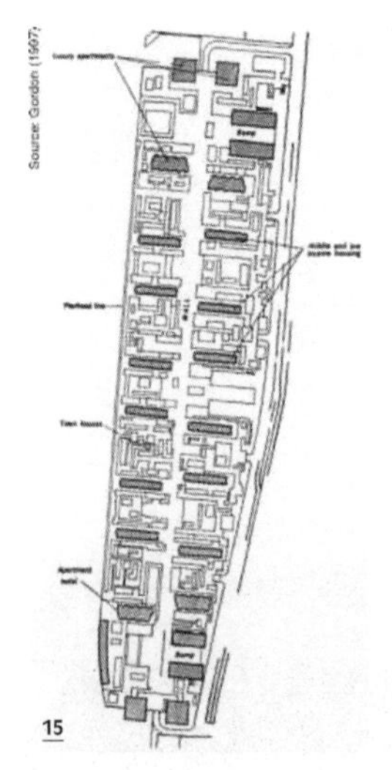

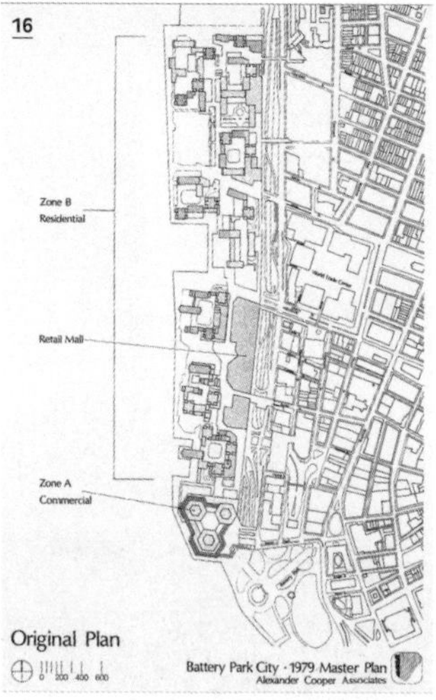

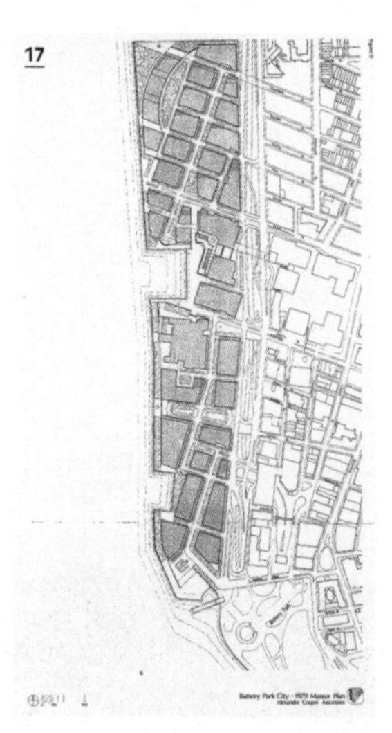

18 배터리 파크 시티
19 배터리 파크 시티 가로 풍경

것', '약간의 철거, 블록 내부 녹화, 건물 입면 설계를 통해 거주 환경을 구조적으로 개선할 것' 등 '신중한' 재개발이라 할 만한 내용으로 짜였다.

1970년대에 등장하여 1990년대에 확산된 콤팩트 시티(compact city)나 1980년대 말 미국과 캐나다에서 등장한 뉴어버니즘(New Urbanism) 담론 역시 같은 맥락에서 이루어진 접근이었다. 콤팩트 시티는 공간적 확장을 꾀하던 1960년대까지의 도시개발 패턴과는 달리 도심 지역에서 상업·업무·주거 등 모든 도시 기능을 수용함으로써 인프라 투자를 절약하면서 경제 인구의 밀도를 적정 수준으로 유지하려는 개념이었다. 뉴어버니즘은 전통적 마을이 그랬듯이 장소의 특성들을 살리며 주거지를 개발하자는 것으로, 대중교통망 이용과 보행활동 촉진을 전제로 하는 고밀도 개발, 복합적 토지 이용, 길과 건물 유형의 체계적인 위계화 등을 추구했다. 이러한 새로운 도시개발 담론들은 1987년 국제연합의 브룬틀란 보고서•와 1992년 리우선언•• 이후 확산된 '지속가능성' 담론과 연결되면서 정치적·윤리적 정당성을 확보하며 보편화했다.

도시개발에 관한 이러한 담론들은 1990년대 들어 '도시재생'(urban regeneration)' 패러다임 아래 정당한 계획 원리로 정식화되었다. 도시재생은 신도시개발이나 기성 시가지

• 국제연합이 1983년에 설립한 세계환경개발위원회에서 노르웨이 수상 그로 할렘 브룬틀란이 주도하여 1987년에 제출한 보고서. 이 보고서에서 지속가능한 발전이라는 개념이 처음으로 정의되었다.

•• 1992년 6월 브라질 리우데자네이루에서 150여 개국 대표가 참여한 지구정상회의가 채택한 선언문. 1972년 스웨덴의 스톡홀름에서 인간환경선언이 있은 지 20년 만에 만들어진 전 세계 차원의 행동 강령으로서 환경과 개발에 관한 27개 원칙으로 구성되어 있다.

전면 철거 재개발보다는 쇠퇴지역을 중심으로 도시의 경제적 맥락에 적응하면서 경제적 활력을 불러일으킬 수 있는 요소를 더하는 전략이다. 1950~60년대의 도시개발이 공간 확장을 통해 새로운 경제활동공간을 창출한 것이라면, 도시재생은 기존 공간의 밀도를 높이거나 새로운 활동으로의 갱신을 통해 부가가치 상승을 노리는 전략이었다.

도시개발사업에 민간 부문의 참여 비중이 높아지면서 도시공간의 계획과 설계도 달라졌다. 민간기업의 참여를 촉진하기 위해 규제가 완화되었고 도시공간을 대상으로 한 상업화 전략이 고도화하면서 공공적 공간이 상품화되는 현상이 나타났다. 과거에는 공공이 소유하고 관리해 누구나 접근할 수 있던 공간과 서비스를 사유화하고, 사회적 약자를 배제함으로써 많은 이윤을 낳는 공간을 만들려는 도시 내 울타리 치기, 이른바 도시 인클로저 현상이 확산되었다. 저소득층이나 영세기업이 많았던 공간에서 임대료가 올라 원주민이 밀려나는 젠트리피케이션(gentrification)이나 빗장공동체(gated community)가 된 중상류 계층 주거단지가 대표적이다.

다른 한편으로는 도시공간에 대한 상업화 전략이 고도화함에 따라 장소별로 서로 다른 개성을 갖도록 하는 공간의 개별화 현상이 진전되었다. 도시 곳곳에서 소매점포 및 보행인구 밀도가 높은 '매력 있고 활력 있는' 가로공간들이 조성됐다. 가로의 상업적 가치가 중시되면서 소비자 개인들과의 접촉 강도를 높여 개별적 공간의 가치를 높이려는 노력이 진행된 결과였다. 이 개별화 현상은 현대 사회에서 개인의 자율성과 변혁적 실천의 가능성에 대한 기대를 담은 담론들의 원천이기도 했다. 다양성과 함께 이질성 역시 증대하면서 비시장적 활동, 다양한 사용가치를 중시하는 공간 이용 등 상

20 피터 아이젠만, 체크포인트 찰리 공동주택(베를린 국제건축전), 독일 베를린, 1984~87

21 알바로 시자, 봉주르 트리스테세 공동주택(베를린 국제건축전), 독일 베를린, 1984~87

22 헤르만 헤르츠베르거, 크로이츠베르크 공동주택(베를린 국제건축전), 독일 베를린, 1984~87

20

21

22

품세계와는 다른 가치를 배태하는 활동의 장이 형성되고 이것이 사회체제를 변화시키는 동인이 되리라는 기대였다.

이 모든 현상이 도시를 '계획'의 대상으로서뿐 아니라 중요한 '설계'의 대상으로 간주하는 태도를 확산시켰다. 도시는 토지와 거주·경제·문화 활동의 양과 밀도를 배분하고 배치하는 '계획'(planning) 대상으로만 다루어져서는 곤란하다는 것이다. 도시와 건축의 '설계'(design)가 대상으로 삼는 것, 즉 도시의 형태, 그리고 그것을 구성하고 결정하는 건축의 형태와 공간의 질이야말로 거주·경제·문화 활동의 질과 성격에 심대하게 영향을 미치는 중차대한 요소라는 인식이 보편화했다. 도시공간의 형상·연결관계·장소성 등이 상업적 가치에 직결된다는 인식이 확산되면서 그것을 '설계하는 일'에 대한 관심이 커진 것이다. 또한 그것들(공간의 형상·연결관계·장소성 등)은, 하버마스의 개념을 빌린다면, 체계와 생활세계가 상호 규정하는 역학관계의 주요 인자들이라는 점에서, 건축의 사회적 실천의 대상이자 전선으로서 주목할 만한 의미를 갖는 것이기도 했다.

주거 건축에서 도시공간 대응 태도 변화

도시 가로공간과 개인이 접촉하는 접점이 커져가는 경향은 주거 건축 양식의 변화에서 가장 분명하게 드러났다. 1972년 프루이트 아이고 공공임대아파트단지 폭파 철거는 모더니즘 주거 건축 이념의 종언을 공식화한 사건이었다. 오픈스페이스·녹지·일조 환경을 강조하던 모더니즘 주거 건축 개념은 개인마다 다른 생활 욕구의 차이를 무시하는 익명적이고 평균적인 환경, 다양성의 표출을 제약하고 교류 기회를 억압하는 공간 구조, 그럼으로써 인간관계의 부정적인 측면만을 키우게 하는 '나쁜 생활공간 형식'으로 비판받았다. 1970년대 들어서면서 이를 대체할 도시 주거 건축 유형이 탐구되었다. 새로이 호출된 것은 19세기 도시주거 건축 형식이었던 중층 가구형(街區形) 공동주택이었다.

서구 도시에서 산업혁명 이후 19세기에 도시 주거의 전형이 된 4~6층 가구형 공동주택은 공업 발전으로 인해 변화한 도시환경에 대응한 주거 형태였다. 도시에 공업 입지가 집중되면서 인구가 증가하고 토지 가격이 비싸짐에 따라 고밀화 필요성이 커졌다. 도로나 녹지 등이 부족한 상태에서 고밀화가 진행되자 지나치게 높은 인구 밀도와 비위생이 문제가 되었다. 더욱이 당시에는 석탄을 연료로 사용했으므로 도시의 대기 질은 나날이 악화되었다. 초기에는 필지마다 건폐율 80~90퍼센트로 건축된 아파트들이 밀집하여 채광과 환기가 나쁜 경우가 많았으나 점차 몇 개 필지를 합하여 중정공간을 크게 확보함으로써 채광과 환기를 개선한 가구형 공동주택이 지어졌다. 즉, 19세기 가구형 공동주택은 불량한 도시환경 속에서 최소한의 거주 수준을 보장하는 장치로서 중정공간을 확보한 주거 형식이었다. 그러나 이를 양호하게 구현한 사례는 중상류층 주거나 일부 공공임대주택에 국한되었다. 이외에 대다수 도시 블록들은 여전히 높은 건폐율로 밀집되어 외기와 충분히 면하지 못한 채 채광·환기 불량에 시달렸다.

20세기 초 근대 건축가들은 이러한 불량한 도시환경을 개혁하는 주거 건축을 지향했다. 이는 곧, 목전에 다다랐다고 여겨진, 유토피아를 물리적으로 현현(顯現)하는 일이었다. 충분한 일조를 위한 개방적인 외부공간과 녹지가 필수조건으로 강조되었다. 이것이 빈과 암스테르담에서는 개방적 중정을 갖는 가구형으로, 독일 바우하우스 계열 건축가들의 작업에서는 '공원 속 고층주거' 형태로 전개되었다. 그들에게 기존의 도시 맥락이란 과밀하고 비위생적일 뿐 아니라

23 19세기 말 베를린의 주거 블록

24 파리에 남아 있는 과밀 주거 블록, 마르카데가 인근

23

24

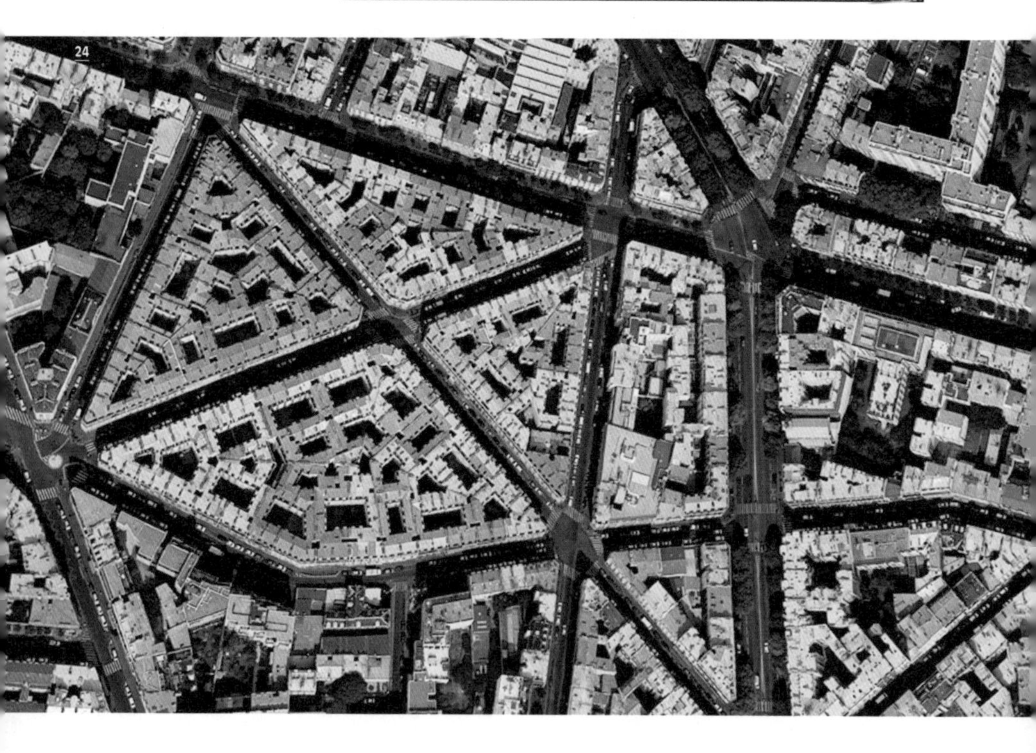

'시대에 뒤떨어진 것'이었다. 그것은 존중은커녕 시대에 걸맞은 도시를 위해서는 전면적으로 개조해야 할 대상이었다. 1930년대 유럽에서 파시스트에 의해 축출되면서 중심 무대를 미국으로 옮긴 모더니즘 건축의 주류는 독일 바우하우스 계열 건축가들이었다. 미국에서 그들의 '공원 속 고층주거' 개념이 국제주의 양식과 결합하며 1950~60년대에 전 세계로 확산되었다.

그러던 차에 1960년대 후반부터 모더니즘 건축에 대한 비판과 반발이 커지고 기존 도시의 여건을 존중하며 여기에 적응하는 일이 주요한 의제로 부각되면서 19세기 중층 가구형 공동주택이 새로운 주거 건축 형식으로 다시 등장한 것이다. 1970년대 가구형 공동주택은 형태는 19세기의 그것과 비슷했지만 지향했던 환경적 가치와 방향은 전혀 달랐다. 19세기 가구형 주거 건축이 불량한 도시환경으로부터 보호된 중정공간으로 양호한 환경을 확보하는 데에 중점을 두었던 반면에, 새로운 가구형 주거의 중점은 '활력 있는 도시 가로공간의 형성'과 '가로와 건물 내부공간의 접속'에 있었다. 1950~60년대 고도 성장기를 거치면서 서구 주요 국가들 도시의 물리적 환경 수준은 매우 높아졌다. 도시 재개발을 통해 과밀함이 대부분 해소되었고, 공원·문화시설 등 시민 편익시설의 양이 늘고 수준이 높아지면서 일조·개방공간·녹지 등 모더니즘 건축이 중요시하던 사항들은 더 이상 문제가 되지 않았다. 오히려 관심은 시민 개인마다 다른 개별적인 욕구와 생활공간 요구에 대응하고, 소통과 교류를 지원하는 공공공간을 형성하는 일에 모아졌다. 그 모든 것의 중심이자 주인공이 가로였다. 바야흐로 가로가 주거 건축을 포함한 모든 도시 건축의 중심적 주제로 부상한 것이다.

전환의 초기였던 1960년대에는 모더니즘 주거 건축의

25 LCC, 캐나다 워터 주거지, 영국 런던, 1962~64

26 1963년 이스트할렘 주거단지 설계경기 당선안(호드니 스테이지버그 파트너스) 실현 모습

27 1963년 이스트할렘 주거단지 설계경기 2등안(에드윈 스트롬스튼, 리카도 스코피디오, 펠릭스 마르토라노)

25

26

27

고층 타워와 개방공간의 익명성을 보완하여 작은 스케일로 분절된 중저층 건물들을 고층 타워와 혼합하는 설계들이 출현했다. 21층 타워 두 개 동과 4층 주거동을 혼합 배치한 런던의 캐나다 워터 주거지(1962~64)가 전형적인 사례였다. 1963년 뉴욕 이스트할렘 주거단지 설계경기 당선안 역시 비슷한 개념이었다. 당선안은 저층 매스들로 구성된 격자형 보행로체계 속에 고층 타워 네 개를 조합한 것이었다.• 정작 이 설계경기를 통해 주목을 받은 것은 전혀 다른 개념으로 설계된 2등안이었다. 4~6층 중저층 주거동들을 작은 스케일로 분절하고, 역시 휴먼스케일로 분절된 골목·마당 등 외부공간과 연결하며 단위주거의 개별적 거주환경 조성에 주력한 설계안이었다. 비록 2등에 그쳤지만 주거 건축 개념이 변화하고 있음을 알리기에는 충분했다. 같은 시기에 런던에서는 새로운 개념의 설계안이 설계경기에서 당선되어 실현되었다. 런던 릴링턴 가든스(1961~71)는 3~8층 중층 주거동들이 몇 개의 안뜰을 둘러싸는 형식으로 고밀도를 구현한 설계로서, 고층 주거동 중심의 구성이 대부분이었던 당시의 설계와는 전혀 다른 것이었다. 주변 가로공간에 직접 면하여 벽돌 조적조 주거동을 배치하고, 모든 단위주거가 전용 마당을 갖거나 식재된 복도, 혹은 옥상가로(roof street)에 접하도록 한 설계는 주변 지역과 어우러지고 거주자들의 개별적인 활동을 고려한 거주환경을 조성하려는 새로운 시도로 평가할 만하다.••

• 이 안은 변경을 거듭하여 1974년 고층과 중층이 혼합된 U자형 네 개 세트를 배치한 1199 플라자로 준공되었다.

•• 이 주거 프로젝트는 여러 상을 수상하며 호평받았다. 1973년 영국 왕립 건축가 협회의 추천작으로 선정되기도 했는데, 건축사학자 니콜라우스 페브스너는 이 주거지를 "근래 런던에서 가장 흥미로운 주거 계획"이라고 평했다.

28 다본 앤드 다크, 릴링턴 가든스, 영국 런던, 1961~71

29 릴링턴 가든스 옥상 가로

30 릴링턴 가든스 주거동 구성 개념

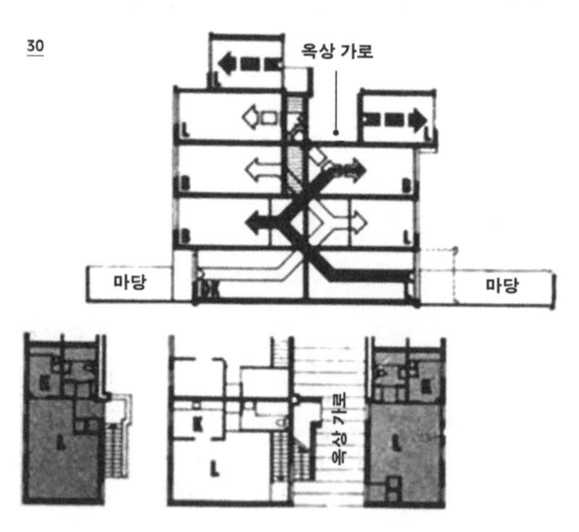

모더니즘 건축 개념에 대한 비판이 거세진 1970년 이후에는 기성 시가지의 보편적 건축 형식인 가구형 주거를 전통으로 존중하며 도시 건축의 원형으로 삼으려는 설계안들이 등장했다. 1974년 런던 시내의 슬럼을 철거하고 공공주택을 건설하는 로열 민트 스퀘어 주거지 설계경기에서 낙선한 레온 크리에의 응모안은 부지 전체를 가구형 주거동으로 둘러싼 것이었다.•

뉴욕 도시개발공사가 1960년대에 들어 착수한 루스벨트섬 개발사업 역시 주거 건축 개념의 변화 과정을 여실히 보여준다. 당초 마스터플랜(1961)은 약 6.7미터 높이의 플랫폼에 판상형 고층아파트 동들을 결합시킨, 여전히 모더니즘 건축 개념에 기초한 것이었다. 그러나 1968년 수정된 마스터플랜(1969)은 중심 가로축에서 양쪽으로 강을 향해 열린 가구형 주거동들로 구성되었다. 이 마스터플랜에 따라 리버크로스 아파트먼트(1975)와 이스트우드 주거 블록(1976) 등 가구형 주거동들을 중심가로와 강변에 면하여 배치한 주거 건축이 건설되었다.

1980년대 이후에는 도시 가로공간에서의 상업활동을 중시하는 포스트포드주의적 태도와 자율적 개인들과 공공공간의 직접적 소통에 주목하는 후기구조주의적 태도가 합류하면서 가로에 직접 면하는 가구형 공동주택이 보편적인 주거 건축 유형으로 자리 잡았다. 스톡홀름의 스카프넥(1981~)과 하마비 회스타드(1991~), 포츠담의 키르히스타이그펠트(1993~), 런던의 그리니치 밀레니엄 빌리지

• 1973~74년에 GLC가 주최한 설계경기에 299개 응모안이 제출되었고 크리어의 안은 입선작에 들지 못하였다. 당선안은 S 곡선 형상으로 배치된 4층 주거동들이 연속해서 내정을 형성하는 안이었다. 당선안에 대한 평판이 좋지 않은 가운데 사업 내용이 변경됨에 따라 설계안이 일부 조정되어 1982년 준공되었다.

31 레온 크리에, 로열 민트 스퀘어 주거지 설계경기 제출안, 1974

32 빅터 그루언, 루스벨트섬 마스터플랜, 1961

33 필립 존슨과 존 버지, 루스벨트섬 마스터플랜, 1968

34 서트, 잭슨 앤드 어소시에이츠, 이스트우드 주거 블록, 미국 뉴욕, 1976

35 리버크로스 아파트먼트(존 조핸슨과 아쇼크 바브나니, 1975)와 이스트우드 주거 블록(서트, 잭슨 앤드 어소시에이츠, 1976), 미국 뉴욕

31

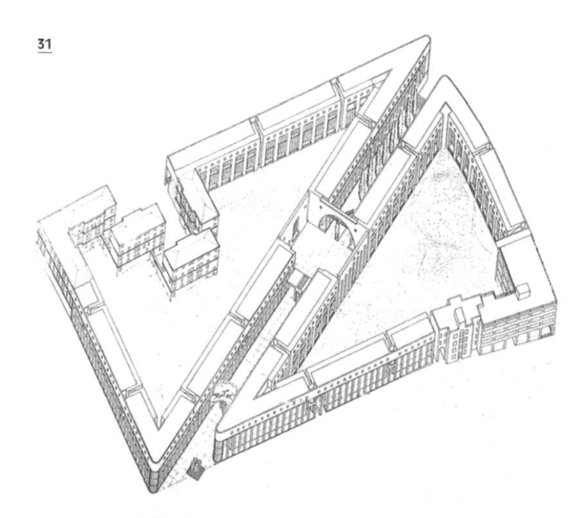

32

33

34

35

36 스카프넥, 스웨덴 스톡홀름, 1981~

37 스카프넥 항공사진

38 키르히스타이그펠트, 독일 포츠담, 1993~

39 하마비 회스타드, 스웨덴 스톡홀름, 1991~

40 그리니치 밀레니엄 빌리지, 영국 런던, 1999~2002

41 암스테르담 동부 항구 지역, 네덜란드 암스테르담, 1992~

(1999~2002) 등 서구 각국에서 새로이 개발된 주거지 대부분이 가구형으로 건축되었다. 항구 기능을 잃고 쇠락하던 부두 일대를 공공주택지로 개발한 암스테르담 동부 항구 지역(1992~)에서도 가로공간에 직접 면하는 가구형 공동주택 블록이 주종을 이루었다.

새로운 형태 미학의 도발과 모더니즘 건축 형태 지속

비록 도시 주거 건축에서 모더니즘의 '공원 속 고층주거' 개념이 쇠퇴했지만 건축 전반에서 모더니즘 건축의 형태 미학이 철회된 것은 아니었다. 오히려 모더니즘 형태가 거센 도전을 물리치고 다시금 주류를 형성하는 상황이 연출되었다.

모더니즘 건축 미학에 대한 도전은 1960년대부터 시작되었다. 박공지붕, 반원형 창호 등 고전적 형태 요소들을 차용하면서 '새로운 형태'를 찾는 로버트 벤투리의 건축이 선두주자였다. 그의 길드 하우스(1960~63)와 바나 벤투리 하우스(1962~64)는 모더니즘 건축의 형태 규범을 위반하려는 의도적 도발이었다. 도시가 역사적으로 축적하고 있는 형태들 속에서 도시공간과 건축 형태의 원형을 탐구하려 했던 1960~70년대 이탈리아 신합리주의 역시 모더니즘 건축의 규범과 다른 원리를 찾는다는 점에서 공통된 흐름이었다. 비록 유럽의 신합리주의자들은 미국의 대중주의자 내지는 상업주의자들이 전통의 지혜를 무시하고 키치(kitsch)를 남발한다고 비판하고 있었지만 말이다.

불황기였던 1970년대까지 소규모 건축물 생산 일각에서 시도된 이러한 새로운 형태주의는 1970년대 말 찰스 젠크스 등의 역사학자들에 의해 '포스트모더니즘'이라는 이름이 붙여졌다. 베네치아 비엔날레의 첫 번째 독립 건축 전시회였던 1980년 베네치아 건축 비엔날레는 바야흐로 포스트모더니즘 건축의 시대가 도래했음을 선포했다. 전시는

'과거의 현전'을 주제어로 내걸며 역사야말로 건축의 형태·양식·장식의 무한한 원천임을 공언했다. 실제 크기 모형으로 전시된 '매우 새로운 가로'(Strada Novissima)는 건축가 20명이 역사적 선례를 참조하여 각각 설계한 건축물 입면들로 구성한 것으로서, 혼성 모방으로 가득 찰 포스트모더니즘 건축과 도시공간을 예시했다.•

1980년대에 경기가 회복되면서 건축 생산활동이 증가했고 '포스트모던' 형태의 대규모 건축물이 대거 등장했다. 마이클 그레이브스의 포틀랜드 빌딩(1982)과 샌 후안 캐피스트라노 도서관(1981~83), 필립 존슨의 뉴욕 AT&T 빌딩(1980~84) 등이 자주 거론되는 사례들이다. 그러나 이들의 '형태적 도발'은 모더니즘 건축에 장식적 요소를 가미하는 수준을 벗어나지 않았다. 비록 형태에 국한되긴 했지만 자못 사회 비판적이었던 초기의 태도도 약해지면서 흥청대는 상품시장에 타협한 문화상품이 되어버렸다. '형태와 기능의 일치', '형태의 순수성', '재료의 진실성' 등의 모더니즘 건축의 규범을 위반했다는 점과 모더니즘이 배척한 역사적 형태에 주목했다는 점에서 모더니즘 건축과 다른 노선을 택했다고는 할 수 있지만 결과는 모더니즘 건축에 역사적 요소를 일부 결합하는 수준이었다.

보다 심각한 도전은 1980년대에 출현한 '해체주의'라고 이름 붙여진 일단의 흐름이었다. 데리다가 '의미체계로서 텍스트를 주조하는 저자와 이를 전달받는 독자'를 전제로 하는 모더니즘 문화예술 담론체계를 해체하려 했던 것처

• 파올로 포르토게시가 기획한 이 가로공간 전시에는 프랭크 게리, 렘 콜하스, 이소자키 아라타, 로버트 스턴, 로버트 벤투리, 리카르도 보필, 크리스티앙 드 포잠박, 마이클 그레이브스, 오스발트 마티아스 웅거스 등이 참여했다.

42 로버트 벤투리, 길드 하우스, 미국 필라델피아, 1960~63

43 로버트 벤투리, 바나 벤투리 하우스, 미국 필라델피아, 1962~64

44 마이클 그레이브스, 샌 후안 캐피스트라노 도서관, 미국 샌 후안 캐피스트라노, 1981~83

45 마이클 그레이브스, 포틀랜드 빌딩, 미국 포틀랜드, 1982

46 필립 존슨, AT&T 빌딩, 미국 뉴욕, 1980~84

럼, 해체주의 건축은 건축이라는 이성적 담론체계 자체를 해체하려 했다. 글쓰기부터 존재 일반까지를 (해체해야 할) '구성된 텍스트'로 간주하는 해체 담론이 건축 표현의 준거로까지 참조·번역된 것이었다. 그 주역은 데리다와 교류하던 피터 아이젠만이었다. 합리성과 질서 개념에 기반한 모더니즘 형태 원리는 물론이고, 포스트모더니즘이 참조하고 준거로 삼으려는 역사까지, 일체의 '미리 주조된 의미체계'를 거부하는 것이 건축의 해체주의가 목표하는 바였다.

해체주의 건축은 1982년 파리 라 빌레트 공원 설계경기로 세간의 주목을 끌기 시작했다. OMA와 렘 콜하스, 하디드, 장 누벨 등의 설계안을 포함한 470개 응모안 중 당선된 추미(1944~)의 설계안은 이제까지의 건축적 공간구성 관념 자체를 뒤엎은 것이었다. 점(격자로 배치된 35개의 폴리• 들), 선, 면(공원 전체 면적 약 55만 제곱미터 중 약 34만 제곱미터의 녹지) 등 세 가지 조직 원리를 중첩하는 것이 핵심이었다. 폴리(folly)들은 프로그램이 미리 정해지지 않을 뿐 아니라 프로그램을 짐작케 할 만한 표현까지도 배제한 비장소(non-place)로 설계되었다. 온전히 사용자들의 활동과 상호작용을 통해 그 쓰임새와 의미가 만들어지는 공간 개념이었다. 그야말로 전통적인 건축적 관계들이 해체된 세계라 할 만했다.••

라 빌레트 공원이 준공된 이듬해인 1988년 영국에서 최

• 주로 정원이나 공원에 장식을 위해 특정한 용도 없이 지어지는 작은 건조물. 외관 형태를 통해 어떤 목적이나 의미를 암시하도록 설계되는 경우가 많다.

•• 추미는 설계경기에 당선되어 설계를 진행하는 과정에서 자크 데리다와 피터 아이젠만에게 자신의 공원 설계안에 대한 발전적 구상안을 작성해줄 것을 요청했다. 이에 따라 데리다와 아이젠만의 구상안이 작성되었으나 과도한 예산이 소요된다는 등의 이유로 받아들여지지 않았다.

47 베르나르 추미, 라 빌레트 공원, 프랑스 파리, 1984~87

48 라 빌레트 공원 설계 개념도

49 라 빌레트 공원의 폴리

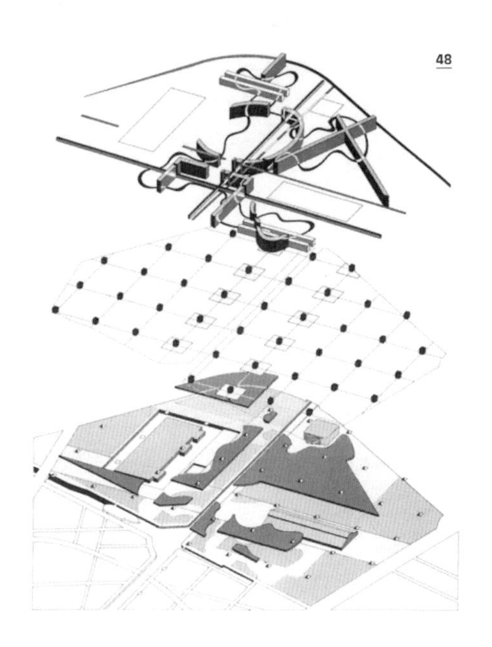
48

49

50 OMA, 라 빌레트 공원 설계경기 응모안

51 피터 아이젠만과 자크 데리다, 라 빌레트 공원 구상안, 1985~87

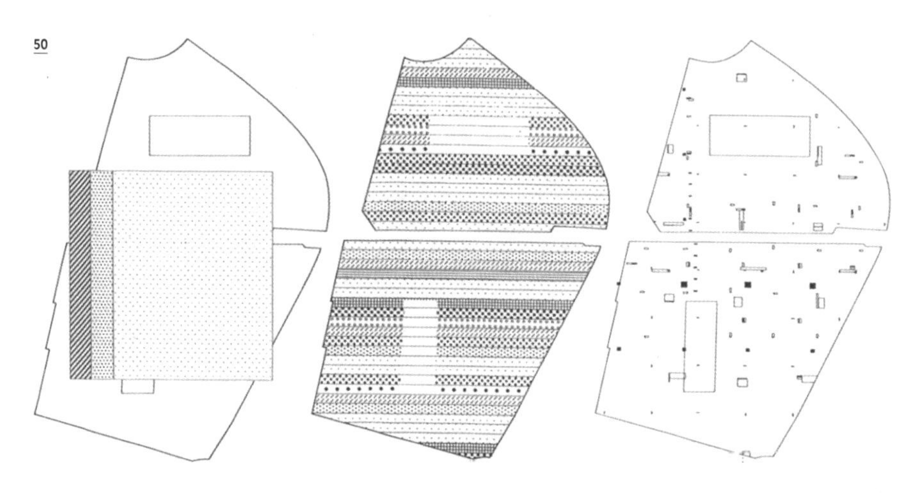

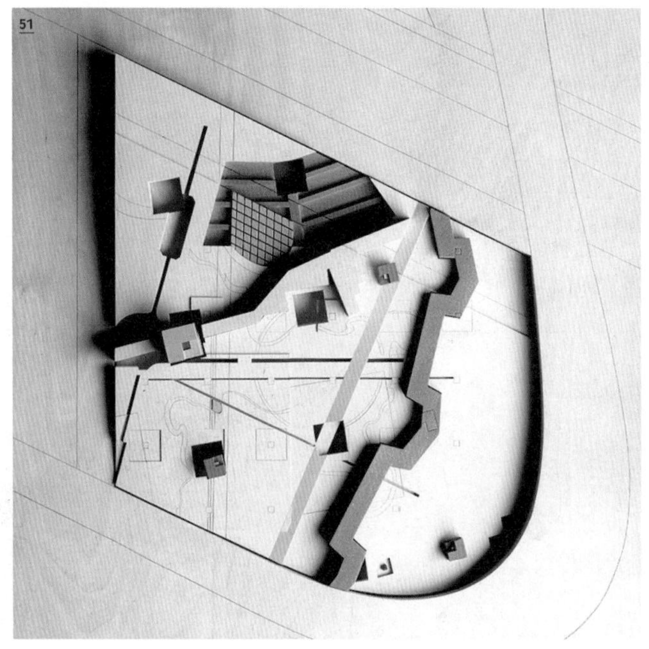

초의 해체주의 건축 심포지엄이 열렸고, 같은 해 여름 뉴욕 현대미술관에서 필립 존슨과 마크 위글리가 기획한 '해체주의건축' 전시회가 열려 프랭크 게리, 다니엘 리베스킨트, 콜하스, 아이젠만, 하디드, 쿱 힘멜블라우, 추미 등 일곱 건축가의 작품을 전시했다.• 전시 기획자인 존슨이나 위글리의 해설도 그랬지만•• 추미는 뒷날 인터뷰에서, 당시 참가 건축가들의 '해체주의적' 작업은 어떤 '운동'이나 '양식'을 지향하는 것이 아니라, 합판으로 도리스식 신전을 만드는 데 여념이 없는 포스트모더니즘 작업들에 반대하려는 것이었을 뿐이라고 회고했다. 실제로 전시회 이후 이들 대부분은 자신이 '해체주의자'라 불리는 것에 동의하지 않았고 그로부터 일정한 거리를 두었다.

1990년대부터는 유럽과 미국은 물론 중국·한국·싱가포르 등 아시아 국가들과 남미 국가들에까지 대규모 개발사업과 건축 붐이 일었다. 건축 형태에 대한 태도와 경향도 정리되었다. 대세는 어떠한 역사적(혹은 반역사적)·사회적 상징이나 함의도 배제한 채 건축 생산의 자체 논리를 추구하는 것이었다. 건축 작업의 시작은 특정한 관념이나 의미와 연결된 (과거 건축 사례들의) '형태'가 아니라 건축공간의 용도, 즉 '프로그램'이라는 태도가 확산되었다. 선험적 가치와 규범으로부터 벗어난 건축 형태가 우선적으로 고려하는 것은 경제성, 즉 건설 비용과 가용공간의 실용성일 수밖에 없었

• 전시된 작품 중 게리, 쿱 힘멜블라우, 추미 이외에 나머지 건축가의 작품은 미실현 프로젝트였다.

•• 전시회 도록 서문에서 존슨은 "해체주의 건축은 어떤 운동이나 강령을 표방하지 않으며 여기에는 '세 개의 원칙' 따위는 없다"라고 말했으며, 위글리는 "전시된 작품들은 해체주의 이론을 적용한 것들이 아니다. 오히려 그것들은 건축적 전통 속에서 나온 것이며 우연히 해체적인 속성을 가질 뿐이다"라고 설명했다.

52 뉴욕 현대미술관의 '해체주의 건축'(1988) 전시 작품, 프랑크 게리
53 뉴욕 현대미술관의 '해체주의 건축'(1988) 전시 작품, 쿱 힘멜블라우

다. 그리고 여기에는 기능에의 합치를 최우선 덕목으로 하는 모더니즘 건축의 형태가 단연 걸맞은 것이었다. 모더니즘 건축의 유토피아적 이념은 폐기되었지만 그 수단이었던 형태는 살아남았다. 실용적 맥락에서만 형태 원리가 지속된 탓에 규범적 엄격함은 많이 흐트러져서, 여러 다른 재료를 병치하거나 비정형 요소를 채용하는 등 형태적 자유도와 혼성성이 증가된 사례가 많았다. 그러나 그 기반은 대체로 여전히 모더니즘 건축의 형태였다. 물론 극단적인 비정형성을 보여준 프랭크 게리 유의 흐름도 있었다. 19세기 말 아르누보 건축이 기계 생산을 비판하며 기계로 생산할 수 없는 것을 추구한 것이었다면, 비정형 건축은 컴퓨터 기술의 발전을 찬미하며 기계로 만들 수 있는 것의 극단을 추구했다.

어쨌든 포스트모더니즘이나 해체주의가 새로운 '양식'으로 확산되며 모더니즘을 대체하는 일은 일어나지 않았다. 그들의 장식적이거나 비정형적 형태가 지나치게 건축 비용을 높이는 탓도 있었거니와• 도시 맥락에 적응하기 어려운 오브제적 경향이 강하다는 합당한 비판이 따라붙었다. 메리 맥러드가 비평(1989)했듯이, 해체주의 건축의 파열적 형태가 전통적인 도시 조직에 근본적으로 대립할 뿐 아니라, 해체주의는 속성상 '미리 정의된' 도시공간 형성을 목적으로 삼을 수는 없는, 오히려 그러한 기성 질서를 해체하려는 건축이기 때문이다. 무엇보다도, 모더니즘이든 역사주의든, '규범' 자체에 대한 거부를 내세우며 등장한 담론을 또 다른 규범으로 떠받들 수는 없는 노릇이었다. 자의적인 요소가 가미된 모더니즘 건축 형태가 주류를 이루는 가운데 진지하게

• 예컨대 아이젠만의 갈리시아 문화전당(2001~11)은 당초 예산의 두 배가 넘는 공사비로 인해 건물 전체 중 일부만 준공한 상태로 공사가 취소되었다.

54 리처드 마이어, 하이 뮤지엄 오브 아트, 미국 애틀랜타, 1983

55 카를로 스카르파, 팔라초 스테리 출입구, 이탈리아 팔레르모, 1973~78

56 라파엘 모네오, 국립 로마예술박물관, 스페인 메리다, 1986

57 페터 춤토르, 브레겐츠 미술관, 스위스 브레겐츠, 1997

56

57

해체주의를 표방하는 건축은 일부 값비싼 상품으로 연명할 뿐이었다. 한마디로 형태 미학적 반발이 담론 세계에서나 시장에서나 수용되지 않는 상황이었다.•

한편에서는 모더니즘-포스트모더니즘 논란을 넘어 건축을 형태 중심으로 다루는 전통 자체를 벗어나려는 움직임도 있었다. 건축은 시각적 형태로서만이 아니라 총체적 지각을 통한 경험 대상이 될 때 그 본질에 이를 수 있다는 것으로, 메를로-퐁티의 몸과 정신이 나뉘지 않은 '원초적 지각'(primary experience)을 원용한 '건축 현상학' 혹은 '실존주의 건축'이라 할 만한 태도였다, '장소의 정신적 본질'에 대한 천착(크리스티안 노르베르크-슐츠, 『장소의 혼』, 1980), '외부 세계와 신체를 일체화하는 건축'(찰스 무어, 『신체, 기억, 건축』, 1977) 등이 이러한 흐름을 잇는 작업들이었다. 그러나 이들 중 대부분은 실존주의 철학의 '타자와 함께 있음'이라는 테제와 사회적 관계를 둘러싼 실천 문제는 외면하였다. '실존' 개념은 '세계 속에 존재하는 고독한 인간'이라는 차원에서 다루어졌고 공간-장소의 숭고한 본질을 건축으로 재현하는 방법적 개념으로만 다루어졌다. '건축을 지각하고 경험하는 일'은 신비화하고 사회 현실을 초월한 경험으로 간주되었지만, 그렇다고 해서 그들의 건축이 모더니즘과 다른 형태 양식을 추구한 것은 아니었다. 그들은 '시각적 형태'를 넘어서려 했을 뿐이다.

• 메리 맥러드는 이에 관해 「레이건 시대의 건축과 정치: 포스트모더니즘에서 해체주의까지」에서 "(억압적 체제에 저항한다는 해체주의 건축의) 급진적인 형태적 진술이 과연 해체주의 건축이 찬양하고 있는 분열과 좌절로 이미 가득 차 있는 삶을 영위하고 있는 사람들의 거처를 만드는 가장 적절한 수단인가?"라고 반문했다. 해체주의가 표현하려는 사고와 감각은 이미 생활세계에 만연해 있는데 이를 새삼스레 예술적 표현 대상으로 삼는다는 것이 무슨 의미인지 묻는 것이다.

또 다른 일각에서는 반모더니즘의 자의적인 양상에 반발하며 모더니즘 건축 원리를 진지하게 숙고하면서 '모더니즘 건축의 재림'이라 할 만한 작업에 몰두하기도 했다. 1960년대 이후 백색건축을 지속해온 리처드 마이어가 대표적인 경우였다. 포스트모더니즘과 해체주의가 한계를 보이고 모더니즘 건축이 다시 득세하는 경향이 분명해지자 이러한 건축 생산활동에 의미를 부여하고 개념화하려는 시도들도 출현했다. 네오모더니즘, 신추상주의 등의 신조어들은 그 결과다. 모든 건축 생산활동을 형태적 양식으로 귀결시키려 하는 양식주의에 가까운 것이었다.

이 중 사회 현실과의 관계를 놓치지 않은 설득력 있는 것으로는 '비판적 지역주의'를 꼽을 수 있다. 모더니즘 건축의 형태가 불가피한 상황에서 여기에 지역적·장소적 고유성을 보완하려는 건축적 태도와 활동들, 그리고 이를 통해 건축 생산의 경제적 합리성만을 좇는 가치체계에서 벗어나려는 활동들을 지칭하는 것으로, 1980년대 초 출현했다.•• 비판적 지역주의는 모더니즘 건축에 대한 반성적 실천을 지칭할 뿐 아니라 모더니즘 건축 이전 시대부터 지역에서 전개되던 건축적 전통을 포괄하는 개념이었다. 장소적·문화적·재료적·생태적 의미를 건축물에 담는 많은 건축가들의 작업이 비판적 지역주의에 포함될 수 있을 것이다.••• 이들이 구사하는 건축 형태 역시 그 기반은 모더니즘에서 벗어나지

•• 대표적인 것이 케네스 프램튼의 담론이었다. 그는 보편 문명이 휩쓸고 있는 대도시화 상황에 저항하는 건축의 요건으로서 지형, 도시조직적 맥락, 지역의 기후와 일조, 텍토닉한 형태, 촉각적인 것 등을 제시했다.

••• 알바 알토와 예른 웃손을 비롯해, 카를로 스카르파, 알바로 시자, 마리오 보타, 찰스 코레아, 라파엘 모네오, 안도 다다오, 페터 춤토르, 켄 양, WOHA, 왕슈 등을 여기에 포함시킬 수 있을 것이다.

58 프랑크 게리, 구겐하임 미술관, 스페인 빌바오, 1992~97

59 다니엘 리베스킨트, 유대인 박물관, 독일 베를린, 1992~99

58

59

60 피터 아이젠만, 콜럼버스 컨벤션 센터, 미국 콜럼버스, 1992~93/증축 1999~2001; 2010~17

61 쿱 힘멜블라우, 흐로닝어 미술관, 네덜란드 흐로닝언, 1992~94

60

61

않는 것이었다.

이러한 의미에서 "근대 건축은 고전주의시대 이래 최초이자 유일하게 구속력 있는 양식을, 일상의 삶의 형태까지도 규정하는 최초이자 유일한 양식을 남겨 놓았다"라는 하버마스의 지적은 여전히 유효하다 할 수 있다. 포스트모더니즘이든 해체주의든 반모던 기치를 내건 건축들은 모더니즘 형태 규범을 흐트러트리기는 했지만 현대 건축 생산에서 주류가 되지 못한 채 일부 경향으로만 존재하고 있을 뿐이다.• 모더니즘 건축을 비판하는 담론들의 부당성을 지적하는 하버마스의 항변 역시 귀담을 만하다. 그는 「근대 그리고 탈근대 건축」(1981)에서, 모더니즘 건축의 실패는 건축의 과오라기보다는 근대 사회의 체계와 생활세계가 상상을 초월하는 수준으로 확장되었기 때문이라고 진단한다. 이 엄청나게 확장된 근대 사회에 합리적으로 대응한, 또는 대응하려 한 분야가 건축 이외에 또 있었는가? 그렇다면 근대 건축은 '실패'한 것이 아니다. 건축만이 근대 사회의 향방을 떠안으려 시도했을 뿐이다. 누구든 실패할 수밖에 없었던 과제에 도전한 것을 두고 '실패'라고 할 수 있는가?

> 삶의 형태를 예견했던 유토피아는 실제의 삶으로 실현될 수 없었다. 그리고 이것은 근대의 생활세계가

• 주요 대도시 고급 건축물 생산 시장에서는 해체주의 건축이 꾸준히 호출되고 있다. 프랭크 게리의 빌바오 구겐하임 미술관(1992~97)과 월트디즈니 콘서트홀(1999~2003), 자하 하디드의 광저우 오페라하우스(2005~10)와 런던 올림픽 수영장(2008~12), 다니엘 리베스킨트의 베를린 유대인 박물관(1992~99)과 드레스덴 군사박물관(2001~11), 피터 아이젠만의 갈리시아 문화전당(2001~11)과 콜럼버스 컨벤션 센터(1992~93/ 증축 1999~2001/ 두 번째 증축 2010~17), 쿱 힘멜블라우의 흐로닝어 미술관(1992~94)와 리옹 자연사 박물관(2010~14) 등이 주요 건축물로 이름을 올리고 있다.

갖는 복잡성과 변화 가능성을 지나치게 과소평가했기 때문만은 아니다. 근대화된 사회가 그 체계의 상호관계들과 함께 계획가들이 상상력으로 측정할 수 있는 생활세계의 차원을 넘어 확장되었다는 사실에도 기인한 것이다. 근대 건축의 위기에 대한 현재의 선언은 건축 자체의 위기보다는 오히려 건축 스스로가 자발적으로 과중한 짐을 떠안았다는 사실로부터 연유했다…. 근대 건축의 가장 야심 찬 프로젝트들의 실패는 도시 생활세계가 점점 '형태를 부여할 수 없는 체계의 관계들'에 의해 매개된다는 것을 예증하는 것이다. 오늘날 사회주택 프로젝트나 공장들을 도시에 통합시키는 것이 불가능해져버린 것이다. 도시는 우리가 심정적으로 갖고 있던 오래된 도시 개념을 넘어서버릴 정도로 커져버렸다. 그러니 이것은 근대 건축의 실패도 아니고 다른 어떤 건축의 실패도 아니다.

보론

현대 건축과 사회적 실천

사회적 실천이라는 문제

'역사와 사회가 나아갈 길'을 미학적으로 선취했던 모더니즘 건축의 이념은 폐기되었지만, 건축이 사회의 향방에 관해 어떤 태도를 취해야 하는지, 그리고 이와 관련하여 어떤 가치를 지향해야 하는지를 둘러싼 고민과 논란(이러한 고민과 논란이 필요한지에 대한 논란을 포함해)은 계속되었다. 이는 기본적으로 진보 이념을 기초로 성립한 근대성(modernity)이 낳은 논란이다. 근대 사회가 믿었던 진보 이념은 설사 폐기되었더라도, 더 나은 세상을 위해 역사와 사회가 나아갈 길이 무엇인지를 묻는 질문에서 벗어나기는 어려웠다. 이러한 상황은 모든 문화예술 분야에 어느 정도 공통된 것이었지만 한때 '사회 개혁과 유토피아 실현'이라는 이념을 형식과 내용에서 일치시킨 바 있었던 건축에서는 특히 각별한 것이었다. 건축 분야 어디서나 '건축의 사회적 역할'이라는 테제가 상투적인 경구로 차용되는가 하면, 이를 표방하는 활동들의 적절성을 둘러싼 논란도 끊임없이 불거졌다.

우선 건축을 텍스트로 이해하면서 사회적 맥락에 연결하려는 태도를 둘러싼 논란을 들 수 있다. 1950년대 이후 건축물의 형태적 표현을 하나의 의미체계로 이해하려는 담론이 증가했다. 건축의 표현 요소를 '언어'로 칭하고, 이것을 단순히 건축가들 사이에 공유되는 형태 규범을 넘어서 사회와 의사소통할 수 있는 의미로 해석하려는 시도였다. 이러한 입장은 대중과 소통 가능한 형태 요소를 채용해야 한다고 주장하는 벤투리류의 포스트모던 건축에서부터 건축의 의미 체계를 해체함으로써 또 다른 의미를 전달하려 한 해체주의 건축까지 관통하는 것이었다.•

하지만 건축 형태 표현을 통한 의미 전달과 소통이 가능하다는 전제가 과연 타당한지, 문학이나 회화·조각과는 달리 서사성이 없는 건축의 형태 표현에 의미 소통 능력을 기대한다는 것이 적절한지에 대한 비판이 이어졌다.•• 추상미술만으로, 혹은 가사 없는 음악 연주만으로 사회적 소통과 실천이 가능한 것인가 하는 물음과 동일한 맥락의 비판이었다.

'예술의 자율성'에 관한 질문도 이어졌다. 의사소통 능력은 없다 하더라도 예술적 표현이 사회적 맥락과 별개로 그

• 영국 건축시학자 존 서머슨(1904~92)은 「'근대' 건축 이론에 관한 연구」(1957)에서 근대 건축이 고대의 형태 규범을 파기하고 새로운 건축 원리로 '프로그램'을 채택했지만, 프로그램은 형태를 결정하는 원리가 아니므로 결국 근대 건축은 형태 결정을 위한 '건축언어를 상실'했다고 평가한 바 있다. 이러한 평가 역시 언어를 강조하는 당시 풍조에 영향을 받았다 할 수 있다. 그는 '건축언어'라는 용어가 어색했는지 "디자인의 객관적 공통분모로서의 시각적 열쇠", "보편적 이해의 전제로서의 객관적 기초", "창조적 행위 안에서 조정자 역할을 하는 것", "보편적으로 인정된 건축적 형태 언어" 등 여러 다른 설명을 보탠다. 그리고 그는 이 논설의 말미를 "잃어버린 언어는 되찾지 못할 가능성이 크다. 그리고 사실 언어가 꼭 있어야 한다는 다소 불편한 느낌은 오래된 원리의 질서로부터 새로운 것으로의, 한 세대 생애 기간 만에 벌어진 급격한 변화가 마음에 남긴 상처에 불과할 가능성이 크다"라는 지극히 정당한 통찰로 마무리한다. 그의 말에서 "언어"를 "형태 규범"으로 대체한다면 좀 더 적확한 이야기가 될 것이다.

•• 예컨대 마리오 간델소나스의 비판(1979)을 들 수 있다. "건축의 기호는 사회적으로 받아들여진 사실이 아니라는 점에서 언어 기호와 다르다. … 건축에서 형태체계가 엄밀하고 철저하게 정의된 적이 없다. 건축가들은 항상 완성된 언어보다는 여러 체계의 조각들을 갖고 작업한다. … 고전 건축이든 근대 건축이든 자체적인 언어를 갖는 형태체계가 있었던 적은 없다. 전시대 건축들에서 느끼는 통일감은 언어와 같은 개념적 통일성이라기보다는 재료와 구축기술의 통일성이 낳은 환영이다."

자체로 탐구 대상인 의미체계임을 인정하느냐의 문제였다. 예술적 표현의 자율성을 인정하는 태도는, 앞에서 언급했듯이, 제2차 세계대전 이후 황금시대를 거치면서 문화예술 분야에서 광범위하게 확산되었다. 하버마스가 '신보수주의'로, 프레드릭 제임슨이 '모더니즘 이데올로기'라고 비판하는 바로 그것이다. 비판의 요지는 문화예술을 사회체제와 결부시키지 않은 채 논의할 수 없다는 것이다. 문화(건축) 영역을 사회와 분리하여 자율적으로 작동하는 무엇으로 간주한다면, 설사 그 속에서 '실천'과 '변혁'을 논한다 하더라도 이는 기성 체제가 온존토록 하는 이데올로기로 작동할 뿐이라는 비판이다.

이러한 비판들은 그 자체로 너무도 명징한 것이어서 건축의 형태 표현을 통해 사회적 실천을 한다는 주장은 더 이상 설 자리를 찾기 어렵게 되었다. 그것은 기껏해야 시각적 즐거움을 더해주는 정도의 의미밖에는 기대할 수 없는 것이 되어버렸다. 그럼에도 불구하고 여전히 '건축의 공통 언어'나 '의미'에 집착하는 발화들이 지속되고 있긴 하지만 말이다. 19세기 말~20세기 초 아방가르드와 모더니즘 건축이 새로운 형태를 통해 사회적 실천을 표방할 수 있었던 것은, 그 형태적 혁신이 귀족 계급의 미학을 부르주아 계급의 미학으로 바꾸고 이를 통한 사회 계급 질서의 변화, 즉 사회체제의 변화와 연결되는 것이었기 때문이다. 물론 새로운 사회가 지향해야 할 새로운 미학 주장 옆에는, 그 형태 자체를 새로운 시대정신을 포함하는 자율적인 실체로 간주하는 믿음도 존재하고 있었다. 그러나 특정한 형태나 양식을 특정한 계급이나 시대정신에 대응시키는 것은 이미 난센스가 되어버린 지 오래다. 이제 형식과 내용이 합치하는 사회적 실천 가능성을 찾기 위해서는 '형태'가 아닌 다른 무엇이 있어야 한다. 형태가 아니라면 무엇을 실천의 실마리로 잡아야 하는가? 이것이 바로 현대 건축 담론이 고투하는 지점이다.

이러한 맥락에서 사회 변혁 실천의 새로운 실마리를 찾아, 일상생활과 공간 생산에 대한 연구에 몰두했던 앙리 르페브르가 개진한 공간의 사회적·정치적 담론이 주목할 만하다. 르페브르는 공간이 의미를 갖는 것은 독해 가능하거나 감춰진 어떤 의미가 있어서가 아니라 그 안에서 이루어지는 삶과 행위 때문이라고 단언한다. 즉, 의미를 생산하는 것은 공간 자체가 아니라 그 안에서의 삶과 행위라는 것이다.

> 공간 내에서의 행위는 그 공간에 의해 한정된다. 공간이 어떤 행위가 일어날 것인가를 '결정'하는 것이다. … 공간은 신체를 지배하고 몸짓과 경로와 그곳에 포함될 것들을 규정하거나 금지한다. 그것은 이와 같은 목적을 염두에 두고 생산된다. 이것이 바로 그 존재 이유인 것이다. … 공간은 읽히기 전에 이미 생산되어 있는 것이다. 그것은 또한 읽히거나 파악되기 위해 생산되는 것이 아니라 사람들이 그 안에서 몸으로 살아가기 위해서, 그리고 그 자체의 특정한 도시적 맥락 속에 어울려 존재하기 위해 만들어진다. … 읽히기 위해 만들어지는(생산되는) 공간들은 가장 기만적이고 꾸며낸 상상물이다.•

• Henri Lefebvre, *The Production of Space* (London: Blackwell, 2001), p. 143. 이러한 르페브르의 견해에 따른다면, 건축 형태에서 소위 '복잡성과 모순'을 찾는 벤투리류의 건축 담론은 '삶과 행위가 생성하는 의미'와 '기호가 표방하는 의미'의 불일치를 '복잡성과 모순'으로 여기고, 이러한 복잡성을 자유롭고 다원적인 사회를 지향하는 것과 같은 것으로 여기려는 시도라고 볼 수 있다.

이러한 생각은 한편으로는 공간이 행위에 미치는 영향으로 연결되고, 다른 한편으로는 공간을 통해 행사되고 작동되는 권력의 문제로 연장된다.

> 우리가 (공간에서) 마주치는 것은 기호가 아니라 방향성—다양다종의 것들이 겹쳐 있는 지시 작용—이다. … 공간이 의미를 갖는다는 점에는 논란의 여지가 없다. 그러나 그것이 의미하는 것은 행위와 행위의 금지이다. 그리고 이것은 우리를 권력의 문제로 되돌려놓는 것이기도 하다. … 무엇보다 그것은 금지를 행한다.••

> (사회적) 공간은 (사회적) 생산물이다. … 이렇게 생산된 공간은 사고와 행동의 도구로 작동한다. 또한 생산의 수단이 될 뿐 아니라 통제 수단, 즉 지배와 권력의 수단이 된다.•••

르페브르의 문제의식이 향하는 곳은 결국 공간의 생산 문제이다. 그는, 도시공간의 생산은 사회체제(지배체제) 재생산에 결정적인 부분으로서 지배 계급의 주도로 재생산되며, 사회와 삶의 방식의 변화에는 공간의 변화가 필수라고 주장한다. 예컨대 예술을 통해 새로운 사회 건설에 복무하려 했던 러시아 구축주의자들의 실패는, 그들이 새로운 사회에 걸맞은 새로운 공간을 창출하지 못했기 때문이라는 것이다.••••

•• 같은 책, p. 142.

••• 같은 책, p. 26.

•••• 같은 책, p. 59.

르페브르의 공간 담론은 사회적 공간이 생산되는 세 가지 국면, 즉 '공간적 실행', '공간의 재현', '재현적 공간'이라는 개념으로 전개되며 공간계획으로서 건축의 사회적 실천 가능성을 시사한다. '공간적 실행'(spatial practice)은 일상생활, 즉 특정한 공간 형식들과 그 공간적 그물망 안에서 규범화되어 행해지는 일상적인 행위들을 말한다. 행위는 대부분 '규범화'되기 마련인데, 일상생활이 사회적으로 규범화(코드화)된 시설들(학교, 공장, 시장 등)과의 관계망 속에서 이루어지기 때문이다. 시설들과 관계망의 규범은 해당 사회의 문화(역사와 지배 이데올로기의 반영으로서의)와 정치경제적 관계에 의해 규정된다. '공간의 재현'(representations of space)은 도시계획, 건축설계 등 사회적 제도 속에서 진행되는 공간 생산 행위를 말한다. 공간에 대한 추상적 개념이나 이데올로기를 현실공간으로 구체화하는 것으로서 일상생활을 일정 범주로 한정하려는 속성을 가지면서, 필연적으로 일상생활, 즉 '공간적 실행'과 충돌한다. '재현적 공간들'(representational spaces)은 규범화된 '공간적 실행'을 벗어난, 또는 '공간의 재현'과 충돌한 '공간적 실행'이 행해지는 공간들이다. 주어진 길, 주어진 방식을 거스른다는 의미에서 전형적인 탈주의 공간인 셈인데 바로 이것이 르페브르의 공간 생산론이 정치적 실천론으로 연결되는 중요한 지점이다.•

프레드릭 제임슨은 르페브르가 던진 실천의 실마리를 '헤게모니' 담론과 연결하여 진전시켰다.•• 그는 만프레도 타푸리의 (토대가 변혁된 사회가 오기 전엔 건축이 할 역할은

• 김남주, 「차이의 공간을 꿈꾸며: 『공간의 생산』과 실천」, 『공간과 사회』 제14호 (한국공간환경학회, 2000), 71쪽.

없다는) 근본주의 내지는 환원주의와는 달리 헤게모니 투쟁, 즉 진지전으로서의 건축적 실천의 가능성을 모색한다. 그것은 일상적인 생활공간에서 반주류적·대안적인 개념의 공간을 생산하고 구체적으로 경험하도록 하는 일이었다.

> 그러나 나는 그람시적인 대안들을 통해서 오늘날 건축과 도시계획에 대한 아주 다른 전망의 가능성이 주어질 수도 있음을 제안코자 한다. … '대항 헤게모니'가 공간과 도시, 일상적인 삶과 같은 것들에 대한 어떤 대안 '관념'(idea)을 만들어내고 살아 있도록 하는 것이라고 주장한다 해서 '이상주의자'인 것은 아닐 것이다. … 오히려 핵심은 건축가들이 그런 프로젝트들을 착상하고 유토피아적인 이미지들을 형성할 수 있으며, 그것에 비추어 이 사회에서의 자신들의 구체적인 행위들에 대한 자의식을 발전시켜갈 수 있다는 점일 것이다(타푸리라면, 그러한 프로젝트는 사회체제의 변혁이 있은 후에나 실질적·물질적으로 가능하다고 할 것이지만). … 이렇게 근본적으로 다른 공간

•• 헤게모니 담론은 일찍이 그람시가 『옥중수고』에서 역설했던 것으로, 요점은 유럽 부르주아 지배 사회체제를 국가기구와 시민사회로 구분하고 체제 변혁을 위해서는 시민사회 안에서의 헤게모니 장악을 위한 투쟁이 중요하다는 것이다. 이는 러시아 볼셰비키의 혁명 전략이 서구 사회에서는 통하지 않는 이유에 대한 그람시의 사유의 결과였다. 러시아혁명은 혁명 세력이 기동전을 통해 국가를 점령함으로써 성공했다. 그러나 서구 사회들은 다르다. 핵심에는 국가기구가 있지만 그 주변에는 시민사회라는 참호가 둘러싸고 있다. 국가기구를 붕괴시킨다고 해도 시민사회가 그대로 존속하는 한 부르주아 지배 질서는 무너지지 않는다. 그러므로 참호를 하나하나 점령해 시민사회의 헤게모니를 장악해야 한다. 이것은 기동전이 아닌 진지전으로만 가능하며 긴 시간이 필요하다. 그람시의 『옥중수고』는 1971년에 영역본으로 출간되었는데 이는 당시 신사회 운동 진영이 그의 헤게모니 담론에 주목했기 때문이다. 헤게모니 담론은 이후에도 여전히 사회변혁 운동 진영에 의해 주요하게 참조되고 있다.

들이 어딘가에 구체적으로 실존한다는 것은 (아무리 불균등하게 실현되었다 해도) 거기에서 '대항 헤게모니의 가치들'이 실현되고 발전할 가능성을 객관적으로 열어놓은 것이다. 이로부터 좀 더 "긍정적"이고 그람시적인 건축 비평을 위한 하나의 역할이 확보된다. 타푸리의 완강하게 부정적인 갖가지 얘기들, 다국적 시스템 테두리 안에서는 불가능한 것에 대한 유토피아적 사색일 뿐이라는 그의 비판적 거부를 거슬러 넘어서 말이다.•

형태적 자유주의

문화예술 분야에서 포스트모더니즘 담론이 득세한 이래 사회학자나 철학자 들의 도시·건축·공간을 소재로 한 연구가 늘어난 만큼이나 건축계 내부에서도 현실 사회 문제와의 접점을 모색하는 담론이 늘어갔다. 완상용 조형물로서의 효용 내지는 상품이나 재화로서의 가치를 건축의 궁극적 가치인 양 내놓고 찬미하는 자들을 논외로 한다면 예술의 현실 비판적 기능, 더 나은 세상을 위한 건축의 사회적 역할을 부정하는 사람들은 없을 것이다. 더욱이 사회 현실의 변혁을 기치로 내걸었던 모더니즘 건축 이념을 비판하고(혹은 적어도 그것의 폐기를 인정하고) 그 대안으로서 새로운 건축의 향방을 논해야 하는 마당에서 건축의 사회적 실천에 대한 입장 표명은 불가피하다. 1970년대 이후 주요한 건축 담론들 속에서도 사회적 실천을 향한 입장과 태도를 읽어낼 수 있다.

• Fredric Jameson, "Architecture and the Critique of Ideology," K. Michael Hays (ed.) *Architectural Theory since 1968* (Cambridge MA: MIT press, 1998), pp. 452~455.

실천으로서의 건축 형태

첫째는 건축 형태로 사회 현실을 비판한다(혹은 할 수 있다)는 태도였다. 근대의 일원적 진보관의 폐기와 다원적 사회의 도래를 환호하며 이를 모더니즘 건축의 형태 규범을 파기하고 도발적이고 자유로운 형태로써 응답하려 한 로버트 벤투리의 태도가 그랬다. "건축가는 의미 있는 옛 표현 요소들을 새로운 맥락에서 조합하는 방식을 통해 사회의 역전된 가치 척도에 관한 진정한 우려를 역설적으로 표현할 수 있다"••는 것이다. 찰스 젱크스 역시 '형태를 통한 사회 비판'을 지지했다. 건축가는 "서로 다른 가치를 표방하는 건물들을 디자인하여 복합적인 상황을 표현할 수 있"으며, "잃어버린 가치를 전달함으로써 역설적으로 그가 싫어하는 가치들을 비판할 수 있다"•••는 것이다. 심지어 젱크스는 건축 형태를 통해 사회 변혁(혁명)을 이끄는 역할에 참여하는 일이 가능하다고까지 말했다.••••

이러한 태도는 1960~70년대에 모더니즘의 규범적 이념체계를 공격하며 이에 대항하는 자유로운 사회로의 변화를 지향하는 흐름에서 나온 것이다. 이들은 모더니즘 건축의 규범을 타파하려는 도발 자체를 '변화를 향한 실천'으로 간주했다. 이들이 역사적 건축 형태 요소에 주목했던 것도 같은 맥락에서였다. 역사적인 양식들은 다양한 경험과 분위기, 그리고 암시를 표현하는 수단들을 제공한다는 것이다.

•• Robert Venturi, *Complexity and Contradiction in Architecture* (New York: MoMA, 1966), p. 44.

••• Charles Jencks, *The Language of Post-modern Architecture* (New York: Rizzoli, 1977), p. 37. 그는 이러한 비판은 모더니즘 건축의 보편적 형태 규범과 다른 지역적·토속적 형태 어휘를 통해 가능하다고 부언한다. "그렇게 하려면 지역 문화의 어휘를 사용해야 한다. 그렇지 않으면 그의 메시지는 알아들을 수 없거나 그 지역적 어휘에 맞춘 꼴로 왜곡될 것이다."

다시 말해서 역사는 현재에 대한 다양한 시각을 위한 재료들을 제공하는 원천이다. 이는 '현재가 과거보다 결코 낫지 않다'는 탈근대적인 사고가 작동한 결과이기도 했지만, 이들이 이러한 태도를 갖게 된 더욱 중요한 요인은, 이들에게 과거는 자유와 변화의 가능성을 제공하는 무한한 가능성의 장이었다는 점이다.• 비록 이들이 높게 평가한 역사적·전통적 형태 요소가 유력한 상품으로 재빠르게 시장에 정착함으로써, 그것을 통해 자유와 변화를 지향한다는 언술이 매우 의심스러운 상황이 되어버렸지만 말이다.

박물관으로서의 도시

둘째는 도시 자체를 현실세계 조건들이 역사적으로 축적된 실체로 간주하는 태도다. 이는 역사적 건축 형태를 새로운 실천을 위한 재료를 제공하는 장소로 보는 첫 번째 태도와 일견 유사하다. 그러나 도시의 건축과 공간 자체가 '이제까지 현실로 작동했거나 작동하고 있는' 그 모든 것의 축적

•••• Charles Jencks, "Architecture and Revolution," *Modern Movement in Architecture* (New York: Anchor Press, 1973), pp. 371~380. 젠크스의 설명을 요약하면, 한 사회에서 건축이 믿을 만한 실천적 활동으로 존립하기 위해서는 모더니즘 건축이 그랬듯이 상징적 형태와 프로그램이 사회에 의해 믿을 만한 것으로 받아들여져야 한다. 바람직한 사회 시스템(개인 자율성과 공공 영역이 작동하는 분권적 사회)에 걸맞은 건축이 불가능한 현재 상황에서 건축이 할 수 있는 일은, 한편으로는 현재의 사회 시스템에 반발하는 모순적이고 역설적인 형태 표현을 갖는 건물을 설계하고, 한편으로는 (지어지지 않겠지만) 바람직한 사회에 걸맞은 대안적 모델을 제시하는 것이다. 이러한 대중적 실천들을 통해서 진정으로 바람직한 사회를 향한 혁명이 일어나기를 기다리는 것이다. 즉, 건축을 통해 혁명을 피하는(architecture or revolution) 것이 아니라, 건축을 통해 혁명을 촉발해야 한다(architecture and revolution)"는 것이다. 그는 이 책의 개정판(1985)에서 이 글(「건축과 혁명」)을 다른 글(「후기모더니즘과 포스트모더니즘」)로 교체했다.

• 메리 맥레드, 「레이건 시대의 건축과 정치: 포스트모더니즘에서 해체주의까지」, 마이클 헤이스 편, 『1968년 이후의 건축 이론』(스페이스타임, 2003), 921쪽.

체로서, 진보 이념부터 보수적 이념까지 모든 실천을 수용할 수 있다는 절충적이고 몰가치한 태도라는 점에서 차이가 있다. 이러한 태도는 콜린 로가 대표적인데, 그는 박물관으로서의 도시, 즉 "열린 도시이자 가장 이질적인 자극을 수용할 수 있으며 유토피아와 전통 모두에 대해 적의를 갖지 않는, 어느 정도는 비판적이면서도 결코 가치 중립적이지는 않은 도시"라는 도시 개념과 이의 실천적·수단적 개념으로서 '콜라주 도시'(collage city)를 주장했다.[••] '바람직한 사회'를 향한 실천 지향적 건축과 전통적인 조형 작업으로서의 건축이 공존하는(공존할 수밖에 없는) 현실을 그대로 인정하자는 태도다. 이들을 그대로 인정하는 것이 현실 도시에서 얼마든지 가능하며, 서로 다른 건축 작업들의 공존(콜라주)이야말로 유토피아와 전통 모두에 이르는 방법이라는 것이다.[•••]

그러나 이러한 태도는 결국 현실체제에 우호적인, 혹은 적어도 현실을 회피하는 정치적 입장에서 비롯한 것이다. 건축가가 그저 도시에 쌓인 것들을 수용하고 재현하기만 하면 된다면 그것들을 가능하게 만든, 혹은 만들어갈 주체는 누구란 말인가? 사회적 실천은 건축이 아니라 경제·정치 등 다른 부문의 몫이고 건축은 이들의 의도를 수용할 뿐인가? 결국 건축은 수동적으로 사회 각 부문의 실천에 대응하면 되는 것이고, 건축 자체의 실천은 (사회체제와 분리된 채) 건축 형태 미학의 천착만이 본령이라는 결론이 불가피해진다. 또는 쌓인 것들을 재현하는 것만으로, 즉 건축과 도시공간 형

•• Colin Rowe and Fred Koetter, *Collage City*, (Cambridge MA: MIT Press, 1978), p.132.

••• "콜라주 기법이 세계의 축들 전체를 수용함으로써, 우리 스스로가 유토피아에 관한 정치의 혼란스러움을 겪지 않고서도 유토피아의 시학을 향유할 수 있도록 해줄 수단이 될 것이다." 같은 글, p. 149.

태를 재현하는 것만으로 그 형태를 만들어냈던 당시의 사회 경제적 실천과 효과 역시 재현될 것이라고 주장해야 한다. 이야말로 그들이 '환경결정론'이라며 그토록 비판해마지 않는 모더니즘 건축이 추구한 것이라는 점에서 역설적이다.

사회 변혁과 건축

현실 사회체제의 모순과 문제를 지적하는 일은 얼마든지 가능하고, 예술과 건축의 자율성에 함몰되거나 몰가치적 논리로 사회 문제에 눈감는 태도를 비판하는 일 역시 얼마든지 가능하다. 그러나 이를 개혁하고 '더 바람직한 사회'로의 변화를 지향하는 사회적 '실천'(praxis)을 모색하는 일은 만만치 않다. 타푸리의 근본주의, 즉 경제적 하부구조가 삶의 모든 영역에서 결정적 요소이며 무엇보다 우선한다는 믿음은, 자본주의를 대체할 대안적 사회체제로의 변혁이 없는 상황에서 건축적 실천의 가능성을 비관하고 차단한다. 차라리 '어떠한 이념적 지향도 없는 순수한 건축(즉, 기능에 충실한 도구로서의 건축)'을 옹호할 것이라고도 했다. 더구나 1980년대 이후 성립한 신자유주의적 자본주의 경제체제는 몇 차례의 위기를 거치면서도 여전히 왕성하게 작동하고 이를 변혁하거나 대체할 대안적 체제는 전망조차 분명치 않은 상황이다. 이러한 상황에서 타푸리와 같은 근본주의적 비관과 관조가 아니라면, 혹은 현실 상품세계체제에 대한 순응으로 귀결되어버릴 '형태 자유주의' 유의 천진난만한 저항(?)이 아니라면 취할 수 있는 전략이나 태도는 무엇일까?

점진적 사회공학

'더 나은 세상'을 지향하는 실천 중 가장 소박한 태도는 건축의 형태와 공간구조를 통해 '바람직한' 가치, 혹은 공동선(共同善)을 확대해나가려는 것이었다. 예컨대 상업 건축에서는 '기업 이윤 추구'보다는 '시민 대중의 공공환경 향상'을, 공공 건축에서는 '권력의 권위와 위엄의 상징적 표현'보다는 '시민의 편리한 접근성과 사용'을 우선적 가치로 삼는 건축을 주장하고 실천하려는 태도다. 공동체 형성을 촉진하고 지원하는 건축 형태와 공간구조에 대한 탐구, 매력 있는 형태나 장소를 구현하거나 장소의 역사성을 보전하는 건축에 대한 옹호 역시 같은 방향의 노력이라 할 수 있다.

이러한 태도는 근본적 사회 변혁을 꿈꾸는 이들에게는 사회체제의 구조적 모순을 외면하고 지엽적인 문제에 매달리는 일쯤으로 비춰질 수 있다. 타푸리라면, 구조적 모순으로 인해 초래된 부분적 문제들을 미봉함으로써 결과적으로 구조적 모순을 연장시키는 데에 조력하는 효과를 낼 뿐이라고 답했을 것이다.

그러나 칼 포퍼(1902~94)의 '점진적 사회공학'적 입장에 따르면, 이러한 태도야말로 더 나은 세상을 향한 적절한 실천이라 할 수 있다. 포퍼는 사회를 개선하기 위해서는 "최대의 궁극적 선을 추구하고 그 선을 위해 투쟁하기보다는, 사회 최대의 악과 가장 긴급한 악을 찾고 그에 대항해서 투쟁하는 방법"을 제안했다.• '유토피아를 구현하면 모든 문제가 해소된다' 따위의 목표는 요원한 관념일 뿐이니, 구체적인 사회 문제 하나하나에 대응하는 직접적인 해결 수단이 중요하다는 것이다.

이러한 태도는, 전체론(holism)의 견지에서 본다면, 사회체제의 변혁을 지향하는 보다 적극적인 실천 논리로서의

• 칼 포퍼, 『열린 사회와 그 적들 1』(민음사, 2006), 265쪽. 포퍼는 이에 이어 『추측과 논박』(1963)에서 과학 역시 점진적으로 발전해간다고 주장했다. '추론된 잠정적 진리와 이에 대한 반증'이 과학적 지식의 진전을 가능하게 한다는 것이다. 그에 따르면, 반증 가능성이 봉쇄된 언명들, 예컨대 플라톤의 이데아론이나 카를 마르크스의 역사 발전론 등은 과학이 아니다.

입론도 가능하다. '전체를 구성하는 어떤 부분도 전체와의 관계를 배제한 상태로 설명될 수도 존재할 수도 없다'는 전체론의 논지는 종종 '전체의 구조가 바뀌어야 부분도 바뀐다'라는 주장으로 연결되곤 하지만, 거꾸로 "부분의 변화는 전체의 변화-재편성을 야기한다"라는 테제로도 연결된다. "이 우주에서 발생하는 모든 사건은 이미-항상 형성돼 있는 어떤 장 속에서 우발적으로 생겨나 그 장 전체의 의미구조를 변화시킨다"•라는 질 들뢰즈의 '의미의 논리'와도 연결하지 못할 것 없다. 이는 신사회 운동이 채택하는 실천 논리이기도 하다. 그것이 여성 문제든 환경 문제든 어느 한 부분에서의 개선·변혁은 사회 전체 질서의 변화-재편성을 불가피하게 만들 것이라는 논리다. 건축에서도 동일한 논리가 가능하다. 상업 건축에서의 공공성 강화든 개인화로 치닫는 사회에서의 공동체적 가치 구현이든, 그것이 현실 사회체제의 질시 한 부분을 바꾸는 일이라면, 이는 곧 체제 전체의 재편성을 야기하는 '개혁-변혁'의 의미로 연결될 것이기 때문이다.

비시장적 가치 지향

1980년대 이후 후기구조주의 사회철학을 참조하는 변혁 담론들이 지향하는 '현실체제 질서로부터의 탈주' 담론과 궤를 같이하는 태도다. 즉, 현실 사회체제가 관례화하는 질서와 규범으로부터 벗어난, 혹은 그것에 반하는 건축공간의 구축을 지향한다.

베르나르 추미는 '건축이 만들어내는 공간의 형태나 의미체계가 사회경제적 필요에 의해 생산되는 공간에 선행할 수 있는 것인가'를 고민한다. 사회적인 관례와 공간적인 형태 사이의 변증법은 존재할까?•• 즉, 공간 형태 디자인으로

• 이정우, 『시뮬라크르의 시대』(거름, 1999), 140쪽.

사회경제적 활동 양식에 영향을 미칠 수 있을 것인가? 추미는 우선 "모든 사회적·정치적·경제적 시스템들을 초월하는 것으로서의 건축적인 본질은 존재하는가?"•••를 자문한다. 그 대답은 "아니오"다. 모든 의미는 '다른 것들', 즉 세상 속 다른 존재들과의 관계에서 비롯되는 것이니 건축적 기호(형태) 역시 특정한 시공간(시대와 사회) 속에서만 의미를 갖는다. 이를 마치 시공간을 초월한 자율적 언어 내지는 의미체계로 다루는 태도는 잘못된 것이다. 결국 건축 형태와 공간의 기호는 당대의 사회체제 속에서 의미를 부여받는 것인 셈인데, 그렇다면 건축 형태를 통한 '더 나은 세상으로의 변혁'을 위한 실천은 어떻게 가능한가? 타푸리는 이 지점에서 '건축이 할 수 있는 일은 없다'고 단언했다. 하려고 해본들 체제 유지 이데올로기가 될 뿐이니 그저 어떠한 이데올로기도 표방하지 않는 순수하게 실용적인 건축이 차라리 낫다는 말이다.

추미는 타푸리의 주장을 '피라미드' 모델이라고 비판하며 실천의 가능성을 '미로' 모델에서 찾는다. '피라미드'는 현실의 전체 구조를 파악하고 목표를 설정한 후 실천 방안을 찾는 모델이다. 유토피아를 향해 나아간 모더니즘 건축이 전형적으로 이에 해당된다. 그러나 '진보' 이념이 폐기된 상황에서 이런 모델로는 타푸리처럼 비관적 결론에 이를 뿐이다. 이에 반해 '미로'는 전체 구조를 감지할 수 없으며 궁극적 목표 설정 역시 불가능하다는 것을 전제로 하는 모델이다. 할 수 있는 일은 오직 자신이 직접 경험하는 현실을 대상

•• 베르나르 추미, 「건축의 역설」, 마이클 헤이스 편, 『1968년 이후의 건축 이론』, 298쪽.

••• 같은 글, 301쪽.

으로 하는 일들뿐이다.

이러한 논리 전개 끝에 추미가 도달하는 결론은 필연적으로 무정부주의적 저항이다. 이 억압적이고 모순적인 현실은 변해야 한다. 그런데 어떤 모습으로 변해야 하는지는 말할 수 없다. 알 수 없을 뿐 아니라 특정한 모습을 제시하는 것 자체가 억압이 되기 때문이다. 그렇다면 남는 것은 '기약 없는 저항'뿐이다. 추미는 다음과 같이 주장한다. "건축은 사회가 그것에 대해 기대하는 형태를 부정함으로써 그 본성을 지킬 때에만 비로소 살아남을 수 있을 듯하다. 건축의 필요성은 그것의 불필요성에 있다. 그 불필요성은 무용하되 급진적으로 무용하다. 그 급진성이야말로, 이익 추구가 만연해 있는 사회에서, 건축이 갖는 진짜 힘이다. 모호한 예술적 보충물 혹은 재정 조작의 문화적 정당화 수단이 아니라, 사고팔 수 없고 교환가치도 없어서 생산 사이클에 통합될 수 없는 것을 생산하는 것이다."• 즉, 가치(필요성)를 갖지 않음으로써 가치가 지배하는 현실에 저항한다는 뜻이다.

이는 해체주의라 불리는 사회철학 담론들과 신사회 운동 진영의 실천 담론이 공통적으로 표방하는 전략이었다. 자본주의체제 안에 온존하는 비인간적인 기제들을 드러냄으로써 '다른 삶'과 '다른 체제'의 필요성과 가능성을 사유하고 실천하는 계기를 마련하려는 전략이다. 예컨대 현 사회체제가 원론적으로 부정할 수도 없고 현실적으로 수용해내지도 못하는 약한 고리인 '개인들의 자율성'과 '참여적 민주주의'를 요구하며 인종차별, 성차별 등에 반대하는 사회 운동들에서 이 전략을 채택했다. 그러나 건축에서도 이 전략이 유효할지는 불분명하다. 건축에서의 해체주의는 기껏해야 건축

• 같은 글, 308쪽(한국어판의 번역을 수정해 인용).

형태의 관례와 규범의 권위를 흔드는 데에 한몫했을 뿐 형태적인 영역을 넘어서 사회체제와 연결되는 지점이 명확하지 않기 때문이다.[••]

이러한 비판에 답하기 위해서는 '사회가 기대하는 건축 형식을 부정'하는 것, 즉 '무용한, 혹은 기존 가치체계와는 다른 건축 형식, 공간 형식을 만들어내는 일'이 갖는 의미가 무엇인가라는 질문으로 넘어가야 한다. 그것이 사회체제와 연결되어 갖는 실천적 의미가 무엇인가 하는 질문 말이다.

추미는 건축 형태나 공간 형식을 통해 새로운 삶의 방식을 생산함으로써 개인과 사회 사이의 관계를 변화시키려는 실천 담론에도 동의하지 않는다. "공간의 구성이 일시적으로 개인 또는 집단의 행동을 교정할 수 있겠지만 반동적인 사회의 사회경제적인 구조를 바꿀 수는 없"기 때문이다.[•••] 단편적인 공간 형식(건축물)이 특정한 삶의 양식을 지향하

•• 메리 맥레드, 앞의 글, 934쪽. "건축에서 해체주의의 도입은 비판적인 회의주의와 관조, 즉 이미 존재하는 구성과 형태의 관습들을 의문시하는 입장에 기여해 왔다. … 그러나 형태적인 영역을 벗어나면 해체주의의 비판적인 역할은 파악하기 어려운 것으로 남겨진다. 실제로 후기구조주의 이론의 좀 더 진보적인 정치적 기여 중 대다수가 건축에 적용되면서 사라지기도 했다. 문화 비평에서 후기구조주의 분석이 억압적인 담론에서의 내부적인 불일치와 부조리를 지적하고 그럼으로써 인종차별, 성차별, 식민정책 같은 전략들을 부각시켰던 것과는 달리 건축에서는 이러한 비판적인 가능성들이 주로 언어적 유추의 난점들로 인해 다시 한번 배제되었다."

••• 베르나르 추미, 앞의 글, 306~7(한국어판 번역을 일부 수정해 인용). "(1920년대 러시아 구축주의자들 중) 몇몇은 공간이 새로운 삶의 양식을 생산함으로써 사회적인 변혁을 위한 평화로운 도구, 개인과 사회 사이의 관계를 변화시키는 수단이 될 수 있다고 주장했다. 그러나 그들이 제안한 공동체 건물들은 혁명적 사회에서나 작동할 만한 것일 뿐 아니라, 개인의 행동이 공간 구성의 영향으로 달라질 것이라는 행동주의에 대한 맹신에서 나온 것들이었다. 공간의 구성이 일시적으로 개인이나 집단의 행동 양식에 변화를 줄 수는 있겠지만 반동적인 사회의 사회경제적인 구조를 바꿀 수는 없다는 것을 알았다면, 건축적인 혁명은 좀 더 나은 기반을 찾을 수 있었을 것이다."

면서 시민 일반의 삶의 양식을 바꿀 수 있다는 믿음은 물론 수용하기 어려울 것이다. 그러나 '새로운 삶의 방식을 지향한다'는 것이 반드시 '특정한 삶의 양식을 지향함'을 가리키는 것은 아니다. 현실세계에서 억압되고 제약된 삶의 방식을 벗어난 삶을 생성하고 확장하는 것 역시 '새로운 삶의 방식'을 지향하는 일이다. 이 지점에서 '개인 간의 소통을 촉진하는 공간구조'를 통해 '개인들의 자율성'과 '참여적 민주주의'를 지원하는 것과 같은 신사회 운동의 실천 전략을 참조할 수 있을 것이다. 여기에는 그것을 통해 어떤 삶의 방식, 어떤 사회체제에 도달하려 하는가라는 질문은 제기되지 않는다. 유토피아, 즉 더 나은 세상을 그리는 일은 이미 존재하는 '진리'를 향한 수렴의 과정이 아니라 '자유'의 실현이 끝없이 증식되는 과정이기 때문이다.

추미의 입장은 다소 모호하지만 일정 부분 이러한 지향에 닿아 있다. 사회가 건축에 대해 기대하는 형식을 부정한다는 것은 기존 가치체계와는 다른 가치, 즉 교환가치로 실현되지 않는 (무용한) 가치를 지향한다는 얘기다. 그럼으로써 현실 가치체계에서 탈주한 새로운 경험을 북돋우려는, 그럼으로써 '새로운 삶의 방식'의 토대를 쌓아간다는 입장으로 읽을 수 있다.

현실사회의 가치체계에서 벗어남으로써 새로운 사회의 토대를 쌓아가려는, 또 다른 전략은 케네스 프램튼의 담론이다. '기약 없는 저항'이기는 마찬가지이지만 좀 더 미시적이고 현실 타협적이다. 프램튼은, 추미와 일견 유사하게, 타푸리의 근본주의적 비관을 벗어나 현실 속 실제 건축 안에서 변혁을 향한 실천 고리를 찾아내려 애쓴다.

프램튼의 해법은 생활세계보다 체계가 앞서고 목적보다 수단이 앞서는 현실의 우선순위를 뒤집는 것이다. 건축의 생태학적인, 구축적인(tectonic), 그리고 촉각적인(tactile) 차원을 건축물 생산 합리성 체계에 균열을 낼 정도의 수준까지 추구한다. 이로써 건축물 생산-소비 체계의 매끈한 표면을 닳아 벗겨지게 할 수 있음을, 주변적이고 틈새적인 건축이 오늘날의 지배 권력의 중심들에서 흔히 볼 수 있는 건축보다 더욱더 적절하고 감응적인 물리적 환경을 여전히 창출해낼 수 있다고 주장한다.• 프램튼은 자본주의의 상품적 가치체계에 포섭되지 않은 생태적·구축적·촉각적 차원이 갖는 덕목을 제시하고 경험하게 함으로써 기존 자본주의 가치체계 질서에 균열을 낼 수 있다고 말하고 있는 것이다.

그는 건축의 형태적·공간적 실천이 이러한 효과에 이를 수 있음을 말하기 위해서 정치에 대한 한나 아렌트의 실존적 전망에 기댄다. "정치권력은 그것의 사회적·물리적 구성 체질에 달려 있다. 다시 말해서, 정치권력은 건축된 형태(built form) 안에서 '인간들이 근접하여 살아간다는 것'과 '자신들이 공적 존재임을 물리적으로 표명하는 일'에서 연유하는 것들에 의해 형성된다. 적어도 건축에 관해 (아렌트의) '인간의 조건'이 갖는 의미는 여기에 있다. 즉, 이롭든 해롭든 필연적으로 갖게 될 수밖에 없는, 인간과 인간이 대상으로 삼는 것들 사이의(인간과 세계 사이의) 정치적인 상호영향 관계를 건축이 형성한다는 것이다."••

현실 모순 수용 혹은 촉진

현실 사회체제 변혁을 지향한 건축 실천 담론의 하나가 '기약 없는 탈주', 즉 대안적 체제에 대한 전망을 보류한 채 현

• Kenneth Frampton, "The Status of Man and the Status of His Objects: A Reading of The Human Condition," K. Michael Hays (ed.) ibid., p. 360.

•• ibid., p. 375.

실 사회체제가 요구하는 것과는 다른 방향으로 공간 형식과 가치를 만들어내고 보여주는 방식이었다면, 또 다른 하나의 태도는 이와는 정반대다. 상품가치만을 좇는 현실체제의 모순되고 비합리적인 공간 형식 요청에 철저하게 '창조적으로' 응답하는 것이다.

렘 콜하스는 자본주의 도시의 광기에 대해 남다른 이해와 통찰을 보여준다. 그는 대도시의 고층빌딩이 보여주는 "계획가의 통제를 벗어난" "대도시의 분열적 삶"에 주목한다. 뉴욕 맨해튼의 다운타운 애슬래틱 클럽이 그 예증이다. 이 건물엔 운동시설·식당·호텔 등 이질적인 공간이 층층이 들어서 있다. 9층 권투·레슬링 클럽에서는 벌거벗은 채 권투장갑을 끼고 굴을 먹는 남자들이 있고 10층에는 예방의학 의원이, 17층에는 식당과 무도장이, 그 위층에는 호텔방들이 있는 식이다. 콜하스는 여기에서 현대 대도시의 계획 전략을 이끌어낸다. "(그러한 행위들의) 배열은 건축가나 계획가의 통제를 근본적으로 벗어나 있다. 거대도시의 도시성을 매개하는 수단이기도 한 초고층 건축물의 미결정성은 어떤 장소도 특정한 단일 기능으로 정해질 수 없음을 말해준다. 이와 같은 불안정화를 통해서 '변화(=삶)'를 흡수하는 것이 가능해진다. 건물의 틀 자체에는 영향을 미치지 않는 끝없는 적응 과정을 통해 각각의 장(platform) 위에서 기능들을 계속 재배열함으로써 말이다."•

콜하스의 태도는 종종 현실체제 수용적이고 시장주의적 태도로 이해된다.•• 자본주의 대도시가 초래한 분열적 삶이라는 모순적 현상을 포착해내지만, 이를 비판하고 그 모순

• Rem Koolhaas, "'Life in the Metropolis' or 'The Culture of Congestion'," K. Michael Hays (ed.) ibid., p. 328.

을 소거, 혹은 완화하려는 대안적 실천 논리를 찾기보다는•••
그저 '대응하고 수용해야 할 현상'으로 다루면서 이를 남다른 설계 개념으로 번역해내는 재기를 뽐내는 것이다. 그러나 콜하스가 보여주는 현실 비판적인 날카로운 통찰은 그의 작업에서 애써 실천적 의미를 읽도록 만든다. 현실의 모순은 포착할 수 있으되 이를 계획·설계를 통해 치유하려 들 경우 필연적으로 야기될 이데올로기와 억압적 이성 또한 용납할 수 없다면 어찌 해야 할까? 추미 식의 기약 없는 저항으로서의 탈주가 아니라면, 이를 부추겨 모순이 보다 빨리 진전되도록 하는 것밖에 없지 않은가?••••

그러나 "파도의 힘과 방향은 조정할 수 없다. 파도가 치면 여기에 적응해야 한다. 이것을 '다스리는' 방법은 방향을

•• 배형민, 『감각의 단면』(동녘, 2007), 358쪽. "20세기 초 기능주의자와 다이아그램 건축으로 대변되는 현대 도구주의자들—MVRDV, FOA, UN스튜디오, OMA 등—의 중요한 차이는, 렘 콜하스가 지적했듯이, 모더니스트 다이어그램이 세상을 바꾸겠다는 이념적인 프로젝트와 연루되었다면 지금은 현실을 수용하고 현실 논리를 연장하려 한다는 것이다. 건축을 도시적 랜드스케이프라는 연속적인 표면조직 속에 편입시킴으로써 포스트모던 메트로폴리스의 폭발적인 공간에 대처하겠다는 전략이다."

••• 콜하스는 "전통적으로 건축을 공공과, 그리고 '좋은 실천'이라는 개념과 연결하곤 하는데, 나는 이러한 도덕적 가식에 매우 회의적이다. … 건축은 본질적으로 비판적 기능을 가질 수 없다. 비판적인 건축가가 되는 일은 가능하겠지만 건축 자체가 비판적일 수는 없다"고 말한다. David Cunningham, "Interview: Rem Koolhaas and Reinier de Graaf," *Radical Philosophy*, 2009 Mar/Apr.

•••• 콜하스는 데이비드 커닝엄과의 인터뷰에서 "당신은 비판적 건축은 불가능하다고 하면서 정치적 아이디어를 선전하는 프로젝트(예컨대 '유럽의 이미지')는 기꺼이 수행하는 것 아니냐"는 집요한 질문에 "그렇다. 나는 때로는 즐거이 선전가가 됨으로써 나의 본질적 모순을 극복했다"고 대답했다. 같이 인터뷰를 한 동료 레이니르 더 흐라프는 "선전가가 되는 것이 비판적 이론가가 되는 역설적 방법"이라고 확인하듯이 첨언했다. 같은 곳.

잡아보는 것밖에 없다"• 혹은 "당신이 원하든 원치 않든 세계화(globalization)는 '일반적'(normal)인 것이 되었다. 그것에 반대하거나 그것을 멈추려 하기보다는 당신 자신을 그 속에 새겨 넣어야 한다."••라고 말하는 그의 태도에 대해서는 아무래도 좀 더 비판적인 해석이 보다 공평할 듯하다. 힘들고 배고픈 싸움이 되기 십상인 '기약 없는 저항'보다는 현실에 대한 시장주의적 순응과 역설적 저항 사이를 오가는, 혹은 두 방향에서 모두 열매를 향유하려는 영민함이라고나 해야 할까?

• Jaques Lucan, *OMA-Rem Koolhaas; Architecture, 1970~1990*, p. 37, 배형민, 앞의 책, 358쪽에서 재인용.

•• David Cunningham, ibid. 콜하스의 이 말에 흐라프는 다시 덧붙인다. "그렇게 함으로써 건축이 근대화와 세계화의 힘에 종속되는 방식을 드러내려는 것이다…. (그러나) 그것은 항상 기회주의라고 얘기된다. '아니오'라고 말하는 법이 없고 어떤 경우에도 숙이고 들어간다고 말이다."

맺음말

건축 생산 역사의 변곡점들

서양 건축 역사에서 읽어야 할 것은 건축물의 형태 양식이나 구축기술 자체가 아니라 그것이 규범화된, 그 규범이 생산된 사건의 전말이다. 그것은 언제, 누구에 의해, 왜, 어떻게 유럽 전체의, 서양 전체의, 그리고 세계 전체의 건축 규범으로 확산되었는가. 이러한 '역사적' 관점에서 바라보면, 서양 건축 생산의 주요한 변곡점들이 짚어진다.

로마네스크-고딕의 형성 5세기 서로마제국이 소멸한 서유럽 지역에는 로마 지배권력이 생산했던 건축을 이어갈 강력한 지배세력이 부재한 채 지역마다 자생적인 건축 생산활동이 진행되었다. 이는 11세기쯤에야 등장한 강한 지배세력에 의해 비로소 '로마네스크 건축'이라고 이름 붙일 만한 대규모 건축 생산활동으로 발전했고, 12세기를 지나면서 '고딕 건축'이라는 형태 규범을 갖는 건축 생산으로 진전한다. 이는 기원전 8세기부터 기원후 5세기까지 천 년 이상 계속된 그리스·로마 건축 전통이 단절되고 전혀 다른 건축 전통이 생성된 매우 독특한 사건이었다. 또한 그리스·로마 건축 전통을 재구성해낸 15세기 이후 고전주의 건축이 필연적이고 본질적인 규범이 아니라는 것, 건축의 규범은 사회의 외적·내적 조건에 따라 전혀 다른 형식으로 성립하는 것임을 서양 건축 생산 역사 안에서 스스로 보여준 사건이었다.

15세기 이래 고전주의 건축을 자신들의 적통으로 여긴

서구 엘리트 지식 담론이 고딕 건축 전통에 관심을 표명하기 시작한 때는 18세기 중엽이었다. 당시 유럽 주요 국가들에서 국민 국가 체제를 정립하려는 노력이 진행되는 가운데 영국의 지배세력이, 프랑스 중심의 고전주의와는 다른 민족-국가적 건축 규범으로서 고딕 건축 전통에 주목하면서부터였다.

르네상스 고전주의로의 교체 르네상스 건축은 새로이 등장한 지배세력이 건축 규범을 바꾼 사건이었다. 르네상스시대라 불리는 15~16세기는 유럽 지역에서 중세 봉건체제가 해체되고 영토-국민 국가를 지향하는 절대왕정체제가 성립하는 과도기였다. 이 변화의 중심에는 상업경제의 진전과 그 주체인 상공업 계층, 즉 부르주아 계급의 성장이 있었다. 이 새로운 지배세력은 기존 지배체제의 종교적 지식을 대신하여, 새로운 체제를 지향하는 지식체계로서 인문주의(humanism)를 추구했다. 이들은 기존 건축 규범인 고딕 건축 대신에 그리스·로마 건축을 토대로 고전주의 건축 규범을 복원-발명해냈다. 건축 생산의 물적 조건에 변화가 없는 가운데 사회 지배세력이 달라짐에 따라 건축의 형식 규범이 바뀔 수 있음을 보여준 사건이었다. 5세기 이후 천여 년 기간 풀뿌리 건축 생산활동을 축적하며 지속된 로마네스크-고딕 건축 전통을 지배 엘리트세력의 필요와 의지에 의해 새로운 건축 규범으로 교체한 '위로부터의 변혁'이었다. 이 과정에서 새로운 건축 형식 규범이 새로운 권력관계를 강화하는 수단으로 작용했음은 당연하다.

고전주의의 용도 폐기와 모더니즘의 성립 19~20세기 초 모더니즘 건축은 물적 생산조건의 전면적 변화가, 기존 건축 형식을 더 이상 통용 불가능한 것으로 폐기하면서 이끌어낸 새로운 형식 규범이었다. 당시 서구 사회에서 급팽창하던 상공업경제는 엄청난 규모의 새로운 건축공간과 구조물을 요청했을 뿐 아니라 이에 응답해야 할 건축 생산의 조건 자체를 바꾸어놓았다. 지난 수천 년 동안 지속되어왔던 석재 조적조 건축은 일거에 철골조와 철근콘크리트조 건축으로 대체되었다. 건축 생산기술의 진전은 구조역학에서부터 공장생산 부재의 광범위한 사용까지 전방위적으로 진행되었고, 생산조직 역시 정교한 적산기술과 시공기술을 갖추고 도급 공사를 수주하는 건설업체로 발전-전환되었다. 이 과정에서 과거의 석재 조적조 건축에 기반한 건축 규범은 폐기될 수밖에 없었다. 대체할 새로운 규범을 마련할 새조차 없이 그야말로 일순간에 진행된 변화였다.

모더니즘 건축은 이러한 '규범조차 부재하는 급속한 변화 상황' 속에서 엘리트 건축 지식인 계층이 만들어내고, 폭발적으로 증가하는 건축 생산의 급류 속에서 빠르게 확산된 새로운 건축 규범이었다. 즉, 재료·기술·기능 등 물적 생산조건의 전면적 변화에 건축 생산이 따라갈 수밖에 없었던 결과였다. 또 이제까지 건축이 주로 엘리트 지배 계급의 필요에 맞추어온 것에 반해, 1920년대 정점에 달한 모더니즘 건축은 '진보하는 사회'의 주체인 대중의 삶터와 그 실천 현장인 도시까지 포괄하고자 한 것이었다. 그 결과 모더니즘 건축은 소수의 고급 건축뿐 아니라 대중의 주택을 비롯한 도시공간에까지 적용되며 생활세계 전체의 모습을 변화시켰다. 하버마스가 지적한 대로, "고전주의시대 이래 최초이자 유일하게 구속력 있는 양식, 일상의 삶의 형태까지도 규정하는 최초이자 유일한 양식"이었다. 그것도 서구만이 아니라 세계 모든 지역에서 말이다.

도시공간 형태의 설계 모더니즘 건축 이후 진행된 가장 의미 있는 사건은, 건축의 영역에서 분리되었던 도시공간 형태가 건축의 영역에 다시 포섭된 것이었다. 산업혁명 이후 도시 토지의 경제적 가치가 커지면서 도시 토지 이용과 교통-물류시설의 계획은 국가권력이 직접 관장하는 중요한 영역이 되었다. 도시계획이 전문 직능화하면서 건축 생산 과정으로부터 분리된 것이다. 이제 건축은 더 이상 도시 공간구조와 형태를 결정하는 요소가 아니었고 도시와 통합된 유기체의 일부도 아닌 것이 되어버렸다. 도시공간 또한 건축과의 유기적 관계를 잃어버린 기능 중심의 외부공간이 되어버렸다. 도시는 토지 이용의 경제적 효과를 중심으로 계획(planning)되었고 건축물은 도시계획으로 결정된 획지 안에서 자족적 섬으로 설계(design)되고 생산되었다. 분절되고 파편화된 도시공간과 건축공간 속 생활세계 또한 분절되고 파편화되어갔다.

이러한 상황은 1960년 무렵 '문제'로 인식되기 시작했다. 산업혁명 이래 자본주의 경제 시스템의 목표는 상품의 효율적인 대량생산이었다. 기능 중심의 근대적 도시계획과 건축 생산은 이를 공간적으로 반영한 것이다. 그러나 고도성장기였던 1950~60년대 상품의 질적 수준과 개인적 기호에 대한 요구가 높아지고 이를 겨냥한 상품 판매 경쟁이 치열해졌다. 생산 효율 못지않게 상품의 사용 편의성과 형태적 매력이 중요한 요소로 부각되면서 도시와 건축공간에도 '편리함과 매력'에 대한 요구가 커지기 시작했다. 이러한 요구는 한편으로는 도시설계(urban design)라는 새로운 제도의 성립으로 반영되었고, 다른 한편으로는 건축이 도시공간 형태 설계까지 업역을 확장하는 것으로 귀결되었다. 근대 이전에는 도시계획-건축설계가 분화되지 않은 상태로 도시공간이 건축 영역에서 다루어졌다면, 이제는 도시공간을 '의식적으로' 건축 생산 범주에 포함한다는 점에서 전혀 새로운 사태였다. 또한, 비록 도시 토지와 공간 자원을 배분하는 계획 영역(도시계획)은 여전히 국가가 관장하고 있지만, 도시공간의 형태를 설계하는 문제를 고리로 계획 영역의 일단이 건축의 실천 범주에 포함되었다는 점에서도 의미심장하다 할 만한 진전이었다.

한 사회의 정치-경제체제는 건축 생산의 원인이자 결과다. 즉, 모든 일이 그렇듯이, 정치-경제-건축 생산은 서로 영향을 주고받는 변증법적이고 유기적인 관계에 있다. 정치-경제체제의 변혁과정에는 건축 생산의 변화(그것이 형태 양식의 변화든 생산방식의 변화든)가 동반되기 마련이고, 건축 생산의 변혁 역시 정치-경제체제에 일정한 변화를 야기한다는 것이다.

예술 생산 역시 마찬가지다. 특히 예술가와 고객의 직접적 주문-생산 관계가 해체된 근대 이후의 예술 생산은, 예술가 개인의 독자적 작업이 되면서, 주제와 표현에서 개인화되고 다원화되었다. 그 속에는 예술의 개념과 표현 양식의 혁신은 물론이고 자본주의 사회체제의 변혁을 꿈꾸기도 할 만큼, 다양한 층위에서 기존 세상 질서에 저항하고 변화를 지향하는 실천들이 꾸준히 있어왔다. 그러나 건축 생산에서는 개인적 주제를 표현하기가 매우 곤란하고 제한적이다. 건축 생산에 투입되는 재화량이 무척 크거니와, 건축에는 서사성과 의사 전달-소통 기능이 없어서 문학이나 미술처럼 '서사적 표현'을 통한 저항이나 대안적 이념 제시가 불가능하다는 점에서 더욱 그렇다. 건축 생산활동에서의 '사회적 실천'은 건축이 갖는 이러한 특수성 속에서 포착되어야 한다.

앞의 '변곡점들'이 그랬듯이 건축 생산의 주요한 변화는 모두 당대 사회의 정치-경제체제 변화와 연결된 것이다. 그 중 사회체제 변혁을 추동하는 실천이라는 관점에서 가장 강력했던 사건은 15~16세기 고전주의 건축의 성립과 19~20세기 미술공예 운동 및 모더니즘 건축의 등장을 꼽을 수 있다.

고전주의: 새로운 지배 이데올로기로서의 건축 15세기에 성립한 고전주의 건축이 표방한 이념은 '이성적 질서를 갖는 건축 형태'였다. 이는 중세 이래 군사 우두머리-귀족-성직자로 구성되어 있던 지주 계급 지배체제에 새로운 지배세력으로 가담한, 부르주아 계급이 지향하는 사회체제에 대한 알레고리였다. '이성적 질서, 즉 법률과 제도에 의해 경영되는 정치와 경제체제'의 표상으로서의 건축! 이러한 이념적 예술-건축 담론이 18세기 신고전주의를 거쳐 부르주아 계급의 정치-경제적 지배력이 완성되는 19세기까지 지속되었다. 새로운 지배세력에 올라탄 새로운 예술-건축 담론이 그 새로운 지배세력의 성립을 추동하고 강화한 것이다.

미술공예 운동: 사회 변혁을 지향한 건축 산업혁명 이후 새로운 사회체제로 자리 잡은 부르주아 산업 자본주의 사회에는 이제껏 경험하지 못했던 새로운 문제들이 만연해 있었다. 노동자들은 생산 과정과 생산물로부터 소외된 채 낮은 임금과 긴 노동시간 속에 비참하게 생활하고 있었고, 공장 생산 상품에 밀려 토착 산업이 몰락하면서 지역 문화와 전통도 함께 쇠락해갔다. 과거의 규범과 습속, 이들이 담고 있던 의미체계, 즉 '정신적 가치'가 물질에 압도되어 "공기 속으로 녹아 사라지고" 있었다. 중세주의와 미술공예 운동은 이

러한 상황을 비판하며 등장한 사회 실천적 운동이었다. 중세주의나 미술공예 운동에 동조한 예술가들 중 다수가 수공업적 노동 과정, 재료 물성의 즉물적인 표현, 그리고 필요에 순응하는 형태를 예술 생산 원리로 삼았던 것은 이 때문이었다. 그들이 겨냥했던 것은 '제품 생산에서의 정신적 가치 회복', 즉 '창조적 노동의 회복'이었다. 공장에서 기계로 생산되는 과정에서 빚어지는 노동 소외, 즉 노동 주체가 창조의 기쁨도 갖지 못하고 결과물을 향유하지도 못하는 사회에 대한 우려와 저항이었다.

이는 건축-예술 생산을 사회체제 변혁의 주체로 인식하고 의식적으로 실천한 역사상 최초의 사건이었다. 이들의 '실천'은 자본주의체제의 생산 논리, 즉 잉여 노동시간 확대를 위해 생산 과정을 분절하고 기계 생산화로 나아가는 흐름을 정면으로 거스르는 것이었다. 당연히 그 항로는 험난했고 결국 소멸-왜곡-변형의 여정으로 귀결되었다. 미술공예 운동과 아르누보 예술 운동은 '기계제 생산을 거부하는 과거 지향'이란 비판 속에 부자들을 위한 고급 수공예 상품의 향연장이 되어갔다. 그러나 이들의 실천은 건축의 사회적 역할에 대한 전혀 새로운 의식을 일깨웠다. 건축이 사회 지배 세력의 필요에 따른 도구적 목적만이 아니라 사회 개혁적 실천의 매개이자 목표가 될 수 있다는 자각이었고 새로운 전통의 시작이었다. 이들에서 시작한 '실천'은 기계제 생산을 진보의 필연으로 옹호했던 모더니즘 건축에서도 중요한 목표로 설정되었다.

모더니즘: 후행적 변혁으로서의 건축 서양 건축 생산 역사에서 모더니즘 건축을 주류 건축 생산의 지위로 굳힌 것은, 미술공예 운동과 아르누보의 수공예 지향성을 한계로 인식하

며 기계제 생산에 기초한 건축 생산을 지향한, 독일공작연맹-바우하우스-CIAM을 계보로 하는 예술-건축 운동이다. 이들은 18세기부터 시작한 부르주아 정치혁명과 산업혁명, 그리고 이에 따라 이미 산업자본주의체제로 변혁된 정치-경제 지배체제를 뒤늦게 따라잡은 예술-건축 생산의 후행적 변혁 운동이라 할 만한 것이었다. 이들의 슬로건인 즉물주의, 기계 미학, 기능주의 등은 산업생산 발전을 통해 더 나은 세상으로의 진전을 꾀했던, 이미 18세기부터 부르주아 세력의 정치경제적 이념이었던, '생산주의 유토피아'의 형식 미학적 판본이었다. 즉, 모더니즘 건축이 내걸었던 사회 개혁은 사회체제 변혁을 겨누었다기보다는 이미 변화한 사회체제, 즉 부르주아 산업생산이 지배하는 체제를 보다 완성된 상태로 만들려는 것이었다. 또한 유토피아로 나아가는 '진보'를 저해하는 구습을 타파-대체하는 새로운 예술-건축 형식을 주창했던 실천이었다. 산업자본주의체제는 이를 통해 정치-경제체제부터 문화예술 양식까지 자기완결성을 확보했다. 그리고 모더니즘 건축은 효과적인 실행수단으로서 생활세계를 채워나갔다. 자본주의체제의 모순을 비판하고 새로운 사회로의 변혁을 꿈꾸는 이들에게는 이러한 '실천'이 기존 체제의 타당성과 정당성을 옹호하는 '퇴행적'인 것으로 비춰질 수밖에 없었다.

서양 건축의 생산 역사 속에서 건축의 실천 스토리는 현대사회, 즉 지금-여기의 건축적 실천 전망에 대한 물음으로 이어진다. 이 시대 이 사회의 지배세력은 누구인가, 누가 되어야 하는가. 민주주의는 어떤 지배관계와 어떤 생활세계를 지향하는가. 자율적 개인들의 연합으로서의 민주주의와 이를 지향하는 실천 주체로서의 건축 생산활동의 전망은 어떠한

가. 실천 주체로서의 건축 생산이 가능하다면 그 과제는 무엇인가.

이러한 모색이 건축의 '형태 규범'이나 '구축 논리'의 범주 안에서 이루어질 수 있을까? 형태-구축 논리에 몰두하고 있는 건축 담론이 사회의 변혁과 실천에 대하여 할 수 있는 말은 무엇이고 내걸 수 있는 테제는 무엇인가.

15~18세기 고전주의 건축의 실천이나 19~20세기 아방가르드 예술 운동, 그리고 모더니즘 건축의 실천은 새로운 사회체제를 견인하고 강화하는 데에 나름의 역할을 수행했다. 혹은 현실 사회체제의 향방에 저항하는 사회 비판-체제 개혁적 실천의 전통을 만들어냈다. 이 모두가 건축의 형태-구축의 차원의 활동을 통해 진행된 일이었다. 그러니 오늘날에도 '지향되어야 할 형태 규범'이라는 테제가 가능한 것인가? 민주적 형태? 시민들의 개별성과 다중적 연결망을 표출하는 형태? 토속적 지역전통을 (혹은 현행적 토속으로서의 도시 현실의 풍경과 속성을) 담는 형태? 이미 시도되었거나 시도되고 있는 실천들이다. 분별없는 권위주의가 여전히 횡행하고 야비한 화폐 지상주의가 득세하고 있는 현실을 감안한다면, 그리고 이러한 몰가치한 풍조를 직설적 형태로 표출해대는 건축 생산 역시 적지 않은 현실을 감안한다면, 이러한 '감성 치유적' 형태미학 역시 '실천'으로서 소중한 의미를 갖는다고 할 수 있을 듯도 하다. 프레드릭 제임슨이 말하는 후기자본주의, 즉 과거의 습속과 전통의 잔재가 사라진 채 모든 것을 상품화하고 모든 사회제도를 사적 개인들의 이윤 획득 경쟁에 맡기는 순수 자본주의 논리만이 지배하는 사회라면, 자율적인 개인들의 연대는커녕 타자들과의 감성적 소통 자체의 상실이 우려되는 상황일 터이니 말이다.

그러나 이것만으로, 권위와 상업주의와 경쟁에 지친 감

성을 달래는 것만으로, 그 회복을 기대하는 것만으로, 건축의 사회적 실천이 충분하다 할 수 있을까? 충분치 않다면 무엇을 더 할 수 있을까? 서사적 의사 전달과 소통이 불가능한 건축 형태로써 더 이상 발화할 수 있는 것이 있을까? 모든 사물의 의미를 패션과 상품으로 집어삼키는가 하면 폐기하고 다시 새로운 의미를(패션과 상품을) 생산토록 하는 일을 반복하는 후기자본주의 시장체제에서 형태를 통해 지속적 공통감각-의미체계를 주조하는 일이 가능할까? 이러한 형태들은 오히려 또 하나의 '특화 상품'이 되어버리고, 또 다른 '퇴행'의 국면을 늘리고 있을 뿐 아닌가? 형태가 아닌, 감성의 치유에 머무르지 않는, 직접적으로 '더 나은 생활세계'를 지향하고 만들어가는 또 다른 실천의 가능성을 찾아야 하는 것 아닐까?

지향해야 할 것은 형태가 아니라 오히려 생활공간의 관계, 혹은 그것의 배치가 아닐까? 미리 주조된 특정한 의미 전달(특정한 의미 전달이 불가능하다는 해체적 의미를 전달하는 것을 포함해)이 아니라 서로 다른 개인들이 소통하고 연합하며 서로 다른 의미를 생성토록 해야 하지 않을까? 자율적 개인들의 소통과 연합을 자극하고 지원하는 힘을 공간의 형태보다는 공간의 관계에서 찾아야 하지 않을까?

기존 생활방식과는 다른 생활방식을 자극하고 지원하는 공간관계 만들기가 가능하지 않을까? 기존 사회체제에 순응하는 생활방식-공간관계 만들기를 요구-지시하는 현실 건축 생산체제 안에서 더 나은 생활세계를 지향하는 다른 생활방식, 다른 공간관계를 생산해내는 '실천'이 가능하지 않을까? 그 공간 속에서 사회의 변화-변혁을 움틔우고 배양하는 활동들이 생활이 되고 생활방식이 되어 여기저기서 다른 모습들로 반복되는 그런 건축 말이다.

참고문헌

갤브레이스, 존, 『풍요한 사회』, 노택선 옮김, 신상민 감수 (한국경제신문사, 2006)

고든, 콜린, 『권력과 지식: 미셸 푸코와의 대담』, 홍성민 옮김 (나남출판, 1991)

고명섭, 「"근대성 담론은 쓸모없는 시도" 제임슨의 급진적 근대 비판」, 『한겨레』 2020년 5월 22일 자

그레이버, 데이비드, 『가치이론에 대한 인류학적 접근: 교환과 가치, 사회의 재구성』, 서정은 옮김(그린비, 2009)

기든스, 앤서니, 『사회구성론』, 황명주·정희태·권진현 옮김(간디서원, 2012)

_____, 『현대성과 자아정체성: 후기 현대의 자아와 사회』, 권기돈 옮김 (새물결, 2010)

기디온, 지그프리트, 『공간·시간·건축』, 김경준 옮김(시공문화사, 2013)

길허 홀타이, 잉그리드, 『68혁명, 세계를 뒤흔든 상상력: 1968 시간여행』, 정대성 옮김(창작과비평사, 2009)

김남주, 「차이의 공간을 꿈꾸며: 『공간의 생산』과 실천」, 『공간과 사회』 제14호(한국공간환경학회, 2000), pp. 63~78

김성홍, 「건축과 언어: 1960년대 이후 서구건축의 이론과 실험」, 『인문언어』 제1권 제2호(국제언어인문학회, 2001), pp. 107~121

김용창, 「신자유주의 도시화와 도시 인클로저(I): 이론적 검토」, 『대한지리학회지』 제50권 제4호(대한지리학회, 2015),

pp.431~449
김정호, 「국제독점자본과 국제분업, 지구적 경제일체화의 진정한 기초」, 『레디앙』 2019년 6월 21일 자
김홍순·이명훈, 「미국 도시미화 운동의 현대적 이해: 그 퇴장과 유산을 중심으로」, 『서울도시연구』 제7권 제8호(서울연구원, 2006), pp.87~10
데리다, 자크, 『그라마톨로지』, 김성도 옮김(민음사, 2010)
들뢰즈, 질, 『차이와 반복』, 김상환 옮김(민음사, 2004)
라캉, 자크, 『에크리』, 홍준기·이종영·조형준·김대진 옮김(새물결, 2019)
라클라우, 에르네스토·무페 샹탈, 『헤게모니와 사회주의 전략: 급진 민주주의 정치를 향하여』, 이승원 옮김(후마니타스, 2012)
레비스트로스, 클로드, 『슬픈 열대』, 박옥줄 옮김(한길사, 1998)
_____, 『야생의 사고』, 안정남 옮김(한길사, 1996)
로스, 아돌프, 『장식과 범죄』, 현미정 옮김(소오건축, 2006)
로시, 알도, 『도시의 건축』, 오경근 옮김(동녘, 2003)
로우, 콜린, 「5인의 건축가들 서문」, 마이클 헤이스 편, 『1968년 이후의 건축이론』, 봉일범 옮김(시공문화사, 2010)
로우, 콜린·프리드 코에터, 「콜라주의 도시」, 마이클 헤이스 편, 『1968년 이후의 건축이론』, 봉일범 옮김(시공문화사, 2010)
로티, 리처드, 『우연성, 아이러니, 연대』, 김동식·이유선 옮김(사월의책, 2020)
르 코르뷔지에, 『건축을 향하여』, 이관석 옮김(동녘, 2002)
_____, 『도시계획』, 정성현 옮김(동녘, 2003)
르페브르, 앙리, 『공간의 생산』, 양영란 옮김(에코리브르, 2011)
_____, 『현대세계의 일상성』, 박정자 옮김(기파랑에크리, 2005)
리제베로, 빌, 『건축의 사회사: 산업혁명에서 포스트모더니즘까지』, 박인석 옮김(열화당, 2008)

리프킨, 제러미, 『노동의 종말』, 이영호 옮김(민음사, 2005)

_____, 『소유의 종말』, 이희재 옮김(민음사, 2001)

린드크비스트, 스벤, 『야만의 역사』, 김남섭 옮김(한겨레신문사, 2003)

릴리, 사샤, 『자본주의와 그 적들: 좌파 사상가 17인이 말하는 오늘의 자본주의』, 한상연 옮김(돌베개, 2011)

마르쿠제, 허버트, 『일차원적 인간』, 박병진 옮김(한마음사, 2009)

맥러드, 메리 「레이건 시대의 건축과 정치: 포스트모더니즘에서 해체주의까지」, 마이클 헤이스 편, 『1968년 이후의 건축이론』, 봉일범 옮김(시공문화사, 2010),

모리스, 윌리엄, 『에코토피아 뉴스』, 박홍규 옮김(필맥, 2008)

바르트, 롤랑, 『글쓰기의 영도』, 김웅권 옮김(동문선, 2007)

바우만, 지그문트, 『액체근대』, 이일수 옮김(도서출판 강, 2009)

박진빈, 「정원도시와 도시계획의 미국적 전개」, 『서양사론』 제84호(한국서양사학회, 2005), pp. 143~168

박홍규, 『윌리엄 모리스 평전』(개마고원, 2007)

배형민, 『감각의 단면: 승효상의 건축』(동녘, 2007)

버거, 존, 『본다는 것의 의미』, 박범수 옮김(동문선, 2020)

베냐민, 발터, 『기술복제시대의 예술작품/사진의 작은 역사 외』, 최성만 옮김(도서출판 길, 2007)

베이컨, 프랜시스, 『새로운 아틀란티스』, 김종갑 옮김(에코리브르, 2002)

베크, 울리히, 『정치의 재발견』, 문순홍 옮김(도서출판 거름, 1998)

벤투리, 로버트·스콧 브라운 데니스·스티븐 아이즈너, 『라스베이거스의 교훈』, 이상원 옮김(도서출판 청하, 2017)

벨, 대니얼, 『이데올로기의 종언』, 이상두 옮김(종합출판 범우, 2015)

_____, 『탈산업사회의 도래』, 김원동·박현신 옮김(아카넷, 2006)

벨러미, 에드워드, 『뒤돌아보며: 2000년에 1887년을』, 김혜진 옮김(아고라, 2014)

보드리야르, 장, 『소비의 사회: 그 신화와 구조』, 이상률 옮김
(문예출판사, 1991)
봉일범, 『구축실험실』(스페이스타임, 2001)
브란트슈태터, 크리스티안 외, 『비엔나 1900년: 삶과 예술 그리고
문화』, 박수철 옮김(도서출판 예경, 2013)
산텔리아, 안토니오·필리포 톰마소 마리네티, 「미래주의 건축
선언」, 콘라츠 울리히 엮음, 『20세기 건축선언과 프로그램』,
김호영 옮김(도서출판 마티, 2018), pp. 52~60
세넷, 리처드, 『뉴캐피털리즘: 표류하는 개인과 소멸하는 열정』,
유병선 옮김(위즈덤하우스, 2009)
손세관, 「프랑스의 대형 주거단지 '그랑 앙상블'의 실패와
그 재생수법에 관한 연구」, 『한국주거학회논문집』 제25권 제5호
(한국주거학회, 2014), pp. 113~124
송영섭, 「런던과 파리의 신도시 비교연구 (I)」, 『건축』 제27권 제2호
(대한건축학회, 1983), pp. 36~44
쇼르스케, 칼, 『세기말 빈』, 김병화 옮김(글항아리, 2014)
슈마허, E. F., 『작은 것이 아름답다: 인간 중심의 경제를 위하여』,
이상호 옮김(문예출판사, 2002)
신승철, 『모두의 혁명법』(알렙, 2019)
아도르노, 테오도어·막스 호르크하이머, 『계몽의 변증법: 철학적
단상』, 김유동 옮김(문학과지성사, 2001)
알튀세르, 루이, 「이데올로기와 이데올로기적 국가기구」, 『레닌과
철학』, 이진수 옮김(백의, 1991)
앤더슨, 페리, 『서구 마르크스주의 읽기』, 이현 옮김(이매진, 2003)
앨런, 그레이엄, 『문제적 텍스트 롤랑/바르트』, 송은영 옮김(앨피,
2006)
이상헌, 「근대건축사론에서 "근대기술"의 문제: 기디온과 펩스너의
근대건축사론을 중심으로」, 『대한건축학회 논문집』 계획계

제15권 제3호(대한건축학회, 1999), pp. 55~63
_____, 『철 건축과 근대건축이론의 발전』(도서출판 발언, 2002)
이인식, 『유토피아 이야기: 세상이 두려워한 위험한 생각의 역사』(갤리온, 2007)
이재희·이미혜, 『예술의 역사: 경제적 접근』(경성대학교출판부, 2013)
이정우, 『시뮬라크르의 시대: 들뢰즈와 사건의 철학』(도서출판 거름, 1999)
이종영, 『내면성의 형식들』(새물결출판사, 2002)
이종우, 「1970년대 프랑스 신건축프로그램(PAN) 공모전과 집합주거건축의 방향전환」, 『대한건축학회논문집』 계획계 제28권 제7호(대한건축학회, 2012), pp. 203~213
_____, 「반인본주의적 역사연구와 프랑스 포스트모던 건축의 발생」, 『건축역사연구』 제22권 제3호(한국건축역사학회, 2013), pp. 15~26
_____, 「프랑스 68세대 건축가들에 의한 근대운동 재해석의 배경과 의미」, 『대한건축학회논문집』 계획계 제27권 제3호(대한건축학회, 2011), pp. 215~222
이지은, 『부르주아의 시대』(모요사, 2019)
이진경, 「러시아 구축주의 건축과 감각의 혁명」, 『시대와 철학』 제25권 제3호(한국철학사상연구회, 2014), pp. 7~46
이진경, 『노마디즘 1, 2』(휴머니스트, 2002)
장뤼크, 다발, 『추상미술의 역사』, 홍승혜 옮김(미진사, 1990)
정종대·김지엽·배웅규, 「미국 래드번 주거단지에 활용된 사적규약의 특징 및 시사점 연구」, 『대한건축학회논문집』 계획계 제25권 제3호(대한건축학회, 2009), pp. 175~186
제이콥스, 제인, 『미국 대도시의 죽음과 삶』, 유강은 옮김(그린비, 2010)
제임슨, 프레드릭, 「포스트모더니즘: 후기자본주의 문화논리」,

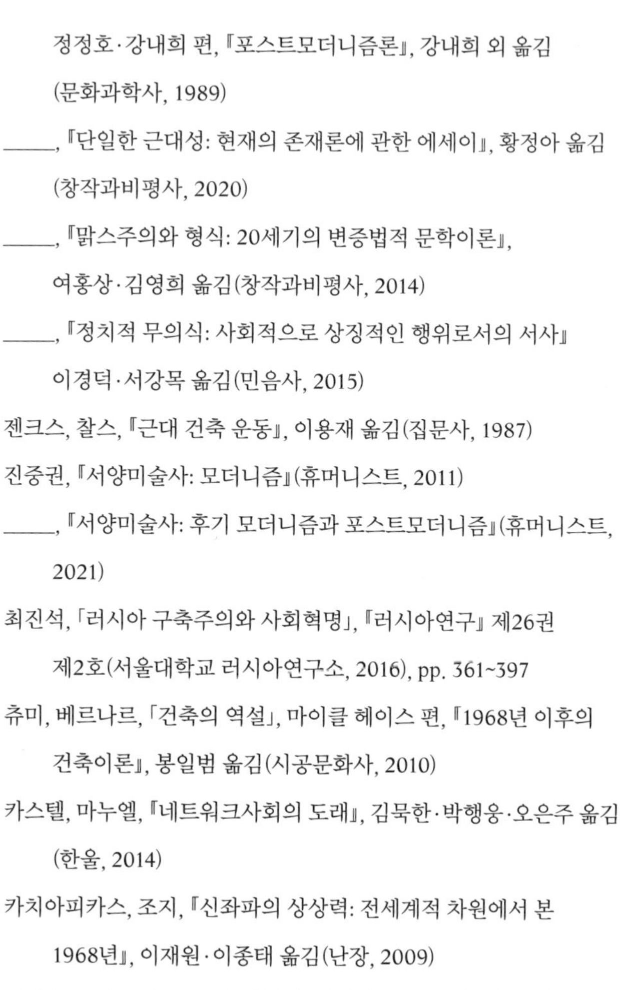

정정호·강내희 편, 『포스트모더니즘론』, 강내희 외 옮김 (문화과학사, 1989)

______, 『단일한 근대성: 현재의 존재론에 관한 에세이』, 황정아 옮김 (창작과비평사, 2020)

______, 『맑스주의와 형식: 20세기의 변증법적 문학이론』, 여홍상·김영희 옮김(창작과비평사, 2014)

______, 『정치적 무의식: 사회적으로 상징적인 행위로서의 서사』 이경덕·서강목 옮김(민음사, 2015)

젠크스, 찰스, 『근대 건축 운동』, 이용재 옮김(집문사, 1987)

진중권, 『서양미술사: 모더니즘』(휴머니스트, 2011)

______, 『서양미술사: 후기 모더니즘과 포스트모더니즘』(휴머니스트, 2021)

최진석, 「러시아 구축주의와 사회혁명」, 『러시아연구』 제26권 제2호(서울대학교 러시아연구소, 2016), pp. 361~397

츄미, 베르나르, 「건축의 역설」, 마이클 헤이스 편, 『1968년 이후의 건축이론』, 봉일범 옮김(시공문화사, 2010)

카스텔, 마누엘, 『네트워크사회의 도래』, 김묵한·박행웅·오은주 옮김 (한울, 2014)

카치아피카스, 조지, 『신좌파의 상상력: 전세계적 차원에서 본 1968년』, 이재원·이종태 옮김(난장, 2009)

칸딘스키, 바실리, 『예술에 있어서 정신적인 것에 대하여: 칸딘스키의 예술론』, 권영필 옮김(2000), 열화당

커티스, 윌리엄, 『1900년 이후의 근대건축』, 강병근 옮김(화영사, 1993)

컬런, 고든, 『도시경관』, 박기조 옮김(태림문화사, 1994)

케인스, 존 메이너드, 『고용, 이자 및 화폐의 일반이론』, 조순 옮김 (비봉출판사, 2007)

코프, 아나톨, 『소비에트 건축』, 건축운동연구회 옮김(도서출판 발언,

1991)
콘라츠, 울리히, 『20세기 건축선언과 프로그램』, 김호영 옮김(도서출판 마티, 2018)
콜하스, 렘, 『정신착란병의 뉴욕』, 김원갑 옮김(태림문화사, 1987)
쿤, 토머스, 『과학혁명의 구조』, 김명자·홍성욱 옮김(까치글방, 2003)
타푸리, 만프레도, 「건축 이데올로기의 비판을 향하여」, 마이클 헤이스 편, 『1968년 이후의 건축이론』, 봉일범 옮김(시공문화사, 2010)
토플러, 앨빈, 『제3의 물결』, 김진욱 옮김(범우사, 1992)
페브스너, 니콜라우스, 『근대건축과 디자인: 산업혁명에서 20세기 초반까지』, 이대일 옮김(미진사, 1986)
포티, 에이드리언, 『콘크리트와 문화: 어느 재료의 이야기』, 박홍용 옮김(씨아이알, 2014)
포퍼, 카를, 『열린 사회와 그 적들 1』, 이한구 옮김(민음사, 2006)
_____, 『추측과 논박 1, 2』, 이한구 옮김(민음사, 2001)
푸코, 미셸, 『감시와 처벌』, 오생근 옮김(나남출판, 2020)
_____, 『광기의 역사』, 이규현 옮김(나남출판, 2020)
_____, 『말과 사물』, 이규현 옮김(나남출판, 2012)
프램튼, 케네스, 『현대 건축: 비판적 역사』, 송미숙 옮김(도서출판 마티, 2017)
프로이트, 지크문트, 『꿈의 해석』, 김인순 옮김(열린책들, 2020)
피시먼, 로버트, 『부르주아 유토피아: 교외의 사회사』, 박영한·구동회 옮김(도서출판 한울, 2000)
하버마스, 위르겐, 『공론장의 구조변동: 부르주아 사회의 한 범주에 관한 연구』, 한승완 옮김(나남출판, 2004)
_____, 『의사소통행위이론 1, 2』, 장춘익 옮김(나남출판, 2006)
_____, 『현대성의 철학적 담론』, 이진우 옮김(문예출판사, 1994)
하비, 데이비드, 『신자유주의 세계화의 공간들: 지리적 불균등발전론』,

임동근·박훈태·박준 옮김(문화과학사, 2010)
하우저, 아르놀트, 『문학과 예술의 사회사 4: 자연주의와 인상주의 영화의 시대』, 백낙청·염무웅 옮김(창작과비평사, 2016)
하이넨, 힐데, 『건축과 현대성』, 이경창·김동현 옮김(스페이스타임, 2008)
홉스봄, 에릭, 『극단의 시대: 20세기의 역사』, 이용우 옮김(까치글방, 1997)
_____, 『아방가르드의 쇠퇴와 몰락』, 양승희 옮김(조형교육, 2001)
_____, 『제국의 시대』, 김동택 옮김(한길사, 1998)
_____, 『파열의 시대: 20세기의 문화와 사회』, 이경일 옮김(까치글방, 2015)
홍성민, 『문화와 아비투스: 부르디외와 유럽 정치사상』(나남출판, 2000)
후설, 에드문트, 『논리 연구 1, 2-1, 2-2』, 이종훈 옮김(민음사, 2018)
후쿠야마, 프랜시스, 『역사의 종말』, 이상훈 옮김(한마음사, 1997)
히로유키 스즈키, 『서양 근·현대 건축의 역사: 산업혁명기에서 현재까지』, 우동선 옮김(시공사, 2003)
日端康雄, 『都市計劃の世界史』(東京: 講談社, 2008)
Alexander, Christopher, "A City is Not a Tree," *Architectural Forum* (May, 1965)
Bacon, Edmund N., *Design of Cities*, Revised edition (New York: Penguin Books, 1976)
Banham, Reyner, *Theory and Design in the First Machine Age* (New York: Praeger Publishers, 1970)
Bloomer, Kent C. and Moore, Charles W., *Body, Memory, and Architecture* (New Haven: Yale University Press, 1977)
Cezanne, Paul, "Letters to Emile Bernard," edited by Charles Harrison and Paul Wood, *Art in Theory 1900~1990* (Oxford,

UK: Blackwell, 1992), pp. 37~40. https://archive.org/

Choisy, Auguste, *Histoire de l'Architectur* Tom 1. (Paris: Gauthier-Villars, Imprimeur-Libraire, 1899). https://archive.org/

Culot, Maurice and Krier, Leon, "The Only Path for Architecture," edited by K. Michael Hays, *Architecture theory since 1968* (Cambridge, MA: MIT Press, 1998), pp. 348~355

Cunningham, David · Jon Goodbun, "Rem Koolhaas and Reinier de Graaf," Interview, Rotterdam, 30 October 2008, Radical Philosophy 154(Mar/Apr, 2009). https://www.radicalphilosophy.com/interview/rem-koolhaas-and-reinier-de-graaf

Doesburg, Theo van, "Manifest I of The Style, 1918." https://en.wikisource.org

Etlin, Richard A., "Auguste Choisy's Anatomy of Architecture," Auguste Choisy (1841~1909): L'Architecture et l'art de bâtir. Proceedings of the International Symposium held in Madrid, November 19~20, 2009, eds. Javier Girón and Santiago Huerta (Madrid: Instituto Juan de Herrera, 2009), pp. 151~181. https://www.academia.edu/

Fishman, Robert, *Urban Utopias in the Twentieth Century: Ebenezer Howard, Frank Lloyd Wright, Le Corbusier* (Cambridge, MA: The MIT Press, 1982)

Fletcher, Banister, *A History of Architecture on the Comparative Method*, revised by J. C. Palmes (Charles Scribner's Sons, 1975)

Frampton, Kenneth, "The Status of Man and the Status of His Objects: A Reading of The Human Condition," edited by K. Michael Hays, *Architecture theory since 1968* (Cambridge, MA: MIT Press, 1998), pp. 358~377

_____, "Towards a Critical Regionalism: Six Points for an Architecture of Resistance," *The Anti-Aesthetic. Essays on Postmodern Culture*, edited by Hal Foster, 1983, Bay Press, Seattle, https://monoskop.org/

Franck, Karen A., "From Court to Open Space to Streets: Changes in the Site Design of U.S. Public Housing," *Journal of Architectural and Planning Research*, Vol. 12 No. 3 (1995, Autumn), pp. 186~220

Frothingham, A. L., *A History of Architecture: Vol. 3 Gothic in Great Britain-Renaissance-Modern Architecture* (New York: Doubleday, Page & company, 1916). https://archive.org/

_____, *A History of Architecture: Vol. 3 Gothic in Italy France and Northern Europe* (New York: Doubleday, Page & company, 1916). https://archive.org/

Gandelsonas, Mario, "From Structure to Subject: The Formation of an Architectural Language," *Oppositions Reader: Selected Readings from a Journal for Ideas and Criticism in Architecture 1973~1984* (New York: Princeton Press, 1979), pp. 201~223

Gans, Herbert J., *The Levittowners* (New York: Columbia University Press, 1982)

Gibberd, Fredrick, *Town Design* (London: Architectural Press, 1967)

Giedion, Sigfried, *Space, Time and Architecture)* 5th edition (Havard Univ. Press, 1967)

Glendinning, Miles and Mutheswius, Stefan, *Tower Block: Modern Public Housing in England, Scotland, Wales and Northern Ireland* (New Haven and London: Yale University Press, 1994)

Gropius, Walter, *Scope of Total Architecture* (New York: Collier

Books, 1970)

Habermas, Jürgen, "Modern and Postmodern Architecture," edited by K. Michael Hays, *Architecture theory since 1968* (Cambridge, MA: MIT Press, 1998), pp. 412~426

Harrison, Charles and Wood, Paul (ed.), *Art in Theory 1900~1990: An Anthology of Changing Ideas* (Oxford: Blackwell, 1992). https://archive.org/

Hays, Kenneth Michael(ed.), *Architecture theory since 1968* (Cambridge, MA: MIT Press, 1998)

Hitchcock, Henry Russell and Johnson, Philip, *The International Style* (New York: W. W. Norton & Company, 1966)

_____, Modern architecture: international exhibition, New York, Feb. 10 to March 23, 1932, Museum of Modern Art, https://assets.moma.org/

Howard, Ebenezer, *Garden Cities of To-morrow* (Cambridge, MA: The MIT Press, 2001)

Jameson, Fredric, "Architecture and the Critique of Ideology," edited by K. Michael Hays, *Architecture theory since 1968* (Cambridge, MA: MIT Press, 1998), pp. 440~461

Jencks, Charles A., *Modern Movement in Architecture* (New York: Anchor Press, 1973)

_____, *The Language of Post-modern Architecture* (New York: Rizzoli, 1977)

Johnson, Philip and Burgee, John, *The island nobody knows* (Roosevelt Island Masterplan Report) (The State of New York & The City of New York, 1969). https://libmma.contentdm.oclc.org/

_____ and Wigley, Mark, Deconstructivist architecture, The Museum of Modern Art, 1988. https://assets.moma.org/

Klee, Paul, Creative Credo, *Paul Klee Notebooks Volume 1: The thinking eye*, Translated by Ralph Manheim, Edited by Jurg Spiller, Percy Lund (London: Humphries & Co., Ltd, 1969). https://monoskop.org/

Koolhaas, Rem, "'Life in the Metropolis' or 'The Culture of Congestion'," edited by K. Michael Hays, *Architecture theory since 1968* (Cambridge, MA: MIT Press, 1998), pp. 320~330

Lee, Chang-Moo and Stabin-Nesmith, Barbara, "The Continuing Value of a Planned Community: Radburn in the Evolution of Suburban Development," *Journal of Urban Design* Vol. 6 No. 2 (2001), pp. 151~184

Lefebvre, Henri, *The Production of Space*, translated by Donald Nicholson-Smith (Oxford, UK: Blackwell, 1991)

Logan, Thomas H., "The Americanization of German Zoning," *Journal of the American Institute of Planners* Vol. 42 No. 4(1976), pp. 377~385. https://www.tandfonline.com/

Lynch, Kevin, *The Image of the City* (Cambridge, MA: The MIT Press, 2000)

Maddison, Angus, *The World Economy: A Millennial Perspective* (OECD Development Centre, 2001). https://www.oecd-ilibrary.org/

Malevich, Kasimlr, *The Non-Objective World* (Chicago: Paul Theobald and Company, 1959)

Marinetti, Filippo Tommaso, "The Founding and Manifesto of Futurism," Apollonio, Umbro ed., *Documents of 20th Century Art: Futurist Manifestos* (New York: Viking Press, 1973), pp. 19~24. https://archive.org/

Norberg-Schultz, *Christian, Genius Loci: Towards a Phenomenology of Architecture* (New York: Rizzoli, 1980)

Muthesius, Hermann, *Style-Architecture and Building-Art: Transformations of Architecture in the Nineteenth Century and Its Present Condition*, translation by Stanford Anderson (Getty Center, 1994), http://www.getty.edu/

Ninno, Marco, "A modernist in Geneva: Le Corbusier and the competition for the Palais des Nations," edited by Karen Gram-Skjoldager, *The League of Nations: Perspectives from the Present* (Aarhus: Aarhus University Press, 2019), pp. 244~253. https://projects.au.dk/

OECD, Economic Outlook No. 108. http://stats.oecd.org/

Perry, Clarence Arthur, *Housing for the Machine Age* (New York: Russel Sage Foundation, 1939)

Plunz, Richard, *A History of Housing in New York City* (New York: Columbia University Press, 1990)

Pommer, Richard and Otto, Christian F., *Weissenhof 1927 and the Modern Movement in Architecture* (Chicago, London: The University of Chicago Press, 1991)

Risebero, Bill, *Fantastic Form: Architecture and Planning Today* (New Amsterdam Books, 1992)

Roberts, Peter and Sykes, Hugh (ed.), *Urban Regeneration: A Handbook* (London: SAGE Publications, 2000)

Rodchenko, A. and Stepanova, V., "Programme of the First Working Group of Constructivists," edited by Charles Harrison and Paul Wood, *Art in Theory 1900~1990: An Anthology of Changing Ideas* (Oxford, UK: Blackwell, 1992), pp. 317~318. https://archive.org/

Smithon, Alison (ed.), *Team 10 Primer* (London: Studio Vista, 1968)

Stein, Clarence S., *Toward New Towns for America* (Cambridge and London: The MIT Press, 1989)

Sturgis, Russell, *A History of Architecture: Vol. 1. Antiquity* (New York: The Baker & Taylor Company, 1906). https://archive.org/

_____, *A History of Architecture: Vol. 2. Romanesque and Oriental* (New York: The Baker & Taylor Company, 1906). https://library.si.edu/

_____, *European Architecture: A Historical Study* (New York: The Macmillan Company, 1896). https://archive.org/

Sullivan, Louis, "The Tall Office Building Artistically Considered," *Lippincott's Magazine* (1896). http://ocw.mit.edu/

Summerson, John, "The Case for a Theory of 'Modern' Architecture," *RIBA Journal* (1957), pp. 307~310

Swenarton, Mark, "Rationality and Rationalism: the Theory and Practice of Site Planning in Modern Architecture 1905~1930," *AA files* No. 4 (July, 1983)

Tafuri, Manfredo, *Architecture and Utopia* (Cambridge, MA: MIT Press, 1976)

_____, "L'Architectur dans le Boudoir: The Language of Criticism and the Criticism of Language," edited by K. Michael Hays, *Architecture theory since 1968* (Cambridge, MA: MIT Press, 1998), pp. 146~173

Tschumi, Bernard, 'Architectural Paradox', K. Michael Hays (ed.), *Architecture theory since 1968* (Mass. Cambridge: MIT Press, 1998)

Venturi, Robert, *Complexity and Contradiction in Architecture* (New York: The Museum of Modern Art, 1966)

Wagner, Otto, *Modern Architecture*, translation by Harry Francis Mallgrave (Getty Center, 1988). http://www.getty.edu/

Wilde, Oscar, "Art and the Handicraftsman," *Essays and Lectures by Oscar Wilde* (London: Methuen & Co. Ltd, Fourth Edition, 1913). https://archive.org/

Wilhelm Worringer, *Abstraction and Empathy*, Translated by Michael Bullock (Chicago: Ivan R. Dee, Inc. 1997). https://monoskop.org/

Zevi, Bruno, *The Modern Language of Architecture* (Seattle: University of Washington Press, 1978)

도판 저작권

각 숫자는 장과 도판 번호를 나타낸다. 별표(*)는 저작권자의 허락을 받기 위해 노력했으나 연락이 닿지 않은 도판들이다. 이후 연락이 닿으면 해당 도판 사용에 관한 적절한 조치를 취할 것을 약속한다.

Commons.Wikimedia.org: 10-1, 10-2, 10-3, 10-4, 10-5, 10-6, 10-7, 10-8, 10-9, 10-10, 10-11, 10-12, 10-13, 10-14, 10-15, 10-16, 10-17, 10-18, 10-19, 10-20, 10-21, 10-22, 10-23, 10-24, 10-25, 10-26, 10-27, 10-28, 10-29, 10-30, 10-31, 10-32, 10-33, 10-34, 10-35, 10-36, 10-37, 10-39, 10-40, 10-41, 10-42, 10-43, 10-44, 10-45, 40-46, 10-47, 10-48, 10-49, 10-50, 10-51, 10-52, 10-53, 10-54, 10-56, 10-57, 10-58, 10-59, 10-62, 10-63, 10-64, 10-65, 10-66, 10-67, 10-68, 10-69, 10-70, 10-71, 10-74, 10-75, 10-76, 10-77, 10-78, 10-79, 10-80, 10-81, 10-82, 10-83, 10-84, 10-85, 10-86, 10-87, 10-88, 10-89, 10-90, 10-91, 10-92, 10-93, 10-94, 11-3, 11-4, 11-5, 11-6, 11-7, 11-8, 11-9, 11-10, 11-11, 11-13, 11-14, 11-15, 11-16, 11-17, 11-18, 11-19, 11-20, 11-21, 11-23, 11-24, 11-25, 11-26, 11-27, 11-28, 11-29, 11-30, 11-31, 11-32, 11-33, 11-34, 11-35, 11-36, 11-37, 11-38, 11-39, 11-40, 11-41, 11-42, 11-44, 11-45, 11-46, 11-47, 11-48, 11-49, 11-50, 11-51, 11-52, 11-53, 11-54, 11-55, 11-56, 11-57, 11-58, 11-59, 11-60, 11-62, 11-63, 11-64, 11-65, 11-66, 11-67, 11-68, 11-69, 11-74, 11-75, 11-76, 11-77, 11-79, 11-82, 11-84, 11-87, 11-89, 11-90, 11-91, 11-92, 11-93, 11-94, 11-96, 12-2, 12-3, 12-6, 12-7, 12-8, 12-11, 12-12, 12-14, 12-16, 12-17, 12-18, 12-20, 12-21, 12-23, 12-24, 12-25, 12-27, 12-30, 12-31, 12-32, 12-33, 12-34, 12-35, 12-36, 12-37, 12-45, 12-46, 12-47, 12-48, 12-49, 12-50, 12-51, 12-52, 12-53, 12-54, 12-55, 12-56, 12-59, 12-60, 12-61, 12-62, 12-63, 12-64, 12-65, 12-66, 12-67, 12-68, 12-71, 12-73, 12-75, 12-76, 12-77, 12-78, 12-79, 12-85, 12-90, 12-91, 12-92, 12-93, 12-94, 12-95, 13-5, 13-6, 13-7, 13-9, 13-11, 13-12, 13-13, 13-19, 13-20, 13-21, 13-22, 13-36, 13-44, 13-45, 13-46, 13-49, 13-54, 13-55, 13-56, 13-57, 13-58, 13-59, 13-60, 13-61

Shutterstock: 10-38, 10-55, 10-59, 10-60, 11-12, 11-22, 11-43, 11-83, 11-85, 11-86, 12-10, 12-13, 12-15, 12-19, 12-22, 12-26, 12-28, 12-29, 12-44, 12-57, 12-58, 12-69, 12-70, 13-4, 13-

찾아보기

〚 ㄱ 〛

〖 ㄴ 〗

〖 ㅇ 〗

〖 ㅈ 〗

〖 ㅌ 〗

〖 ㅎ 〗

박인석
서울대학교 건축학과를 졸업하고 동 대학원에서 석사학위와 박사학위를 받았다. 명지대학교 건축학부 교수로 재직 중이며, 제6기 대통령직속 국가건축정책위원회 위원장을 역임했다. 건축적 사고와 전략에 대한 이해 없이 표준 해법과 관행에서 벗어나지 못하는 도시 주택 정책을 비판하고 대안을 찾는 일에 관심을 두고 있다. 한편으로는 '건축 생산의 역사'라는 강의를 통해 서양 건축사를 다른 시각으로 조망하는 작업을 시도해왔다. 『건축이 바꾼다』, 『아파트 한국사회: 단지공화국에 갇힌 도시와 일상』 등을 비롯해 『아파트와 바꾼 집』, 『한국 공동주택계획의 역사』, 『주거단지계획』(이상 공저) 등을 썼다.

건축 생산 역사 3

더 나은 세상을 향하여: 모더니즘 건축의 향로

박인석 지음

초판 1쇄 인쇄 2022년 8월 30일
초판 1쇄 발행 2022년 9월 15일

ISBN 979-11-90853-34-7 (94540)
979-11-90853-31-6 (set)

발행처 도서출판 마티
출판등록 2005년 4월 13일
등록번호 제2005-22호
발행인 정희경
편집 박정현, 서성진, 전은재
디자인 조정은

주소 서울시 마포구 잔다리로 127-1, 8층 (03997)
전화 02. 333. 3110
팩스 02. 333. 3169
이메일 matibook@naver.com
홈페이지 matibooks.com
인스타그램 matibooks
트위터 twitter.com/matibook
페이스북 facebook.com/matibooks